煤矿安全生产标准化与管理体系变化对照解读

策　划　中国矿业大学安全科学与应急管理研究中心
主　编　李　爽　贺　超　毛吉星
副主编　顾新泽　赵　辉　杨昌能　房英利　刘爱兰

中国矿业大学出版社
·徐州·

图书在版编目(CIP)数据

煤矿安全生产标准化与管理体系变化对照解读 / 李爽，贺超，毛吉星主编. 一徐州：中国矿业大学出版社，2021.4

ISBN 978-7-5646-4774-2

Ⅰ. ①煤… Ⅱ. ①李… ②贺… ③毛… Ⅲ. ①煤矿一安全生产一标准化管理一中国一学习参考资料 Ⅳ. ①TD7－65

中国版本图书馆 CIP 数据核字(2020)第 131377 号

书　　名　煤矿安全生产标准化与管理体系变化对照解读
　　　　　meikuang anquan shengchan biaozhunhua yu guanlitixi bianhua duizhao jiedu
主　　编　李　爽　贺　超　毛吉星
责任编辑　张　岩　吴学兵
责任校对　何晓惠　王慧颖
出版发行　中国矿业大学出版社有限责任公司
　　　　　(江苏省徐州市解放南路　邮编 221008)
营销热线　(0516)83884103　83885105
出版服务　(0516)83995789　83884920
网　　址　http://www.cumtp.com　**E-mail**:cumtpvip@cumtp.com
印　　刷　江苏淮阴新华印务有限公司
开　　本　787 mm×1092 mm　1/16　**印张** 31.25　**字数** 780 千字
版次印次　2021 年 4 月第 1 版　2021 年 4 月第 1 次印刷
定　　价　78.00 元
(图书出现印装质量问题,本社负责调换)

《煤矿安全生产标准化与管理体系变化对照解读》

编　委　会

主　　编　李　爽　贺　超　毛吉星

副 主 编　顾新泽　赵　辉　杨昌能　房英利　刘爱兰

参编人员　（按姓氏音序排列）

安志敏　鄂登荣　白锋堂　包正明　卜　素　曹佃军　陈昌一　陈建忠　陈金拴　戴建光

丁　强　丁录仕　丁铁民　董思强　段伦果　冯玉平　高　梓　高东风　郭　斌　郭葆青

郭方群　韩　峰　洪益清　胡能应　虎东成　黄晨晨　霍　诚　纪尊海　贾牛骏　贾有根

蒋小平　康建峰　李　斌　李洪刚　李亚林　李永东　李忠慧　连昌宝　连晓阳　梁裕昊

刘结高　刘金强　刘克功　刘名李　刘体民　鲁自盛　陆振新　鹿志发　马俊生　孟祥军

聂茂根　牛　庆　牛宏伟　庞军林　裴道奇　彭　锟　师　敏　史利章　宋空军　苏士龙

孙延峰　王　军　王　强　王必矿　王海风　王洪权　王克军　王钦浩　王西才　王学峰

王有仓　魏金发　吴群英　武增荣　夏建平　夏留成　徐景果　许振水　杨昊鹏　杨五五

尹怀民　张光辉　张海涛　张怀珠　张吉苗　张胜云　张雪峰　赵本科　赵世铎　周　杰

周　滔　周应江　周志海　朱吉成　祝治安　卓超群

前　言

开展安全生产标准化建设是《中华人民共和国安全生产法》对生产经营单位的要求，是生产经营单位主要负责人的法定职责之一。煤矿的标准化建设工作从20世纪80年代的质量标准化开始，其标准经过了多次修订，其中2017年和2020年两次修订变化幅度最大，对我国煤矿安全管理的意义也更加重大。2017年国家煤矿安全监察局提出了“三位一体”的煤矿安全生产标准化理念，将“安全风险分级管控”和“事故隐患排查治理”两个专业与“质量达标”并列，实现了管理机制与安全工作的结合。为了解煤矿安全生产标准化在建设和动态达标中存在的不足，进一步完善我国煤矿安全生产标准化体系，2018年年底国家煤矿安全监察局委托中国矿业大学安全科学与应急管理研究中心在全国范围内调研煤矿安全生产标准化的建设和运行情况，并对其进行修订。

经过多轮反复研讨、修改和大规模征求意见，2020年5月国家煤矿安全监察局发布了《煤矿安全生产标准化管理体系基本要求及评分方法(试行)》。新标准在2017年煤矿安全生产标准化的基础上，引入完整的管理要素，成为一个可持续运行的管理体系。这两次变化都是我国煤矿安全管理历史上的重要创新，既保持了与我国煤矿过往安全管理的延续性,又体现了国际安全管理的发展趋势,面向未来的发展方向。

然而煤矿安全生产标准化向管理体系转变的大跨度变化,也确实给全国煤矿学习、理解、掌握和应用新标准带来了一定的压力。为了使煤矿能够快速理解和掌握2020年版煤矿安全生产标准化管理体系与2017年版煤矿安全生产标准化之间的区别,领会新变化的精髓,在实际工作中能够更加有针对性地进行完善提升,中国矿业大学安全科学与应急管理研究中心组织部分参与2020版《煤矿安全生产标准化管理体系基本要求及评分方法(试行)》《〈煤矿安全生产标准化管理体系基本要求及评分方法(试行)〉执行说明》起草的专家、参加国家一级安全生产标准化矿井验收的专家,共同撰写了本书。

本书以条文对照的形式将2017年版煤矿安全生产标准化和2020年版煤矿安全生产标准化管理体系的基本要求和评分方法进行对比说明,使煤矿从业人员能够以最快的速度、最直接的方式,将本矿标准化建设、达标工作从2017版的要求向2020版要求转变。本书特点体现在以下三个方面:

(1) 权威专家解读,规范煤矿理解。

2020年新版煤矿安全生产标准化管理体系是我国煤矿安全管理思想和方法的一次重要转变,更加重视企业安全生产主体责任,更加重视在企业建立安全管理体系。此次转变主要体现在两个方面:第一,按照管理体系的思路,补充、调整管理要素;第二,根据2017版安全生产标准化运行过程中遇到的问题,进行调整优化。本书的编写人员部分是参与2020版安全生产标准化和执行说明起草的专家,部分是参加国家一级安全生产标准化矿井验收的专家。因此,本书编写人员对于2020版新版煤矿安全生产标准化管理体系的解读更加准确,能够更加科学地指导煤矿工作。

(2) 表格逐条对比,通过文字格式直观说明变化。

2017版安全生产标准化和2020版新版煤矿安全生产标准化管理体系的整体框架虽有明显的变化,但其核心部分基本保持稳定,因此将对应部分相互对比是一个了解变化的重要方法。本书在表现两个版本区别时,不是简单地将两个版本的要求置于对应表格之中让学习人员自行核对,而是通过文字格式的变化,更加简洁、直观地将所有的变化都体现出来。本书中采用文字外套矩形框的形式和加粗字体的形式,分别表示2020年版较2017年版删除和增加的内容,极大提高了煤矿安全生产标准化建设和运行人员学习和理解的效率。

(3) 简明扼要,指出变化的原因或注意事项。

2020年新版煤矿安全生产标准化管理体系的变化体现在很多方面，有些地方有重大的变化，有些地方属于完善性修改，有些地方则只是语言文字方面的调整。在通过表格进行对比的同时，本书还对每一个有意义的修改予以说明，解释变化的原因，使煤矿能够更好地理解煤矿安全生产标准化管理体系的要求，对工作中出现的各种情况能够制定更加合理的解决方案。

本书与中国矿业大学安全科学与应急管理研究中心编写的2020新版《〈煤矿安全生产标准化管理体系基本要求及评分方法(试行)〉专家解读》一书相互补充。前者主要突出变化，通过对应条文的直接对比，使煤矿能够快速抓住当前工作的重点；后者则重在详细说明如何做，从修订原因、目的作用、内涵理解、工作要求和工作方案五个方面对各要素的每项要求都作出了详尽解读，并通过案例的形式对一些较为复杂、不易理解的部分予以直观说明。两书相互配合，能够使煤矿安全生产标准化建设和运行人员不仅知其然，而且知其所以然，能够更加主动、更加科学地开展工作，在推进本矿安全生产标准化管理体系达标的同时，不断提升煤矿的安全治理能力和治理水平。

煤矿安全生产标准化管理体系是国际、国内安全管理领域先进安全管理体系思想、方法与我国煤矿行业长期安全管理实践有机融合的产物，是具有中国煤矿特色的安全管理体系。我们希望能与全国有志于推动煤矿安全生产水平提升，有志于构建具有中国特色煤矿安全管理理论体系的同行一起，坚持“四个自信”，不断推进我国煤矿安全管理理论体系建设和实践的深入发展。

欢迎全国的煤矿安全专家们向我们提出宝贵意见！

联系邮箱：lcxue@cumt.edu.cn.

编　者

2020年6月

目　录

第 1 部分　总　　则

表 1-1　总则旧、新标准对照解读

2017 煤矿安全生产标准化	2020 煤矿安全生产标准化管理体系	对照解读
	煤矿是安全生产的责任主体，必须建立健全煤矿安全生产标准化管理体系，通过树立安全生产理念和目标，实施安全承诺，建立健全组织机构，配备安全管理人员，建立并落实安全生产责任制和安全管理制度，提升从业人员素质，开展安全风险分级管控、事故隐患排查治理，抓好质量控制，不断规范、持续改进安全生产管理，适应煤矿安全治理体系和治理能力现代化要求，实现安全发展	该部分开宗明义，简明扼要指出此次修订目的是要构建煤矿安全生产标准化管理体系，说明了《管理体系》所包含的要素及其内在逻辑。 《管理体系》强调企业安全生产主体责任，将推动煤矿安全基础管理由侧重质量管理向构建管理体系转变，完善煤矿安全治理体系，提升安全治理能力。《管理体系》是国际、国内安全管理领域先进安全管理体系思想、方法与我国煤炭行业长期安全管理实践有机融合的产物，是具有中国煤矿特色的安全管理体系

注："□"表示新标准删除内容；加粗表示新标准增加内容。

表 1-1(续)

2017 煤矿安全生产标准化	2020 煤矿安全生产标准化管理体系	对照解读
一、基本条件 安全生产标准化达标煤矿应具备以下基本条件： 1. 采矿许可证、安全生产许可证、营业执照齐全有效	一、基本条件 安全生产标准化**管理体系**达标煤矿应具备以下基本条件，**任一项不符合的，不得参与安全生产标准化管理体系考核定级**： 1. 采矿许可证、安全生产许可证、营业执照齐全有效	本条进一步强调煤矿必须具备的基本条件，将不满足的后果从“不达标”，提升到“不得参与安全生产标准化管理体系考核定级”
	2. 树立体现安全生产“红线意识”和“安全第一、预防为主、综合治理”方针，与本矿安全生产实际、灾害治理相适应的安全生产理念； **3. 制定符合法律法规、国家政策要求和本单位实际的安全生产工作目标；** **4. 矿长作出持续保持、提高煤矿安全生产条件的安全承诺，并作出表率；** **5. 安全生产组织机构完备(井工煤矿有负责安全、采煤、掘进、通风、机电、运输、地测、防治水、安全培训、调度、应急管理、职业病危害防治等工作的管理部门；露天煤矿有负责安全、钻孔、爆破、采装、运输、排土、边坡、机电、地测、防治水、防灭火、安全培训、调度、应急管理、职业病危害防治等工作的管理部门)，配备管理人员；** **煤(岩)与瓦斯(二氧化碳)突出矿井、水文地质类型复杂和极复杂矿井、冲击地压矿井按规定设有相应的机构和队伍**	第 2～5 款为新增内容，体现对《管理体系》新增前置各要素的具体要求。 第 2～4 款说明了“理念目标和矿长安全承诺”要素的相关要求，分别对安全生产理念、安全生产工作目标和矿长的安全承诺作了简明扼要的说明。 第 5 款对“从业人员素质”要素的核心内容作了简要说明，强调安全生产组织机构完备，配备管理人员，且要求满足《煤矿防治水细则》(煤安监调查〔2018〕14 号)、《防治煤矿冲击地压细则》(煤安监技装〔2018〕8 号)、《防治煤与瓦斯突出细则》(煤安监技装〔2019〕28 号)(以下简称“三细则”)对相应灾害治理的机构和队伍的要求。 “三细则”在 2017 煤矿安全生产标准化发布之后出台，因此 2020 煤矿安全生产标准化管理体系将其纳入相关要求之中

表 1-1(续)

2017 煤矿安全生产标准化	2020 煤矿安全生产标准化管理体系	对照解读
2. 矿长、副矿长、总工程师、副总工程师(技术负责人)在规定的时间内参加由煤矿安全监管部门组织的安全生产知识和管理能力考核,并取得考核合格证	[2] **6.** 矿长、副矿长、总工程师、副总工程师[(技术负责人)在] 按 规 定 [的时间内] 参 加 [由煤矿安全监管部门组织的] 安全生产知识和管理能力考核,[并] 取得考核合格证**明**	明确矿长、副矿长、总工程师、副总工程师通过安全生产知识和管理能力考核的要求。 《煤矿安全培训规定》(国家安全生产监督管理总局令第 92 号)第十六条规定:国家煤矿安全监察局负责中央管理的煤矿企业总部(含所属在京一级子公司)主要负责人和安全生产管理人员考核工作。省级煤矿安全培训主管部门负责本行政区域内前款以外的煤矿企业主要负责人和安全生产管理人员考核工作。 因此,煤矿主要负责人和安全生产管理人员的安全生产知识和管理能力考核并不都由煤矿安全监管部门组织。 《煤矿安全培训规定》第十九条规定:煤矿企业主要负责人和安全生产管理人员考试合格后,考核部门应当在公布考试成绩之日起十个工作日内颁发安全生产知识和管理能力考核合格证明。根据该条要求,只需具有考核合格证明,不要求必须制作考核合格证,因此本条亦只要求有合格证明即可
	7. 建立健全安全生产责任制	本条款为新增条款,体现了对煤矿必须进行“安全生产责任制及安全管理制度”要素建设的要求

表 1-1(续)

2017 煤矿安全生产标准化	2020 煤矿安全生产标准化管理体系	对照解读
3. 不存在各部分所列举的重大事故隐患	3**8**. 不存在各部分所列举的重大事故隐患	将“不存在各部分所列举的重大事故隐患”修改为“不存在重大事故隐患”,在后面各部分中也不再一一列举,而是根据《煤矿重大生产安全事故隐患判定标准》来判定重大事故隐患。目前《煤矿重大生产安全事故隐患判定标准》(国家安全生产监督管理总局令第 85 号)正在修订,本条所述重大事故隐患应当根据最新修订的判定标准执行,这样实现了相关标准的有效衔接
4. 建立矿长安全生产承诺制度,矿长每年向全体职工公开承诺,牢固树立安全生产“红线意识”,及时消除事故隐患,保证安全投入,持续保持煤矿安全生产条件,保护矿工生命安全		根据《管理体系》的组织架构,在第 4 条中已经对矿长安全承诺做了相关要求,因此这里全部删去
二、等级设定 煤矿安全生产标准化等级分为一级、二级、三级。一级为最高级	二、等级设定**基本原则** 煤矿安全生产标准化等级分为一级、二级、三级。一级为最高级。 **1. 突出理念引领** **贯彻落实“安全第一,预防为主,综合治理”的安全生产方针,牢固树立安全生产红线意识,用先进的安全生产理念、明确的安全生产**	《管理体系》不涉及考核定级问题,相关问题在《煤矿安全生产标准化管理体系考核定级办法(试行)》中一并说明。因此,第二条将“等级设定”内容删去。

表 1-1(续)

2017 煤矿安全生产标准化	2020 煤矿安全生产标准化管理体系	对照解读
	目标，指导煤矿开展安全生产工作。 2. 发挥领导作用 领导作用是煤矿安全生产管理的关键。煤矿矿长应发挥领导表率作用，具有风险意识，实施并兑现安全承诺，落实安全生产主体责任，提供必要的机构、人员、制度、技术、资金等保障，有效推动安全生产标准化管理体系运行，实现安全管理全员参与。 3. 强化风险意识 建立风险分级管控、隐患排查治理双重预防机制，增强煤矿矿长、总工程师等管理人员、专业技术人员风险意识，实现安全生产源头管控，不断推动关口前移。 4. 注重过程控制 过程控制是煤矿安全生产管理的核心。建立并落实管理制度，强化现场管理，定期开展安全生产检查和管理行为、操作行为纠偏，实施安全生产各环节的过程控制。 5. 依靠科技进步 健全技术管理体系，开展技术创新，推广先进实用技术、装备、工艺，优化生产系统，推动煤矿减水平、减头面、减人员；努力提升煤矿机械化、自动化、信息化、智能化水平，升级完善安全监控系统，持续提高安全保障能力。	《管理体系》较 2017 煤矿安全生产标准化有巨大的变化，为方便煤矿理解修订的思路，更好地在煤矿安全生产标准化管理体系创建和实施过程中落实相关要求，这里将《管理体系》编写的基本原则予以说明，因而将原第二条“等级设定”删去后，在第二条位置增加了“基本原则”

表 1-1(续)

2017 煤矿安全生产标准化	2020 煤矿安全生产标准化管理体系	对照解读
	6. 加强现场管理 **加强岗位安全生产责任制落实,强化现场作业人员安全知识与技能的培养和应用,上标准岗、干标准活,实现岗位作业流程标准化。** **7. 推动持续改进** **根据安全生产实际效果,强化目标导向、问题导向和结果导向,不断调整完善安全生产标准化管理体系和运行机制,推动安全管理水平持续提升**	7 条基本原则完整体现了《管理体系》编写的目的和思路:推进煤矿建立一个安全生产管理体系;将风险管控置于安全管理的核心,注重过程控制;鼓励通过科技进步根本改善安全基础;通过岗位安全生产责任加强现场管理;管理体系必须能够持续改进,切实落实煤矿安全生产主体责任
三、工作要求 1. 建立和保持 煤矿是创建并持续保持标准化动态达标的责任主体。应通过实施安全风险分级管控和事故隐患排查治理、规范行为、控制质量、提高装备和管理水平、强化培训,使煤矿达到并持续保持安全生产标准化等级标准,保障安全生产。 2. 目标与计划 制定安全生产标准化创建年度计划,并分解到相关部门严格执行和考核。	三、[工作要求] **煤矿安全生产标准化管理体系** **煤矿安全生产标准化管理体系包括理念目标和矿长安全承诺、组织机构、安全生产责任制及安全管理制度、从业人员素质、安全风险分级管控、事故隐患排查治理、质量控制、持续改进等 8 个要素。** [1. 建立和保持] [煤矿是创建并持续保持标准化动态达标的责任主体。应通过实施安全风险分级管控和事故隐患排查治理、规范行为、控制质量、提	该部分为重新调整部分。2017 安全生产标准化在该部分主要说明煤矿应如何在实践中落实、保持安全生产标准化要求,但并没有将相关工作明确纳入标准化考核内容中。《管理体系》本身就面向如何在煤矿构建一个可独自运行的管理体系,因而明确提出由 8 个要素组成的完整体系,并在本部分简要介绍了各要素的核心内容,说明了各要素之间的关系

表 1-1(续)

2017 煤矿安全生产标准化	2020 煤矿安全生产标准化管理体系	对照解读
3. 组织机构与职责 有负责安全生产标准化工作的机构，各单位、部门和人员的安全生产标准化工作职责明确。 4. 安全生产标准化投入 保障安全生产标准化经费，持续改进和完善安全生产条件。 5. 技术保障 健全技术管理体系，完善工作制度，开展技术创新；作业规程、操作规程及安全技术措施编制符合要求，审批手续完备，贯彻执行到位。 6. 现场管理和过程控制 加强各生产环节的过程管控和现场管理，定期开展安全生产标准化达标自检工作。 7. 持续改善 煤矿取得的安全生产标准化等级，是煤矿安全生产标准化工作主管部门在考核定级时，对煤矿安全生产标准化工作现状的测评，是对煤矿执行《安全生产法》等相关规定组织开展安全生产标准化建设	高装备和管理水平、强化培训，使煤矿达到并持续保持安全生产标准化等级标准，保障安全生产。 2. 目标与计划 制定安全生产标准化创建年度计划，并分解到相关部门严格执行和考核。 3. 组织机构与职责 有负责安全生产标准化工作的机构，各单位、部门和人员的安全生产标准化工作职责明确。 4. 安全生产标准化投入 保障安全生产标准化经费，持续改进和完善安全生产条件。 5. 技术保障 健全技术管理体系，完善工作制度，开展技术创新；作业规程、操作规程及安全技术措施编制符合要求，审批手续完备，贯彻执行到位。	

表 1-1(续)

2017 煤矿安全生产标准化	2020 煤矿安全生产标准化管理体系	对照解读
情况的考核认定。取得等级的煤矿应在取得的等级基础上,有目的、有计划地持续改进工艺技术、设备设施、管理措施,规范员工安全行为,进一步改善安全生产条件,使煤矿持续保持考核定级时的安全生产条件,并不断提高安全生产标准化水平,建立安全生产标准化长效机制	6. 现场管理和过程控制 加强各生产环节的过程管控和现场管理,定期开展安全生产标准化达标自检工作。 7. 持续改善 煤矿取得的安全生产标准化等级,是煤矿安全生产标准化工作主管部门在考核定级时,对煤矿安全生产标准化工作现状的测评,是对煤矿执行《安全生产法》等相关规定组织开展安全生产标准化建设情况的考核认定。取得等级的煤矿应在取得的等级基础上,有目的、有计划地持续改进工艺技术、设备设施、管理措施,规范员工安全行为,进一步改善安全生产条件,使煤矿持续保持考核定级时的安全生产条件,并不断提高安全生产标准化水平,建立安全生产标准化长效机制 **1. 理念目标和矿长安全承诺** **是指企业树立的安全生产基本思想,设定的安全生产目标和煤矿矿长向全体职工作出**	“理念目标和矿长安全承诺”要素明确了煤矿安全生产行为准则,提出了安全生产目标,并通过矿长安全承诺形式,确保煤矿资源投入和从业人员行为规范的可行性。

表 1-1(续)

2017 煤矿安全生产标准化	2020 煤矿安全生产标准化管理体系	对照解读
	的安全事项承诺。理念和目标体现了煤矿安全生产的原则和方向,用于引领和指导煤矿安全生产工作。 矿长安全承诺主要涵盖安全生产、安全投入、保障职工权益等方面,是尊重客观规律,依法组织生产,落实主体责任的体现。由矿长作出表率,职工实施监督。 2. 组织机构 是指根据煤矿安全生产实际需要,建立健全煤矿安全生产的管理部门,为安全生产工作提供组织保障。 3. 安全生产责任制及安全管理制度 是指建立完善安全生产责任制和管理制度,明确全体从业人员的岗位职责,是开展各项工作的基本遵循。 4. 从业人员素质 是指通过严格准入、规范用工,开展安全培训,提高从业人员素质和技能,控制人的不安全行为,为煤矿安全生产提供人才保障。 5. 安全风险分级管控 是指对生产过程中发生不同等级事故、伤害的可能性进行辨识评估,预先采取规避、消除或控制安全风险的措施,避免风险失控形成隐患,导致事故。	“组织机构”要素则为前述安全生产目标的实现提供了组织机构保障。“安全生产责任制及安全管理制度”要素为组织机构夯实了责任,并制定了明确的规章制度。“从业人员素质”则保证煤矿有能够实现安全生产目标的人力资源。上述4个要素为《管理体系》运行奠定了基础。“安全风险分级管控”“事故隐患排查治理”“质量控制”3个要素是《管理体系》的运行核心,确保在煤矿安全生产过程中落实“质量控制”的各项要求,有效管控安全风险,及时整改隐患,确保所有风险都处于受控状态。《管理体系》运行可能达到或没有完全达到安全生产目标要求,或运行过程中存在一些违反要素要求的情况,或某些要素要求未有效执行等。这些情况都是《管理体系》运行结果与预期的偏差,需要定期对《管理体系》的运行情况进行分析,对各要素进行改进完善,使《管理体系》在下一个周期能够产生更好的安全绩效,从而不断提升煤矿安全治理能力和治理水平。

表 1-1(续)

2017 煤矿安全生产标准化	2020 煤矿安全生产标准化管理体系	对照解读
	6. 事故隐患排查治理 **是指对煤矿生产过程中安全风险管理措施和人的不安全行为、物的不安全状态、环境的不安全条件和管理的缺陷进行检查、登记、治理、验收、销号,避免隐患导致事故。** **7. 质量控制** **是指通过设定通风、地质灾害防治与测量、采煤、掘进、机电、运输等环节(露天煤矿为钻孔、爆破、采装、运输、排土、机电、边坡、疏干排水等环节)的质量和工作指标,以及调度和应急管理、职业病危害防治和地面设施等方面的管理标准,规范煤矿生产技术、设备设施、工程质量、岗位作业行为等方面的管理工作。** **8. 持续改进** **是指对管理体系运行情况的内部自查自评和对外部检查结果进行总结分析,评价管理体系运行情况,查找问题和隐患产生的原因,提出改进意见,提高体系运行质量**	8 个要素构成了一个完整的管理体系 PDCA 循环,能够有力支持企业安全生产主体责任的履行

表 1-1(续)

2017 煤矿安全生产标准化	2020 煤矿安全生产标准化管理体系	对照解读
四、煤矿安全生产标准化体系 1. 井工煤矿 井工煤矿安全生产标准化体系包括以下部分： (1) 安全风险分级管控。考核内容执行本方法第 2 部分“安全风险分级管控”的规定； (2) 事故隐患排查治理。考核内容执行本方法第 3 部分“事故隐患排查治理”的规定。 (3) 通风。考核内容执行本方法第 4 部分“通风”的规定。 (4) 地质灾害防治与测量。考核内容执行本方法第 5 部分“地质灾害防治与测量”的规定。 (5) 采煤。考核内容执行本方法第 6 部分“采煤”的规定。 (6) 掘进。考核内容执行本方法第 7 部分“掘进”的规定。 (7) 机电。考核内容执行本方法第 8 部分“机电”的规定。 (8) 运输。考核内容执行本方法第 9 部分“运输”的规定。	四、煤矿安全生产标准化**管理体系考核内容** **1. 理念目标和矿长安全承诺。考核内容执行本方法第 2 部分“理念目标和矿长安全承诺”的规定。** **2. 组织机构。考核内容执行本方法第 3 部分“组织机构”的规定。** **3. 安全生产责任制及安全管理制度。考核内容执行本方法第 4 部分“安全生产责任制及安全管理制度”的规定。** **4. 从业人员素质。考核内容执行本方法第 5 部分“从业人员素质”的规定。** 1. 井工煤矿 井工煤矿安全生产标准化体系包括以下部分： (1) **5.** 安全风险分级管控。考核内容执行本方法第2**6** 部分“安全风险分级管控”的规定。 (2) **6.** 事故隐患排查治理。考核内容执行本方法第3**7** 部分“事故隐患排查治理”的规定。	本条介绍了煤矿安全生产标准化管理体系的考核内容，明确了 8 个要素考核所对应的规定。 煤矿安全生产标准化管理体系 8 个要素中，井工煤矿和露天煤矿对除了“质量控制”外的 7 个要素要求是相同的。本条对井工煤矿和露天煤矿的“质量控制”要素作了单独的说明。同时，基于责任统一、便于管理的考虑，“质量控制”要素对原质量达标各专业的内容也作了一定的调整：将原质量达标专业中的“安全培训和应急管理”与“调度和地面设施”两个专业拆分重组，以“安全培训”为核心，新增“从业人员素质”要素，移出“质量控制”要素；将“应急管理”部分和“调度”部分要求合并，组成“调度和应急管理”要素；基于职责权属划分的考虑，将“职业卫生”改为“职业病危害防治”，将其主要内容与“地面设施”部分要求合并，组成“职业病危害防治和地面设施”要素

表 1-1(续)

2017 煤矿安全生产标准化	2020 煤矿安全生产标准化管理体系	对照解读
(9) 职业卫生。考核内容执行本方法第 10 部分"职业卫生"的规定。 (10) 安全培训和应急管理。考核内容执行本方法第 11 部分"安全培训和应急管理"的规定。 (11) 调度和地面设施。考核内容执行本方法第 12 部分"调度和地面设施"的规定	(3) 通风。考核内容执行本方法第 4 部分"通风"的规定。 (4) 地质灾害防治与测量。考核内容执行本方法第 5 部分"地质灾害防治与测量"的规定。 (5) 采煤。考核内容执行本方法第 6 部分"采煤"的规定。 (6) 掘进。考核内容执行本方法第 7 部分"掘进"的规定。 (7) 机电。考核内容执行本方法第 8 部分"机电"的规定。 (8) 运输。考核内容执行本方法第 9 部分"运输"的规定。 (9) 职业卫生。考核内容执行本方法第 10 部分"职业卫生"的规定。 (10) 安全培训和应急管理。考核内容执行本方法第 11 部分"安全培训和应急管理"的规定。	

表 1-1(续)

2017 煤矿安全生产标准化	2020 煤矿安全生产标准化管理体系	对照解读
	(11) 调度和地面设施。考核内容执行本方法第 12 部分“调度和地面设施”的规定 **7. 质量控制。** **井工煤矿：考核内容包括通风、地质灾害防治与测量、采煤、掘进、机电、运输、调度和应急管理、职业病危害防治和地面设施等专业，考核执行本方法第 8 部分“质量控制”的有关规定**	
2. 露天煤矿 露天煤矿安全生产标准化体系包括以下部分： (1) 安全风险分级管控考核内容执行第 2 部分“安全风险分级管控”的规定。 (2) 事故隐患排查治理考核内容执行第 3 部分“事故隐患排查治理”的规定。 (3) 钻孔、爆破、采装、运输、排土、机电、边坡、疏干排水考核内容执行本方法第 13 部分“露天煤矿”的规定。	2. **露天煤矿：考核内容包括钻孔、爆破、采装、运输、排土、机电、边坡、疏干排水、调度和应急管理、职业病危害防治和地面设施等专业，考核执行本方法第 8 部分“质量控制”的有关规定。** **8. 持续改进。考核内容执行本方法第 9 部分“持续改进”的规定。** 露天煤矿安全生产标准化体系包括以下部分： (1) 安全风险分级管控考核内容执行第 2 部分“安全风险分级管控”的规定。	

表 1-1(续)

2017 煤矿安全生产标准化	2020 煤矿安全生产标准化管理体系	对照解读
(4) 职业卫生。考核内容执行本方法第 10 部分“职业卫生”的规定。 (5) 安全培训和应急管理。考核内容执行本方法第 11 部分“安全培训和应急管理”的规定。 (6) 调度和地面设施。考核内容执行本方法第 12 部分“调度和地面设施”的规定	(2) 事故隐患排查治理考核内容执行第 3 部分“事故隐患排查治理”的规定。 (3) 钻孔、爆破、采装、运输、排土、机电、边坡、疏干排水考核内容执行本方法第 13 部分“露天煤矿”的规定。 (4) 职业卫生。考核内容执行本方法第 10 部分“职业卫生”的规定。 (5) 安全培训和应急管理。考核内容执行本方法第 11 部分“安全培训和应急管理”的规定。 (6) 调度和地面设施。考核内容执行本方法第 12 部分“调度和地面设施”的规定	
五、煤矿安全生产标准化评分方法 1. 井工煤矿安全生产标准化评分方法 (1) 井工煤矿安全生产标准化考核满分为 100 分,采用各部分得分乘以权重的方式计算,各部分的权重见表 1-1	五、煤矿安全生产标准化**管理体系**评分方法 1. 井工煤矿安全生产标准化**管理体系**评分方法 (1) 井工煤矿安全生产标准化管理体系考核满分为 100 分,采用各部分得分乘以权重的方式计算,各部分的权重见表 1-1	与 2017 煤矿安全生产标准化相关要求一样,本部分说明了煤矿安全生产标准化管理体系的评分方法

表1-1(续)

2017煤矿安全生产标准化	2020煤矿安全生产标准化管理体系	对照解读

2017煤矿安全生产标准化

表1-1　井工煤矿安全生产标准化评分权重表

序号	名称	标准分值	权重(a_i)
1	安全风险分级管控	100	0.10
2	事故隐患排查治理	100	0.10
3	通风	100	0.16
4	地质灾害防治与测量	100	0.11
5	采煤	100	0.09
6	掘进	100	0.09
7	机电	100	0.09
8	运输	100	0.08
9	职业卫生	100	0.06
10	安全培训和应急管理	100	0.06
11	调度和地面设施	100	0.06

2020煤矿安全生产标准化管理体系

表1-1　井工煤矿安全生产标准化**管理体系**评分权重表

序号	[名称] **管理要素**	标准分值	权重(a_i)
一	**理念目标和矿长安全承诺**	**100**	**0.03**
二	**组织机构**	**100**	**0.03**
三	**安全生产责任制及安全管理制度**	**100**	**0.03**
四	**从业人员素质**	**100**	**0.06**
[1] **五**	安全风险分级管控	100	[0.10] **0.15**
[2] **六**	事故隐患排查治理	100	[0.10] **0.15**

对照解读

煤矿安全生产标准化管理体系的目标是要建立一个管理体系，要求企业在日常工作中自主、持续运行。因而与2017《评分方法》相比，2020《管理体系》的要素有了巨大变化：在前面新增了3个要素专业，调整了从业人员素质的位置和内容，大幅提高了安全风险分级管控和事故隐患排查两要素的重要性，将原质量达标各专业重新组合、增删优化，改为“质量控制”要素，最后又增加了持续改进的要求，从而形成一个完整的安全管理体系。

从要素权重角度，煤矿安全生产标准化管理体系侧重管理要素，强调双重预防机制在煤矿安全管理中的核心作用，这两类要素权重大幅度提升到0.15，井工煤矿和露天煤矿的“质量控制”要素在抽出了“从业人员素质”要素相关内容后，权重均下降至0.50。各要素具体权重变化如下：

1. 理念目标和矿长安全承诺为新增加内容，权重定为0.03。

2. 组织机构为新增加内容，权重定为0.03。

3. 安全生产责任制及安全管理制度为新增加内容，权重定为0.03。

4. 从业人员素质为新调整、增加内容，权重定为0.06。

5. 安全风险分级管控权重增加0.05，至0.15。

表 1-1(续)

2017 煤矿安全生产标准化	2020 煤矿安全生产标准化管理体系	对照解读

表 1-1(续)

序号	名称	管理要素	标准分值	权重(a_i)
3 4 5 6 7 8 9 10 11 七	**质量控制**	通风	100	0.16 **0.10**
		地质灾害防治与测量	100	0.11 **0.08**
		采煤	100	0.09 **0.07**
		掘进	100	0.09 **0.07**
		机电	100	0.09 **0.06**
		运输	100	0.08 **0.05**
		职业卫生	100	0.06
		安全培训 **调度和应急管理**	100	0.06 **0.04**
		调度 **职业病危害防治和地面设施**	100	0.06 **0.03**
八	**持续改进**		**100**	**0.05**

6. 事故隐患排查治理权重增加 0.05,至 0.15。

7. 质量控制以原质量标准化内容为核心,权重定为 0.5。

其中:通风权重下调 0.06;地质灾害防治与测量权重下调 0.03;采煤权重下调 0.02;掘进权重下调 0.02;机电权重下调 0.03;运输权重下调 0.03;调度和应急管理为重新组合内容,权重定为 0.04;职业病危害防治和地面设施为重新组合内容,权重定为 0.03。

8. 持续改进为新增加内容,权重定为 0.05

表 1-1(续)

2017 煤矿安全生产标准化	2020 煤矿安全生产标准化管理体系	对照解读
(2) 按照井工煤矿安全生产标准化体系包含的各部分评分表进行打分	(2) **井工煤矿安全生产标准化管理体系各部分在不存在重大事故隐患的前提下**，按照井工煤矿安全生产标准化体系包含的各部分评分表进行**现场检查**打分	2020《管理体系》进一步加强了对重大事故隐患的重视程度，将“不存在重大事故隐患”作为达标验收的前提，即只要某部分存在重大事故隐患，则该部分直接否决，不进行考核定级。 内业只是检查的一部分，2020《管理体系》更侧重现场落实，因此在检查打分工作中强调进行现场检查打分
(3) 各部分考核得分乘以该部分权重之和即为井工煤矿安全生产标准化考核得分，采用式(1)计算： $M=\sum_{i=1}^{11}(a_iM_i)$ ……………………………… (1) 式中 M——井工煤矿安全生产标准化考核得分； M_i——安全风险分级管控、事故隐患排查治理、通风、地质灾害防治与测量、采煤、掘进、机电、运输、职业卫生、安全培训和应急管理、调度和地面设施等 11 个部分的安全生产标准化考核得分；	(3) 各部分考核得分乘以该部分权重(**质量控制部分为各专业权重**)之和即为井工煤矿安全生产标准化**管理体系**考核得分，采用式(1)计算： $M=\sum_{i=1}^{11}(a_iM_i)$ $\boldsymbol{M=\sum_{i=1}^{15}(a_i\times M_i)}$ ……………………………………… (1) 式中 M——井工煤矿安全生产标准化**管理体系**考核得分； M_i——**理念目标和矿长安全承诺、组织机构、安全生产责任制及安全管理制度、从业人员素质**、安全风险分级管控、事故隐患排查治	井工煤矿的“质量控制”由多个部分组成，因此明确说明“质量控制”各部分所对应的权重为各专业权重。各部分考核得分的公式说明也按照《管理体系》的构成要素情况进行了调整

表 1-1(续)

2017 煤矿安全生产标准化	2020 煤矿安全生产标准化管理体系	对照解读
a_i——安全风险分级管控、事故隐患排查治理、通风、地质灾害防治与测量、采煤、掘进、机电、运输、职业卫生、安全培训和应急管理、调度和地面设施等 11 个部分的权重值	理、通风、地质灾害防治与测量、采煤、掘进、机电、运输、职业卫生、安全培训 **调度**和应急管理、调度 **职业病危害防治**和地面设施、**持续改进**等 11 **15** 个部分 **项**的安全生产标准化考核得分; a_i——**理念目标和矿长安全承诺、组织机构、安全生产责任制及安全管理制度、从业人员素质**、安全风险分级管控、事故隐患排查治理、通风、地质灾害防治与测量、采煤、掘进、机电、运输、职业卫生、安全培训 **调度**和应急管理、调度 **职业病危害防治**和地面设施、**持续改进**等 11 **15** 个部分的 **项**权重值	
2. 露天煤矿安全生产标准化评分方法 (1) 露天煤矿安全生产标准化考核满分为 100 分,采用各项得分乘以权重的方式计算,各部分的权重见表 1-2	2. 露天煤矿安全生产标准化**管理体系**评分方法 (1) 露天煤矿安全生产标准化**管理体系**考核满分为 100 分,采用各部分得分乘以权重的方式计算,各部分的权重见表 1-2	本部分说明露天煤矿安全生产标准化管理体系评分方法

表 1-1(续)

2017 煤矿安全生产标准化	2020 煤矿安全生产标准化管理体系	对照解读

2017 煤矿安全生产标准化

表 1-2　露天煤矿安全生产标准化评分权重表

序号	名称	标准分值	权重(b_i)
1	安全风险分级管控	100	0.10
2	事故隐患排查治理	100	0.10
3	钻孔	100	0.05
4	爆破	100	0.11
5	采装	100	0.11
6	运输	100	0.12
7	排土	100	0.09
8	机电	100	0.09
9	边坡	100	0.05
10	疏干排水	100	0.05
11	职业卫生	100	0.05
12	安全培训和应急管理	100	0.04
13	调度和地面设施	100	0.04

2020 煤矿安全生产标准化管理体系

表 1-2　露天煤矿安全生产标准化管理体系评分权重表

序号	名称 管理要素		标准分值	权重(b_i)
一	**理念目标和矿长安全承诺**		**100**	**0.03**
二	**组织机构**		**100**	**0.03**
三	**安全生产责任制及安全管理制度**		**100**	**0.03**
四	**从业人员素质**		**100**	**0.06**
1 **五**	安全风险分级管控		100	0.10 **0.15**
2 **六**	事故隐患排查治理		100	0.10 **0.15**
3 4 5 6 7 8	**质量控制**	钻孔	100	0.05 **0.03**
		爆破	100	0.11 **0.07**
		采装	100	0.11 **0.07**
		运输	100	0.12 **0.08**
		排土	100	0.09 **0.05**
		机电	100	0.09 **0.05**
		边坡	100	0.05
		疏干排水	100	0.05 **0.03**
		职业卫生	100	0.05

对照解读

露天煤矿各要素评分权重变化的原因和思路与井工煤矿相同，各要素具体权重变化如下：

1. 理念目标和矿长安全承诺为新增加内容，权重定为 0.03。
2. 组织机构为新增加内容，权重定为 0.03。
3. 安全生产责任制及安全管理制度为新增加内容，权重定为 0.03。
4. 从业人员素质为新调整、增加内容，权重定为 0.06。
5. 安全风险分级管控权重增加 0.05，至 0.15。
6. 事故隐患排查治理权重增加 0.05，至 0.15。
7. 质量控制以原质量标准化内容为核心，权重定为 0.5。

其中：钻孔权重下调 0.02；爆破权重下调 0.04；采装权重下调 0.04；运输权重下调 0.04；排土权重下调 0.04；机电权重下调 0.04；边坡权重不变；疏干排水权重下调 0.02；调度和应急管理为重新组合内容，权重定为 0.04；职业病危害防治和地面设施为重新组合内容，权重定为 0.03。

8. 持续改进为新增加内容，权重定为 0.05

表 1-1(续)

<table>
<tr><th>2017 煤矿安全生产标准化</th><th>2020 煤矿安全生产标准化管理体系</th><th>对照解读</th></tr>
<tr><td></td><td>

表 1-2(续)

<table>
<tr><th>序号</th><th colspan="2">名称
管理要素</th><th>标准
分值</th><th>权重(b_i)</th></tr>
<tr><td rowspan="2">9
10
11
12
13
七</td><td rowspan="2">**质量
控制**</td><td>安全
培训
调度
和应
急管理</td><td>100</td><td>0.04</td></tr>
<tr><td>调度**职
业病危
害防治**
和地面
设施</td><td>100</td><td>0.04 **0.03**</td></tr>
<tr><td>八</td><td colspan="2">**持续改进**</td><td>**100**</td><td>**0.05**</td></tr>
</table>

</td><td></td></tr>
<tr><td>(2) 按照露天煤矿安全生产标准化体系包含的各部分评分表进行打分</td><td>(2) **露天煤矿安全生产标准化管理体系各部分在不存在重大事故隐患的前提下**,按照露天煤矿安全生产标准化体系包含的各部分评分表进行**现场检查**打分</td><td>与井工煤矿相同,2020《管理体系》将“不存在重大事故隐患”也作为露天煤矿达标验收的前提,即只要某部分存在重大事故隐患,则该部分直接否决,不进行考核定级。
同样,在露天煤矿的检查打分工作中,也强调进行现场检查打分</td></tr>
</table>

表 1-1(续)

2017 煤矿安全生产标准化	2020 煤矿安全生产标准化管理体系	对照解读
(3) 各项考核得分乘以其权重之和即为露天煤矿安全生产标准化考核得分,采用式(2)计算: $$N=\sum_{i=1}^{13}(b_i N_i)\cdots\cdots(2)$$ 式中 N——露天煤矿安全生产标准化考核得分; N_i——安全风险分级管控、事故隐患排查治理、钻孔、爆破、采装、运输、排土、机电、边坡、疏干排水、职业卫生、安全培训和应急管理、调度和地面设施等 13 部分的安全生产标准化考核得分;	(3) 各 项 **部分**考核得分乘以 其 **该部分**权重(**质量控制部分为各专业权重**)之和即为露天煤矿安全生产标准化**管理体系**考核得分,采用式(2)计算: $$\boxed{N=\sum_{i=1}^{13}(b_i N_i)}$$ $$\boldsymbol{N=\sum_{i=1}^{17}(b_i\times N_i)}\cdots\cdots(2)$$ 式中 N——露天煤矿安全生产标准化**管理体系**考核得分; N_i——**理念目标和矿长安全承诺、组织机构、安全生产责任制及安全管理制度、从业人员素质**、安全风险分级管控、事故隐患排查治理、钻孔、爆破、采装、运输、排土、机电、边坡、疏干排水、职业卫生、安全培训 **调度**和应急管理、调度 **职业病危害防治**和地面设施、**持续改进**等 13 **17** 部分 **项**的安全生产标准化考核得分;	露天煤矿的“质量控制”也由多个部分组成,因此明确说明“质量控制”各部分所对应的权重为各专业权重。各部分考核得分的公式说明也按照《管理体系》的构成要素情况进行了调整

表 1-1(续)

2017 煤矿安全生产标准化	2020 煤矿安全生产标准化管理体系	对照解读
b_i——安全风险分级管控、事故隐患排查治理、钻孔、爆破、采装、运输、排土、机电、边坡、疏干排水、职业卫生、安全培训和应急管理、调度和地面设施等 13 部分的权重	b_i——**理念目标和矿长安全承诺、组织机构、安全生产责任制及安全管理制度、从业人员素质**、安全风险分级管控、事故隐患排查治理、钻孔、爆破、采装、运输、排土、机电、边坡、疏干排水、职业卫生、安全培训**调度**和应急管理、调度**职业病危害防治**和地面设施、**持续改进**等13 **17** 部分的**项**权重值	
(4) 在考核评分中,如缺项,可将该部分的加权分值,平均折算到其他部分中去,折算方法如式(3): $$T=\frac{100}{100-P}\times Q \quad (3)$$ 式中 T——实得分数; Q——加权得分数; P——缺项加权分数(缺项权重值乘以 100)	未修改	

第 2 部分　理念目标和矿长安全承诺

一、工作要求

1. 理念目标

制定煤矿安全生产理念和目标，向全体职工公示，形成安全生产共同愿景，用于指导和引领安全生产各项工作。

(1) 树立安全生产理念。

安全生产理念应体现以人为本、生命至上的思想，体现机械化、自动化、信息化、智能化发展趋势，体现煤矿职工获得感、幸福感、安全感的需求和主人翁地位、体面劳动、尊严生活的要求。煤矿应加强安全生产理念宣贯，使各级管理人员、职工理解、认同并践行本单位安全生产理念，并将安全生产理念贯穿于安全生产决策、管理、执行的全过程，融会到全体职工的具体工作中。

(2) 制定安全生产目标。

结合本单位实际，制定可考核的安全生产目标：建立安全生产目标管理制度，明确各级安全目标责任人的相关职责，分解制定完成目标的工作任务，定期分析完成情况，实施目标考核；将安全生产目标纳入年度生产经营考核指标。目标内容应结合实际提出“零死亡”“零超限”“零突出”“零透水”“零自燃”“零冲击(无冲击地压事故)”等宏观目标，以及对隐患、违章、事故的量化指标，对重大安全风险管控的效果等。

2. *矿长安全承诺*

(1) 承诺的实施与兑现。

煤矿矿长每年对全体职工作出安全承诺，保障安全生产条件，维护职工权益和福利。安全承诺应在显著位置进行公示，接受职工监督，每年应在职工代表大会上公开安全承诺兑现情况，经职工代表大会评议，并将评议结果纳入矿长绩效管理。

(2) 承诺的内容。

煤矿矿长安全承诺应包含但不限于：保证落实安全生产主体责任，保证建立健全安全生产管理体系，保证杜绝超能力组织生产，保证生产接续正常，保证安全费用提足用好，保证矿领导带班下井(坑)，保证本人和矿领导班子成员不违章指挥，保证严格管控安全风险，保证如实报告重大安全风险，保证及时消除事故隐患，保证安全培训到位，保证职工福利待遇，保证职工合法权益，保证不加班延点，保证不迟报、漏报、谎报和瞒报事故。

二、评分方法

按表 2-1 评分，总分为 100 分。按照所检查存在的问题进行扣分，各小项分数扣完为止。

表 2-1　煤矿理念目标和矿长安全承诺标准化评分表新增理由

项目	项目内容	基本要求	标准分值	评分方法	新增理由
一、安全生产理念(20分)	**理念内容**	**体现牢固树立安全生产红线意识，贯彻“安全第一、预防为主、综合治理”的安全生产方针，体现以人为本、生命至上的思想，体现机械化、自动化、信息化、智能化发展趋势，体现煤矿职工获得感、幸福感、安全感的需求和主人翁地位、体面劳动、尊严生活的要求**	**4**	**查资料。理念内容1项未体现扣1分**	牢固树立安全生产红线意识体现了对人的尊重、对生命的敬畏，传递了生命至上的安全理念。 “安全第一、预防为主、综合治理”，是我们党长期以来坚持的安全生产工作方针，充分表明了我们党对安全生产工作的高度重视、对人民群众根本利益的高度重视。 安全是企业最大的效益，安全是职工最大的福利。发展机械化、自动化、信息化、智能化是提高煤矿安全保障能力、实现煤矿安全生产形势根本好转的需要，是降低煤矿职工劳动强度、减少和消除职业病危害的需要，是煤矿企业减员增效、改善工作环境、提高生存发展能力的需要。煤矿企业必须坚定不移地走依靠科技进步和管理创新的安全发展之路。 发展机械化、自动化、信息化、智能化，让劳动者回归正常的作息规律。只有为职工提供正常、安全、舒适的工作条件和环境，才能使职工有获得感、幸福感、安全感，做到体面劳动、尊严生活；才能引导职工共同劳动、共同努力、共同奋斗，共同创造价值，共享发展成果；才能满足职工对美好生活的不断追求

注:“□”表示新标准删除内容;加粗表示新标准增加内容。

表 2-1(续)

项目	项目内容	基本要求	标准分值	评分方法	新增理由
一、安全生产理念(20分)	理念贯彻	1. 对安全生产理念的建立、公示、宣贯和修订做出具体规定并落实	2	查资料。无规定不得分;规定内容缺1项扣1分;1项未落实扣1分	安全理念是煤矿安全生产的价值观、核心观点,是安全管理工作的基本指导思想,体现了煤矿安全生产的基本原则,突出引领作用。建立安全发展理念,强化红线意识,是习近平总书记对于马克思主义安全生产理论的原创性发展,是坚持人民利益至上、坚持以人民为中心的发展思想的具体体现。 安全理念必须进行公示,广泛征求意见,不能存在任何暗箱操作。要让管理人员和职工知道为什么树立安全理念,从而积极参与安全理念的制定和修订;安全理念应公示,要有群众参与和监督,并为他们所认可的。 安全理念必须进行宣贯,只有广泛深入地宣传贯彻安全理念,才能获得管理人员和职工的广泛理解,才能熟悉和掌握安全理念的内容,才能使大家认同安全理念,从而自觉地践行安全理念。 安全理念必须不断修订,随着科技的不断进步,人们的思想观念也在不断发展变化,安全理念也要与企业的发展与时俱进。对于安全理念在执行过程中存在的问题,对于不适宜的内容必须进行修订完善。 安全理念的落实、践行,是安全工作的落脚点,理念如果不落实、践行就会形同虚设,理念一旦形成,全部工作的重点就是落实、践行,只有这样才能实现安全生产形势的根本好转

表 2-1(续)

项目	项目内容	基本要求	标准分值	评分方法	新增理由
一、安全生产理念(20分)	理念贯彻	2. 管理人员和职工理解、认同并践行本单位安全生产理念	4	查现场。随机抽考矿领导、管理技术人员 4 人,1 人未掌握扣 1 分	安全生产理念建立、公示、宣贯的最终目的就是使管理人员和职工理解、认同并践行本单位安全生产理念。这是促进安全生产工作好转的根本保证。再好的理念如果管理人员和职工不理解、不认同、不自觉地践行都是一纸空文
	理念落实	安全生产理念融会贯穿于安全生产实际工作	10	查现场和资料。抽查矿领导、部门管理人员,至少列举 2 条体现安全理念的具体工作,缺 1 条扣 5 分;现场检查,发现 1 项不符合安全理念的问题扣 2 分	安全生产理念只有融会贯穿于安全生产实际工作中去,才能检验其生命力。如果安全生产理念与生产实际脱节就失去了意义
二、安全生产目标(30分)	制度	建立安全生产目标管理制度,对安全目标和任务及措施的制定、责任分解、考核等工作作出规定	6	查资料。未建立制度不得分;制度内容不全缺 1 项扣 2 分	安全目标管理是煤矿安全管理的一项重要内容,是安全管理的"纲",是煤矿安全管理工作的集中体现。建立落实分级负责的安全生产目标管理制度,对安全目标和任务的制定、责任的分解、统计考核等工作作出规定,能够更好地落实目标责任制,最大限度地调动大家的积极性,使安全生产目标管理规范化和制度化。只有明确各自的目标和岗位职责后,才能够充分发挥大家的主观能动性,在规定的时限内完成各自的任务

表 2-1(续)

项目	项目内容	基本要求	标准分值	评分方法	新增理由
二、安全生产目标(30分)	目标内容	1. 年度安全生产目标应符合本单位安全生产实际,将安全生产目标纳入企业的总体生产经营考核指标	5	查煤矿当年及上一年资料。总体生产经营目标超设计(核定)生产能力的,“安全生产目标”大项不得分;未纳入总体生产经营考核指标该项不得分;目标未体现保持或提升扣3分	安全生产目标是全部安全工作行动的指南,符合国家法律、法规、政策要求和本单位实际的安全生产工作目标,是各级管理人员和全体职工共同努力的方向,是考核各项工作的重要依据。 安全生产目标必须符合本单位的实际情况,否则,目标就会变成空中楼阁。只有目标贴近实际,才能调动职工的积极性、创造性;正确处理安全与经营的关系,将安全生产目标纳入企业的总体生产经营目标,统筹考虑,统一考核,既有利于安全目标的实现,也有利于总体生产经营工作的开展
		2. 目标应可考核,内容应包含事故防范、灾害治理、风险管控、隐患治理等方面,体现“零死亡”,瓦斯“零超限”和井下“零突出”“零透水”“零自燃”“零冲击(无冲击地压事故)”等方面要求	4	查资料。安全生产目标内容缺项或不可考核,1项扣1分	安全目标的制定必须符合本单位的实际,具有可操作性、可考核性。目标必须明确,不能模棱两可、含含糊糊。如果目标不具有可考核性,也就失去了目标的作用,目标就很难实现。 安全目标必须重点突出,主次分明,应包含事故防范、灾害治理、风险管控、隐患治理等方面,体现“零死亡”,瓦斯“零超限”和井下“零突出”“零透水”“零自燃”“零冲击(无冲击地压事故)”等方面要求

表2-1(续)

项目	项目内容	基本要求	标准分值	评分方法	新增理由
二、安全生产目标(30分)	目标措施及执行	分解、制定完成目标的工作任务和措施,明确分层级、专业或科室,以及每项任务的责任岗位、支持条件(人、财、物)和完成时限	5	查现场和资料。1项未制定工作任务扣1分;责任岗位、支持条件和完成时限,1项不明确扣1分;抽查工作措施,1条未落实扣1分;对照岗位目标任务及措施,随机抽考科室负责人2名,1人不清楚自身任务及措施扣1分	安全生产目标应当明确,分解的各项指标应当具体,各项措施应当切实有效。将完成目标的工作任务层层分解到专业或科室,制定相应的岗位责任制是完成安全目标的前提条件。安全目标涉及各专业、区队、科室,需要全体管理者和职工的共同努力才能完成。要完成目标必须从人、财、物上提供保障,规定完成的时限。这是完成目标任务的基础,否则,安全目标任务的完成就成了一句空话
	目标考核	1. 每季度统计目标任务完成情况,未按时完成的应分析原因,提出改进措施	3	查资料。未按要求统计不得分,少1次扣2分;未分析原因提出改进措施,少1项扣1分	每季度对目标任务统计分析,能够更好地掌握任务完成情况,及时发现存在问题,有针对性地采取措施,保证全年目标任务的完成
		2. 制定年度安全目标考核方案,有具体的考核指标、奖惩措施	3	查资料。无年度安全目标考核方案不得分;考核方案里无具体的考核指标扣2分;考核方案无具体的奖惩措施扣2分	制定年度安全目标考核方案,有具体的考核指标、奖惩措施,是完成安全目标的根本保证

表 2-1(续)

项目	项目内容	基本要求	标准分值	评分方法	新增理由
二、安全生产目标(30分)	目标考核	3. 根据年度安全生产目标完成情况,对每项目标任务的责任人进行考核,纳入年度绩效管理	4	查资料。未考核不得分;未纳入绩效管理或未兑现考核1次扣2分	对安全目标进行考核是年度目标实施的最后一个环节,是对全年安全工作成效的全面检验。实事求是、客观公正的考核,能够起到鼓励先进、鞭策后进,进一步增强大家的责任感和使命感的作用,实现安全生产目标
三、矿长安全承诺(50分)	建立公示	1. 煤矿对矿长安全承诺的建立、公示、兑现、考核作出规定	5	查资料。未作出规定不得分;内容缺1项扣1分	煤矿对矿长安全承诺的建立、公示、兑现、考核作出规定,从制度上对矿长的安全承诺进行约束,把矿长的权力关进制度的笼子里,让职工进行监督,让权力在阳光下运行,可以使矿长更好地履行安全承诺
		2. 矿长每年向本单位全体职工进行公开承诺,签署承诺书并在行人井口(露天煤矿交接班室)公示	5	查现场和资料。未签署或未公示不得分	矿长作为安全生产的第一责任人,以身作则,向全矿职工进行安全承诺,在行人井口(露天煤矿交接班室)公开承诺,自觉接受监督,有利于进一步落实安全主体责任;有利于持续保持煤矿安全生产条件,构建安全生产长效机制;有利于减少和杜绝安全生产事故,保护矿工生命和财产安全

表 2-1(续)

项目	项目内容	基本要求	标准分值	评分方法	新增理由
三、矿长安全承诺(50分)	承诺内容	矿长安全承诺内容应包含但不限于:保证落实安全生产主体责任,保证建立健全安全生产管理体系,保证杜绝超能力组织生产,保证生产接续正常,保证安全费用提足用好,保证矿领导带班下井(坑),保证本人和矿领导班子成员不违章指挥,保证严格管控安全风险,保证如实报告重大安全风险,保证及时消除事故隐患,保证安全培训到位,保证职工福利待遇,保证职工合法权益,保证不加班延点,保证不迟报、漏报、谎报和瞒报事故	10	查资料和现场。缺1项内容扣2分,随机抽考2～3名煤矿领导,1人不了解承诺内容扣1分	矿长安全承诺的内容是矿长承诺的核心部分。明确安全承诺内容,有利于矿长带头落实承诺制度,有利于接受职工群众的监督

表 2-1(续)

项目	项目内容	基本要求	标准分值	评分方法	新增理由
三、矿长安全承诺(50分)	兑现	矿长严格兑现安全承诺	15	查现场和资料。现场抽查承诺践行情况,发现1条不兑现扣2分;涉及重大隐患行为的该项不得分并执行达标一票否决	矿长承诺重在兑现,矿长是安全生产的第一责任人,拥有人、财、物等方面的权限。矿长严格兑现安全承诺,为全矿管理人员和职工作出表率,是确保各项安全生产责任制度落实的前提
	考核	矿长将承诺兑现情况纳入年度述职内容和工作报告,经职工代表评议,并将评议结果纳入矿长年度绩效管理	15	查资料。未向全体职工公开承诺兑现情况扣5分;未进行评议扣5分;未纳入绩效管理扣10分,考核未兑现扣10分	将承诺兑现情况纳入矿长年度述职内容和工作报告,经职工代表评议,可以使安全承诺更好地接受职工群众的监督,有利于矿长进一步改进工作方式。将承诺内容兑现情况纳入工作报告,是安全管理理念上的一次创新。 将评议结果纳入矿长年度绩效管理,可以更好地调动矿长工作的积极性、创造性,发扬成绩、改正不足,全身心地投入安全生产管理中去,带领全矿职工实现安全生产

第 3 部分　组 织 机 构

一、工作要求

1. 建立由矿长牵头、分管负责人参加的安全办公会议机制，负责煤矿重大安全事项的制定和调整；
2. 明确负责煤矿安全生产各环节职责的部门，并严格履行相应职责。

二、评分方法

1. 存在重大事故隐患的，本部分不得分。
2. 按表 3-1 评分，总分为 100 分。按照所检查存在的问题进行扣分，各小项分数扣完为止。

表 3-1　煤矿组织机构标准化评分表新增理由

项目	项目内容	基本要求	标准分值	评分方法	新增理由
一、安全办公会议机制(10分)	内容	**建立由矿长牵头、分管负责人参加的安全办公会议机制,议定内容包括安全生产理念和目标、机构配置和人员定编、年度安全投入计划、重大灾害治理方案、应急救援预案、重大风险管控方案、采掘(采剥)接续计划等工作的制定和调整等,形成会议纪要**	10	**查资料。未建立机制不得分;重大安全事项制定或调整无会议纪要,1项扣1分;非矿长牵头或无授权,1次扣1分**	安全办公会议机制,是煤矿重大安全事项决策和调整的最高组织形式,规范煤矿安全办公会议机制,明确由矿长牵头,各分管负责人参与,对安全生产理念和目标、机构配置和人员定编、年度安全投入计划、重大灾害治理方案、应急救援预案、重大风险管控方案、采掘(采剥)接续计划等工作进行议定,目的是规范煤矿的安全管理重点工作决策流程,不搞"一言堂",充分发挥矿领导班子的集体智慧,体现民主决策、科学决策的精神,减少个人决策的失误

注:加粗表示新增内容。

表 3-1(续)

项目	项目内容	基本要求	标准分值	评分方法	新增理由
二、职责部门(90分)	安全管理	**1. 设有安全生产监督管理部门,并明确制定安全生产规章制度、现场监督检查、“三违”行为的制止和纠正等职责**	**8**	**查资料。职责未明确 1 项扣 2 分,部门职责不履行 1 项扣 1 分**	矿井安全管理工作具有全面性、综合性等特点,日常工作量巨大,因此必须有专门的部门负责开展相关工作。安全生产监督管理部门的主要工作职责是制定安全生产规章制度、现场监督检查、“三违”行为的制止和纠正
		2. 明确负责安全生产理念目标、安全承诺、安全生产监督管理、绩效考核和持续改进管理职责的部门	**10**	**查现场和资料。1 项职责未明确扣 2 分,部门职责不履行 1 项扣 1 分**	安全生产理念目标、安全承诺、绩效考核和持续改进等安全管理工作为标准化管理体系新增内容,体现的是矿井全面的安全管理格局和目标方向,因此必须由明确的部门来负责开展各项工作
	专业管理	**1. 明确负责安全风险分级管控、事故隐患排查治理工作职责的部门**	**8**	**查现场和资料。1 项职责未明确扣 2 分,部门职责不履行 1 项扣 1 分**	本条由旧标准安全风险分级管控专业工作要求中“明确负责安全风险分级管控工作的管理部门”和评分表中“2.有负责安全风险分级管控工作的管理部门”、事故隐患排查治理专业评分表中“1.有负责事故隐患排查治理管理工作的部门”等内容合并调整而来
		2. 设有负责矿井采掘(露天煤矿钻孔、爆破、采装、运输、排土)生产技术管理的部门,并明确技术管理及现场监督检查执行情况等工作职责	**10**	**查现场和资料。1 项职责未明确扣 2 分,部门职责不履行 1 项扣 1 分**	矿井生产技术管理专业性强,关系到矿井开采工艺的各个方面,需要有专门的部门负责该项工作,配备懂专业的人员开展有关设计、工艺管理等方面的工作

表 3-1(续)

项目	项目内容	基本要求	标准分值	评分方法	新增理由
二、职责部门(90分)	专业管理	3. 设有负责安全生产调度管理的部门;明确矿井生产调度指挥、应急管理,安全监测监控(露天煤矿调度监控)及井上下(露天煤矿坑上下)通信系统管理等工作职责	8	查现场和资料。1项职责未明确扣2分,部门职责不履行1项扣1分	本条由旧标准调度和地面设施专业工作要求中“设置负责调度工作的专门机构”和评分表中“有调度指挥部门,岗位职责明确”等内容合并调整而来
		4. 设有负责矿井通防管理的部门,明确矿井通风、防尘、防治瓦斯、防灭火、防突、爆破(露天煤矿采空区、火区、边坡)管理及现场监督检查执行情况等工作职责	10	查现场和资料。1项职责未明确扣2分,部门职责不履行1项扣1分	本条由旧标准通风专业评分表中“按规定设有负责通风管理、瓦斯管理、安全监控、防尘、防灭火、瓦斯抽采、防突和爆破管理等工作的管理机构”等内容调整而来
		5. 设有负责矿井机电运输管理的部门,明确机电、运输、自动化信息化(露天煤矿机电、信息化)等技术管理及现场监督检查执行情况等工作职责	10	查现场和资料。1项职责未明确扣2分,部门职责不履行1项扣1分	本条由旧标准机电专业评分表中“有负责机电管理工作的职能机构”、运输专业评分表中“有负责运输管理工作的机构”等要求合并调整而来,明确了部门职责包括明确机电、运输、自动化、信息化(露天煤矿机电、信息化)等技术管理及现场监督检查执行情况

表 3-1(续)

项目	项目内容	基本要求	标准分值	评分方法	新增理由
二、职责部门(90 分)	专业管理	**6. 设有负责矿井水文地质管理工作的部门,明确防冲、防治水、水文地质、矿井地质、瓦斯地质、矿井测量(露天煤矿防排水、水文地质、工程地质、测量工程)管理及现场监督检查落实执行情况等工作职责**	**10**	**查现场和资料。1 项职责未明确扣 2 分,部门职责不履行 1 项扣 1 分**	矿井地质工作在煤矿安全生产中处于关键位置,要想做好水、火、瓦斯、煤尘、冲击地压等自然灾害防治工作,首先必须要全面掌握矿井的自然灾害,并开展大量工作,这些都需要有专门的人员负责。 《煤矿防治水细则》(煤安监调查〔2018〕14 号)第五条规定:“水文地质类型复杂、极复杂的煤矿,还应当设立专门的防治水机构、配备防治水副总工程师。”《煤矿地质工作规定》第七条规定:煤矿企业及所属矿井应设立地测部门,配备所需的地质及相关专业技术人员和仪器设备,建立健全煤矿地质工作规章制度。 本条由旧标准地质灾害防治与测量专业工作要求中“矿井设立负责地质灾害防治与测量(以下简称“地测”)工作的部门”等内容调整而来,并明确部门工作职责防冲、防治水、水文地质、矿井地质、瓦斯地质、矿井测量(露天煤矿防排水、水文地质、工程地质、测量工程)管理及现场监督检查落实执行情况等。 2018 年 3 月 1 日,《煤矿安全培训规定》开始施行,第二章第六条规定:煤矿企业应当建立完善安全培训管理制度,制定年度安全培训计划,明确负责安全培训工作的机构,配备专职或者兼职安全培训管理人员,按照国家规定的比例提取教育培训经费

表 3-1(续)

项目	项目内容	基本要求	标准分值	评分方法	新增理由
二、职责部门(90分)	专业管理	**7. 设有负责煤矿安全培训管理的部门,明确培训、班组建设等工作职责**	**8**	**查现场和资料。职责未明确扣 2 分,部门职责不履行 1 项扣 1 分**	本条由旧标准安全培训和应急管理专业工作要求中“明确安全生产应急管理的分管负责人和主管部门”和评分表中“有负责安全生产培训工作的机构”等内容合并调整而来,并明确了工作职责培训、班组建设
		8. 设有负责职业病危害防治、综合行政管理以及地面后勤保障等工作职责的部门,职责明确	**8**	**查现场和资料。1 项职责未明确扣 2 分,部门职责不履行 1 项扣 1 分**	《中华人民共和国职业病防治法》第二十条规定:用人单位应当采取下列职业病防治管理措施:(一) 设置或者指定职业卫生管理机构或者组织,配备专职或者兼职的职业卫生管理人员,负责本单位的职业病防治工作。 本条由旧标准职业卫生专业工作要求中“建立健全职业病危害防治管理机构”和评分表中“建有职业病危害防治领导机构;有负责职业病危害防治管理的机构”合并调整,新增设立综合行政管理及地面后勤保障等部门要求

第 4 部分　安全生产责任制及安全管理制度

一、工作要求

1. 建立和履行安全生产责任制

建立煤矿矿长(法定代表人、实际控制人)为安全生产第一责任人的安全生产责任制。采取自下而上、全员参与的方式,制定各部门、各岗位的安全生产责任制,建立责任清单,明确责任范围、考核标准,并在适当位置进行长期公示,切实让各岗位职工明责、履责、尽责,确保责任无空档。

2. 完善和落实安全生产管理制度

煤矿应对各项制度的制定、宣贯、执行、考核、修订废止等环节进行规范。按规定建立健全安全生产投入、安全奖惩、技术管理、安全培训、办公会议制度,安全检查制度,事故报告与责任追究制度等安全生产规章制度,并严格贯彻落实。

二、评分方法

按表 4-1 评分,总分为 100 分。按照所检查存在的问题进行扣分,各小项分数扣完为止。

表 4-1　煤矿安全生产责任制及安全管理制度标准化评分表新增理由

项目	项目内容	基本要求	标准分值	评分方法	新增理由
一、安全生产责任制(45分)	建立	**1. 建立煤矿矿长(法定代表人、实际控制人)为安全生产第一责任人,副矿长、总工程师分工负责的安全生产责任制,并以正式文件下发**	**10**	**查现场和资料。未明确第一责任人不得分,分管负责人未明确职责1人扣5分;未以正式文件下发扣5分,发现1项责任不落实扣1分**	矿长作为安全生产第一责任人,对预防煤矿生产安全事故负主要责任。建立矿长为安全生产第一责任人,副矿长、总工程师分工负责的安全生产责任制,并以正式文件下发。可以更好地增强矿长、副矿长、总工程师的安全生产红线意识,切实履行煤矿安全生产主体责任的落实,有效预防生产安全事故的发生。 安全生产责任制是经长期的安全生产、劳动保护管理实践证明的成功制度与措施。凡是建立健全矿长、副矿长、总工程师安全生产责任制的煤矿,矿长、副矿长、总工程师认真贯彻执行党的安全生产方针、政策和国家的安全生产法律法规,切实履行各自职责,在认真负责地组织生产的同时,积极管控风险,消除隐患,努力改善劳动条件,工伤事故和职业性疾病就会减少。反之,矿长安全生产责任制不明确,第一责任人作用发挥不好;副矿长、总工程师不能在分管范围内发挥作用,安全生产形势就得不到根本好转。 建立安全生产责任制符合安全法律法规的要求: 《安全生产法》第五条规定:生产经营单位的主要负责人对本单位的安全生产工作全面负责。 《国务院关于预防煤矿生产安全事故的特别规定》(国务院令第446号)第二条规定:煤矿企业是预防煤矿生产安全事故的责任主体。煤矿企业负责人对预防煤矿生产安全事故负主要责任。 《煤矿安全规程》第四条规定:煤矿企业必须加强安全生产管理,建立健全各级负责人、各部门、各岗位安全生产与职业病危害防治责任制

注:加粗表示新标准增加内容。

表 4-1(续)

项目	项目内容	基本要求	标准分值	评分方法	新增理由
一、安全生产责任制(45分)	建立	**2. 明确部门、科室、区(队)、班组等各级单位安全生产责任**	10	**查现场和资料。未明确各级单位安全生产责任缺1个扣3分,发现1项责任不落实扣1分**	在安全生产责任制中,明确部门、科室、区(队)、班组等各级单位的安全生产责任,建立由上到下的安全生产责任体系,层层抓落实,一级抓一级,一级对一级负责。按照责、权、利相结合的原则,在赋予各单位权利的同时,也让其承当相应的责任,这样有利于调动各级单位的积极性、创造性,使安全工作形成合力
		3. 制定各岗位安全生产责任制,明确责任范围,岗位有固定工作场所的,在适当位置进行长期公示	15	**查现场和资料。未明确各岗位安全生产责任、责任范围缺1个扣3分;随机抽考矿领导、管理技术人员4人,1人不清楚岗位责任扣1分;岗位责任1项未公示扣3分,1项公示不全扣1分,发现1项责任不落实扣1分**	制定岗位安全生产责任制,明确责任范围。能够使各岗位的人员明确自己该干什么、怎么干、干不好要承担哪些责任。在适当位置进行长期公示,能够使各岗位人员每天上班看到自己的岗位职责,把岗位职责熟记于心,落实到行动上,还能起到大家相互监督的作用。 明确各岗位的安全生产责任制,可以增强各级负责人员、各职能部门及其工作人员和各岗位生产人员对安全生产的责任感,调动各岗位人员在安全生产方面的积极性和主观能动性,形成抓安全生产的铜墙铁壁,使各类事故隐患无机可乘,从而实现安全生产

表 4-1(续)

项目	项目内容	基本要求	标准分值	评分方法	新增理由
一、安全生产责任制(45分)	考核	依据全年安全生产责任落实情况进行全员考核,制定落实考核方案,并将考核结果纳入岗位绩效管理	10	查资料。未考核不得分;未制定考核方案扣5分,考核方案落实不到位1处扣1分;未纳入绩效管理扣5分,发现1个单位或有1人未严格考核兑现扣1分	进行全年安全生产责任制考核,是完善安全生产责任体系、贯彻落实安全生产责任制度、保障安全生产的一种重要手段。 制定安全生产责任制考核方案,定期对安全生产责任人员进行履职情况考核,通过考核能够促使包括矿长、副矿长、总工程师在内的各级管理人员,工作中时刻牢记职责。在抓生产的同时,首先抓好安全工作,从而推进安全生产管理措施的有效落实。 将考核结果纳入岗位绩效管理,定期对各个岗位的职工进行考核,能够增强他们工作的责任感、压力感。通过考核使职工清楚认识自己工作中的不足,明确下一步的努力方向,促使其更好地完成本职工作,形成各司其职、各负其责,上标准岗、干标准活的良好氛围
二、安全管理制度(20分)	制度要求	安全生产管理制度应满足下列规定: 1. 符合相关的法律、法规、政策、标准;	10	查现场和资料。随机抽查,内容不符合1处扣2分	安全生产管理制度是所有人员必须共同遵守的行为规范和准则。安全生产管理制度具有普遍的约束力,其内容必须符合法律法规、政策、标准的要求

表 4-1(续)

项目	项目内容	基本要求	标准分值	评分方法	新增理由
二、安全管理制度(20分)	制度要求	2. 内容具体,符合煤矿实际,有针对性,责任清晰,能够对照执行和检查	10	查现场和资料。随机抽查,内容不符合 1 处扣 2 分	安全生产管理制度内容要具体,符合煤矿实际,有针对性,责任清晰的安全生产管理制度便于对照执行和检查。反之,内容空洞、不切实际,也就失去了制定制度的意义
	制度内容	至少建立以下安全管理制度,主要包括:安全生产责任制管理考核制度;安全办公会议制度;安全投入保障制度;安全监督检查制度;安全技术措施审批制度;矿用设备、器材使用管理制度;矿井主要灾害预防管理制度;安全奖惩制度;安全操作规程管理制度;事故报告与责任追究制度;事故应急救援制度;“三违”管理制度;矿领导带班下井(坑)制度	10	查资料。缺 1 项制度扣 2 分	明确安全安全管理制度的内容,有利于更好地执行安全制度,更好地保护劳动者在生产中的安全和健康,促进经济建设的发展。 《煤矿安全规程》第四条规定:煤矿企业必须建立健全安全生产与职业病危害防治目标管理、投入、奖惩、技术措施审批、培训、办公会议制度,安全检查制度,事故隐患排查、治理、报告制度,事故报告与责任追究制度等

表 4-1(续)

项目	项目内容	基本要求	标准分值	评分方法	新增理由
三、执行与监督(35分)	培训	将全员安全生产责任制教育培训工作纳入安全生产年度培训计划,全员掌握本岗位安全生产职责	10	查现场和资料。未纳入不得分;1人未参加培训扣1分。随机抽考,范围覆盖矿领导、管理技术人员各2人,1人未掌握扣2分	安全生产责任制是一个责任体系,涵盖部门、科室、区(队)、班组等各级单位,以及上至矿长、副矿长、总工程师下至一般职工等各级人员。将安全生产责任制教育培训工作纳入安全生产年度培训,可以使各单位、各级人员更好地掌握安全法律法规,时刻牢记本岗位的工作职责,增强责任意识
	制度执行	严格执行本矿各项制度	15	查现场和资料。1项制度未执行扣5分,制度执行不到位1处扣1分	制度的生命力在于执行,执行的关键在于执行力。再好的制度不去执行,也是摆设。 矿长、副矿长、总工程师应带头维护制度的权威,做制度执行的表率;带头健全权威、高效的制度执行机制,加强对制度执行的监督,坚决杜绝作选择、搞变通、打折扣等现象,不断增强制度的权威性和执行力,让制度管用见效。 全体职工自觉遵守本矿的各项制度、严格执行制度、坚决维护制度
	监督	对违反制度的行为和现象有明确、具体的处罚措施和责任追究办法,并严格落实	10	查资料。不符合要求1处扣2分	对违反制度的行为和现象进行处罚和责任追究,可以更好地提高各级管理人员的岗位责任心,切实落实全员安全生产目标责任,确保生产安全有序进行

第 5 部分　从业人员素质

表 5-1　从业人员素质旧、新标准工作要求对照解读

2017 煤矿安全生产标准化	2020 煤矿安全生产标准化管理体系	对照解读
	一、工作要求 **1. 人员配备及准入** **(1) 矿长、副矿长和总工程师、副总工程师，安全生产管理人员、专业技术人员配备满足要求，且不得在其他煤矿兼职**	明确人员配备要求，提出了管理人员不得在其他煤矿兼职
	(2) 矿长、副矿长、总工程师、副总工程师具备煤矿相关专业大专及以上学历；新上岗的特种作业人员应当具备高中及以上文化程度，或者职业高中、技工学校及中专以上相关专业学历；普通从业人员必须具备初中及以上文化程度	设置了配备各类人员的准入学历门槛，从源头上提高配备人员的素质

注："□"表示新标准删除内容；加粗表示新标准增加内容。

表 5-1(续)

2017 煤矿安全生产标准化	2020 煤矿安全生产标准化管理体系	对照解读
	(3) 专业技术人员符合任职资格	对专业技术人员的任职资格作出规定,保证煤矿安全生产
	(4)井下不使用劳务派遣工	明确规定井下不可使用劳务派遣工
一、工作要求(风险管控) 1. 安全培训 (1) 制定并落实安全培训管理制度、安全培训计划; (2) 按照规定对有关人员进行安全生产培训; (3) 煤矿主要负责人和安全生产管理人员必须具备与生产经营活动相应的安全生产知识和管理能力,并考核合格	1 **2.** 安全培训 (1) **矿长组织**制定并落实安全培训管理制度、安全培训计划,**按规定投入和使用安全培训经费;** (2) 按照规定对 有关 从业人员进行安全生产培训,**提升从业人员安全素质;** (3) 煤矿 主要负责人 **矿长**和安全生产管理人员必须具备与生产经营活动相应的安全生产知识和管理能力,并考核合格; **(4) 自主培训应具备安全培训条件,不具备安全培训条件的应委托具备安全培训条件的机构进行培训**	将"煤矿主要负责人"直接定为"矿长",直接、好操作、便于考核。 对自主培训提出要求,便于操作、考核
(4) 特种作业人员取得相应的特种作业人员操作资格证;其他从业人员具备必要的安全生产知识和安全操作技能,并经培训合格后方可上岗; (5) 建立健全从业人员安全培训档案	(4 **5**)特种作业人员取得相应的特种作业 人员 操作 资格 证;其他从业人员具备必要的安全生产知识和安全操作技能,并经培训合格后方可上岗; (5 **6**)建立健全从业人员安全培训档案	修改为"特种作业人员取得相应的特种作业操作证",与《煤矿安全培训规定》保持一致

表 5-1(续)

2017 煤矿安全生产标准化	2020 煤矿安全生产标准化管理体系	对照解读
2. 班组安全建设 (1) 制定班组建设规划、目标，保障班组安全建设资金，完善班组安全建设措施； (2) 加强班组作业现场管理，制定班组安全工作标准，规范工作流程	2 **3.** 班组安全建设**与不安全行为控制** **(1) 班组安全建设。** **a. 强化煤矿班组安全建设，**制定班组建设规划、目标，保障班组安全建设资金，完善班组安全建设措施； (2) **b.** 加强班组 作业 现场管理，**落实班组安全责任，**制定班组安全工作标准，规范工作流程	强调煤矿班组安全建设、落实班组安全责任，目的是强化煤矿的基层和现场安全管理
	(2) 不安全行为管理。 **a. 管控员工的不安全行为，制定对不安全行为从发现到制止、从帮教到再上岗的全流程管理制度，赋予每一个员工现场抵制和制止不安全行为(含“三违”行为)的权力；** **b. 对不安全行为进行分析，制定不安全行为管控措施，不断减少员工不安全行为，杜绝员工“三违”发生**	新设立“不安全行为管理”考核项，是为了强化煤矿的不安全行为管控，规范员工的行为，确保煤矿规范管理、规范操作

表 5-2 煤矿从业人员素质标准化评分表对照解读

项目	项目内容	2017 基本要求	标准分值	2017 评分方法	2020 基本要求	2020 评分方法	对照解读
一、人员配备及准入(30分)	矿长及安全生产管理人员		5		**1. 矿长、副矿长、总工程师、副总工程师具备煤矿相关专业大专及以上学历,具有3年以上煤矿相关工作经历,且不得在其他煤矿兼职**	**抽查相关人员和查资料。1人不符合要求扣3分;在其他煤矿兼职"人员配备及准入"大项不得分**	明确了矿长、副矿长、总工程师、副总工程师的准入学历门槛,从源头提高配备人员的素质。且规定了其不得在其他煤矿兼职,强调煤矿是安全生产责任的主体,矿领导必须一心一意管理好本煤矿
			4		**2. 安全生产管理人员经考核合格;安全生产管理机构负责人具备煤矿相关专业中专及以上学历,具有2年以上煤矿安全生产相关工作经历**	**查资料。1人不符合要求扣2分**	设置了安全生产管理人员学历、工作经历门槛,从源头提高安全生产管理人员的素质

注:"□"表示新标准删除内容;加粗表示新标准增加内容。

表 5-2(续)

项目	项目内容	2017 基本要求	标准分值	2017 评分方法	2020 基本要求	2020 评分方法	对照解读
一、人员配备及准入(30分)	矿长及安全生产管理人员		**4**		**3. 明确总工程师为矿井防突和冲击地压防治工作技术负责人,对防治技术工作负责**	**查资料。未明确职责不得分**	明确总工程师的职责
			4		**4. 配备满足安全生产工作需要的副总工程师;水文地质类型复杂、极复杂矿井配备防治水副总工程师,地质类型复杂、极复杂的煤矿配备地质副总工程师**	**查资料。检查任命文件和上岗情况,未按规定配备防治水副总工程师或地质副总工程师不得分;其他副总工程师配备不满足工作需要缺1人扣2分**	对煤矿副总工程师的任职资格、副总工程师的配备职位作出规定,确保煤矿副总工程师配足、配强,保证煤矿安全生产
	专业技术人员		**3**		**1. 冲击地压矿井配备满足工作需要的防冲专业技术人员;水文地质类型复杂、极复杂矿井配备满足工作需要的防治水专业技术人员;突出矿井的防突机构专业技术人员不少于2人**	**查资料。未按要求配备不得分;不能满足工作需要的,缺1人扣1分**	对冲击地压矿井,水文地质类型复杂、极复杂矿井,规定必须配备防治水专业技术人员;对突出矿井的防突机构和专业技术人员的配备及职数作出规定。目的是加强重大风险的管控力度,确保矿井安全生产

表 5-2(续)

项目	项目内容	2017 基本要求	标准分值	2017 评分方法	2020 基本要求	2020 评分方法	对照解读
一、人员配备及准入(30分)	专业技术人员		3		**2. 专业技术人员具备煤矿相关专业中专以上学历或注册安全工程师资格**	**查资料。1人不符合要求扣1分**	对专业技术人员的学历和职称作出规定,从源头上确保专业技术人员的素质
	特种作业人员		3		**特种作业人员应当具备高中及以上文化程度(2018年6月1日前上岗的煤矿特种作业人员可具备初中及以上文化程度),具有煤矿相关工作经历,或者职业高中、技工学校及中专以上相关专业学历,并取得省级煤矿安全培训主管部门颁发的《中华人民共和国特种作业操作证》**	**查现场和资料。1人不符合要求不得分**	部分内容新增。对特种作业人员的文化程度、工作经历、操作证作出规定,确保特种作业人员的素质,保证矿井的特种作业操作安全
	其他从业人员		4		**煤矿其他人员经培训取得培训合格证明上岗;新上岗的井下作业人员安全培训合格后,在有经验的工人师傅带领下,实习满4个月,并取得工人师傅签名的实习合格证明后,方可独立工作。井下不使用劳务派遣工**	**查现场和资料。井下使用劳务派遣工不得分;其他1人不符合要求扣1分**	对煤矿的其他从业人员的培训作出规定,保证其他从业人员上岗前必须经过培训合格,保证其他从业人员的素质; 规定煤矿井下不使用劳务派遣工,保证煤矿井下现场作业队伍的稳定性和素质,保证矿井的安全生产

表 5-2（续）

项目	项目内容	2017 基本要求	标准分值	2017 评分方法	2020 基本要求	2020 评分方法	对照解读
二、安全培训（[50] **40** 分）	基础保障	1. 有负责安全生产培训工作的机构，配备满足工作需求的人员	[3] **0**	查资料。不符合要求 1 处扣 1 分			本项移至“组织机构”大项考核，考核更系统、更合理
		2. 建立并执行安全培训管理制度	2	查资料。未建立制度不得分；制度不完善 1 处扣 0.5 分	[2] **1.** 建立并执行安全培训管理制度，**对培训需求调研、培训策划设计、教学管理组织、学员考核、培训登记、档案管理、过程控制、经费管理、后勤保障、质量评估、教师管理等工作进行规定**	查资料。未建立制度不得分；制度不完善 1 处扣 0.5 分[。]**，执行不到位 1 处扣 1 分**	规定了培训制度内容最低具体要求，便于煤矿管理、规范检查考核
		3. 具备安全培训条件的煤矿，按规定配备师资和装备、设施；不具备培训条件的煤矿，可委托其他机构进行安全培训	[2] **4**	查现场和资料。场所、师资、设施等不符合要求或欠缺 1 处扣 0.2 分；不具备条件且未委托培训的不得分	[3] **2.** 具备安全培训条件**（符合 AQ/T 8011—2016 要求）**的煤矿，按规定配备**同安全培训范围及规模相适应、相对队伍稳定的**师资和装备、设施；不具备培训条件的	查现场和资料。场所、设施等不符合要求或欠缺 1 处扣 [0.2] **1** 分，**缺 1 名相关专业教师扣 2 分**；不具备条件且未委托培训的不得分	强调培训是硬性要求，要求煤矿的培训必须结合本矿的安全生产实际进行，培训更具有针对性。 规定师资队伍相对稳定，是为了保证煤矿培训工作的连续，确保培训质量

表 5-2(续)

项目	项目内容	2017 基本要求	标准分值	2017 评分方法	2020 基本要求	2020 评分方法	对照解读
二、安全培训(50 **40** 分)	基础保障		2 **4**		煤矿，可**应委托具备安全培训条件的**其他机构进行安全培训		强调外委培训机构的条件，是为了保证培训的针对性及培训质量
		4. 按照规定比例提取安全培训经费，做到专款专用	2 **4**	查资料。未提取培训经费不得分，经费不足扣 1 分，未做到专款专用扣 1 分	4**3.** 按照规定比例提取**和使用**安全培训经费，做到专款专用	查资料。未提取培训经费不得分，经费不足扣 1 **2** 分，未做到专款专用扣 1 分	规定培训经费的使用，是为了保证培训经费使用合理
	组织实施	1. 有年度培训计划并组织实施	2 **4**	查资料。无计划不得分	1. 有**矿长组织制定并实施安全生产教育和**年度培训计划并组织实施**，组织制定并推动实施安全技能提升培训计划**	查资料。无计划不得分**，计划不是主要负责人牵头制定，扣 2 分**	明确煤矿年度培训计划制定和实施的组织责任人是煤矿矿长，便于煤矿操作和考核；规定由矿长组织制定并推动实施安全技能提高培训计划，是为了保证矿井的从业人员素质的持续改进与提高
		2. 培训对象覆盖所有从业人员(包括劳务派遣者)	2 **3**	查资料和现场。培训对象欠缺 1 种扣 0.2 分	2. 培训对象覆盖所有从业人员(包括劳务派遣者)	**查现场和资料**和现场。**培训对象未覆盖全员，**欠缺 1 种**类人员**扣 0.2 **0.5** 分	煤矿井下不使用劳务派遣工

表 5-2(续)

项目	项目内容	2017 基本要求	标准分值	2017 评分方法	2020 基本要求	2020 评分方法	对照解读
二、安全培训(50 **40分**)	组织实施	3. 安全培训学时符合规定	2 **3**	查资料。不符合要求 1 处扣 0.5分	未修改	查资料。不符合要求 1 处扣 0.5 **1 分**	由原标准 1 处扣 0.5 分修改为 1 处扣 1 分，加大了考核力度，突出其重要性
		4. 针对不同专业的培训对象和培训类别，开展有针对性的培训；使用新工艺、新技术、新设备、新材料时，对有关从业人员实施针对性安全再培训	2 **4**	查资料和现场。培训无针对性扣 1 分，其他 1 处不符合要求扣 0.5 分	4. 针对不同专业的培训对象和培训类别，开展有针对性的培训；**对新法律法规、新标准、新规程及**使用新工艺、新技术、新设备、新材料时，对有关从业人员实施针对性安全再培训	查**现场和**资料和现场。培训无针对性扣 1 分，其他 1 处 不符合要求 **1 处**扣 0.5 **1 分**	由原标准 1 处扣 0.5 分修改为 1 处扣 1 分，加大了考核力度，突出其重要性
		5. 特种作业人员经专门的安全技术培训(含复训)并考核合格	6 **0**	查资料和现场。1 人不符合要求不得分			特种作业人员是煤矿员工，与员工培训内容属于重复考核，所以删除

表 5-2(续)

项目	项目内容	2017 基本要求	标准分值	2017 评分方法	2020 基本要求	2020 评分方法	对照解读
二、安全培训(50 **40**分)	组织实施	6. 主要负责人和职业卫生管理人员接受职业卫生培训；接触职业病危害因素的从业人员上岗前接受职业卫生培训和在岗期间的定期职业卫生培训	3 **2**	查资料和现场。主要负责人未经过职业卫生培训扣1分；其他1人不符合要求扣0.2分	6**5.** 主要负责人 **矿长**和职业卫生**病危害防治**管理人员接受职业卫生**病危害防治**培训；接触职业病危害因素的从业人员上岗前接受职业卫生**病危害防治**培训和在岗期间的定期职业卫生**病危害防治**培训	**查现场和资料**和现场。主要负责人 **矿长**未经过职业卫生**病危害防治**培训扣1分；其他1人不符合要求扣0.2 **0.5**分	将“主要负责人”修改为“矿长”，责任更具体明确，便于煤矿操作与检查考核。 将“职业卫生”修改为“职业病危害防治”，与法律法规要求保持一致
		7. 井工煤矿从事采煤、掘进、机电、运输、通风、地测等工作的班组长任职前接受专门的安全培训并经考核合格	3 **4**	查资料和现场。1人不符合要求扣0.2分	7**6.** 井工煤矿从事采煤、掘进、机电、运输、通风、地测、**防治水**等工作的班组长任职前接受专门的安全培训并经考核合格，**按计划接受安全技能提升专项培训；班组长的安全培训，应当由所在煤矿上一级企业组织实施，没有上一级煤矿企业的，由本单位组织实施**	**查现场和资料**和现场。1人不符合要求扣0.2 **1**分	对班组长的技能提升和安全培训作出规定，是为了保证班组长的素质，保证煤矿现场的安全管理和规范操作，保证矿井的安全生产

表 5-2(续)

项目	项目内容	2017 基本要求	标准分值	2017 评分方法	2020 基本要求	2020 评分方法	对照解读
二、安全培训(50 **40 分**)	组织实施	8. 组织有关人员开展应急预案培训，熟练掌握应急预案相关内容	3	查资料和现场。不符合要求 1 处扣 0.2 分	8**7. 制定应急救援预案培训计划，**组织有关人员开展应急预案、**应急知识、自救互救和避险逃生技能的**培训活**动，使有关人员**熟练掌握应急**救援**预案相关内容	**查现场和**资料 和现场。不符合要求 1 处扣 0.2 分 **无应急救援预案培训计划不得分；培训内容不具相关岗位针对性 1 处扣 1 分；抽查 2 名现场人员，每 1 人不熟悉相关知识扣 1 分**	对应急预案培训计划的制定，以及应急知识、自救互救和避险逃生技能的培训作出规定，提高矿井的应急救援和避险能力
		9. 煤矿主要负责人和安全生产管理人员自任职之日起 6 个月内，通过安全培训主管部门组织的安全生产知识和管理能力考核	3 **2**	查资料。1 人不符合要求不得分	9**8.** 煤矿主要负责人和安全生产管理人员自任职之日起 6 个月内，通过安全培训主管部门组织的安全生产知识和管理能力考核 **组织开展安全生产事故案例警示教育**	查资料**(含音视频影像资料)**。1 人不符合要求 **未组织开展**不得分	删除重复内容。 规定煤矿组织开展安全生产事故案例警示教育，是为了让煤矿警钟长鸣、吸取事故教训、提高管理人员的管理水平和应急能力、提高从业人员的自救互救能力和逃生能力

表 5-2(续)

项目	项目内容	2017 基本要求	标准分值	2017 评分方法	2020 基本要求	2020 评分方法	对照解读
二、安全培训(共50 **40**分)	持证上岗	1. 特种作业人员持《特种作业人员操作资格证》上岗	2 **0**	查资料和现场。不符合要求1人扣1分			删除重复内容
		2. 煤矿主要负责人和安全生产管理人员通过考核取得合格证上岗	2 **0**	查资料和现场。不符合要求1人扣1分			删除重复内容
		3. 煤矿其他人员经培训合格取得培训合格证上岗	2 **0**	查资料和现场。不符合要求1人扣0.2分			删除重复内容

表 5-2(续)

项目	项目内容	2017 基本要求	标准分值	2017 评分方法	2020 基本要求	2020 评分方法	对照解读
二、安全培训(50 **40分**)	培训档案	1. 建立安全生产教育和培训档案,内容包含各类别、各专业安全培训的时间、内容、参加人员、考核结果等	3	查资料和现场。未建立档案不得分;档案内容不完整每缺1项扣0.2分	1. 建立**健全从业人员**安全生产教育和培训档案**和企业安全培训档案,**内容包含各类别、各专业安全培训的时间、内容、参加人员、考核结果等 **实行一人一档、一期一档**	**查现场和**资料和现场。未建立档案不得分;档案内容不完整每缺1项扣0.2分;**未实行一人一档或一期一档不得分**	删除重复内容。 对培训档案的建立标准作出规定,便于操作与检查考核
		2. 建立健全特种作业人员培训、复训档案	3**0**	查资料。未建立档案不得分;档案内容不完整每缺1项扣0.2分			删除重复内容
		3. 档案管理规范	3**2**	查资料和现场。不符合要求1处扣0.2分	3**2.** 档案管理规范**制度完善、人员明确、职责清晰,保存期限符合规定;档案可为纸质档案或电子档案**	**查现场和**资料和现场。不符合要求1处扣0.2 **1分**	对档案管理制度、管理人员及职责、保存期、档案材质(载体)作出规定,便于操作与检查考核

表 5-2(续)

项目	项目内容	2017 基本要求	标准分值	2017 评分方法	2020 基本要求	2020 评分方法	对照解读
三、班组安全建设(10 **20**分)	制度建设	建立并严格执行下列制度： 1. 班组长安全生产责任制； 2. 班前、班后会和交接班制度； 3. 班组安全生产标准化和文明生产管理制度； 4. 学习制度； 5. 安全承诺制度； 6. 民主管理班务公开制度； 7. 安全绩效考核制度	1**4**	查资料。每缺1项制度扣0.2分，1项制度不严格执行不得分	建立并严格执行下列制度： 1. 班组长安全生产责任制； 2**1.** 班前、班后会和交接班制度； 3**2.** 班组安全生产标准化和文明生产管理制度； 4**3.** 学习制度； 5. 安全承诺制度； 6**4.** 民主管理班务公开制度； 7**5.** 安全绩效考核制度	查资料。每缺1项制度扣0.2 **1分**，1项制度不严格执行不得 **扣1分**	各级安全生产责任制纳入“安全生产责任制及安全管理制度”考核。 “安全承诺制度”纳入“理念目标和矿长安全承诺”考核。 “班后会”属于班组工作持续改进内容，纳入“持续改进”考核
	组织建设	1. 安全生产目标明确，有群众安全监督员(不得由班组长兼任)	1**2**	查资料和现场。不符合要求1项扣0.2分	1. 安全生产目标明确，有**每个班组至少配备1名群众**安全监督员(不得由班组长兼任)	**查现场和资料**和现场。不符合要求1项扣0.2分。**缺1人扣1分，班组长兼任安全监督员1人扣0.5分**	对群众安全监督员的配备数量作出最低要求规定；扣分标准更具体

表 5-2(续)

项目	项目内容	2017 基本要求	标准分值	2017 评分方法	2020 基本要求	2020 评分方法	对照解读
三、班组安全建设(10 **20** 分)	组织建设	2. 班组建有民主管理机构，并组织开展班组民主活动	1 **2**	查资料和现场。未建立机构不得分；民主活动开展不符合要求扣 0.5 分	未修改	**查现场和**资料和现场。未建立机构不得分；民主活动开展不符合要求扣 0.5 分	
		3. 开展班组建设创先争优活动、组织优秀班组和优秀班组长评选活动，建立表彰奖励机制	1 **2**	查资料和现场。未建立机制或未开展活动不得分	未修改	**查现场和**资料和现场。未建立机制或未开展活动不得分	
		4. 建立班组长选聘、使用、培养机制	1 **2**	查资料。未建立机制不得分	未修改	查资料。未建立机制**或未执行**不得分	细化考核

表 5-2(续)

项目	项目内容	2017 基本要求	标准分值	2017 评分方法	2020 基本要求	2020 评分方法	对照解读
三、班组安全建设(10 **20**分)	组织建设	5. 赋予班组长及职工在安全生产管理、规章制度制定、安全奖罚、民主评议等方面的知情权、参与权、表达权、监督权	1	查资料和现场。不符合要求1处扣0.2分	未修改	查**现场和**资料和现场。不符合要求1处扣0.2分	
	现场管理	1. 班前有安全工作安排，班组长督促落实作业前进行安全确认	1 **2**	查资料和现场。不符合要求1处扣0.2分	1. 班前有安全工作安排，班组长督促落实作业前进行**岗位安全风险辨识及安全**确认	查**现场和**资料和现场。不符合要求1处扣0.2 **0.5**分	增加了作业前进行岗位安全风险辨识及安全确认要求，强调安全生产关口前移，也符合新标准化管理体系要求
		2. 严格执行交接班制度，交接重点内容包括隐患及整改、安全状况、安全条件及安全注意事项	1	查资料。不符合要求1处扣0.2分	未修改	查**现场和**资料。不符合要求1处扣0.2分，**交接班人员及数量超规定不得分**	加大交接班考核力度

表 5-2(续)

项目	项目内容	2017 基本要求	标准分值	2017 评分方法	2020 基本要求	2020 评分方法	对照解读
三、班组安全建设([10] **20** 分)	现场管理	3. 组织班组正规循环作业和规范操作	[1]**2**	查资料和现场。不符合要求 1 处扣 0.2 分	未修改	**查现场和资料**[和现场]。不符合要求 1 处扣[0.2] **0.5** 分	
		4. 井工煤矿实施班组工程(工作)质量巡回检查,严格工程(工作)质量验收	[1]**2**	查资料和现场。不符合要求 1 处扣 0.2 分	未修改	**查现场和资料**[和现场]。**检查工具不齐全不得分,其他**不符合要求 1 处扣 0.2 分	细化考核方法
四、不安全行为管理(10 分)	**制度建立**		**2**		**建立不安全行为管理制度,对不安全行为的具体表现、控制措施、发现、举报、帮教、考核、再上岗、回访、记录等作出规定,并赋予每一名职工现场制止不安全行为(含“三违”行为)的权力**	**查资料。未建立制度不得分;制度不完善 1 处扣 1 分**	对不安全行为管理制度的建立、制度内容等作出具体规定

表 5-2(续)

项目	项目内容	2017 基本要求	标准分值	2017 评分方法	2020 基本要求	2020 评分方法	对照解读
四、不安全行为管理(10分)	行为管控		3		**1. 煤矿每年结合上年度行为控制情况,整理本矿发生的不安全行为(含“三违”行为),从管理、现场环境、制度等方面进行分析,并制定行为控制措施**	**查资料。未整理本矿不安全行为扣2分;未开展分析或制定管控措施1处扣1分**	对不安全行为的控制措施制定方法作出规定,促进煤矿不安全行为控制工作持续改进
			2		**2. 按照不安全行为管理制度要求,对有不安全行为的职工采取多种方法进行帮教,帮教合格后方可上岗作业**	**查资料。无帮教不得分;仅采用经济处罚扣1分;未进行帮教,缺1人扣0.5分**	对不安全行为的帮教及考核方法作出规定
			2		**3. 不安全行为人员再上岗一周内,所在的科室、区(队)至少对其实施一次行为观察;行为管控主管部门对再上岗人员进行回访,回访应制定回访表格,至少包括不安全行为人领导、同事(下属)不少于3人签署的再上岗人员的评价意见**	**查资料。一周内未观察,1处扣0.5分;查回访记录,回访每年少于10人次(如不安全行为在10人次内,应全部回访),少1次扣0.5分;回访表格签署不符合要求1份扣0.2分**	对不安全行为观察的频次、周期、回访、观察责任人及记录作出具体规定

表 5-2(续)

项目	项目内容	2017 基本要求	标准分值	2017 评分方法	2020 基本要求	2020 评分方法	对照解读
四、不安全行为管理(10 分)	**台账记录**		**1**		**建立不安全行为(含“三违”行为)台账,包括不安全行为发生时间、地点、类别、所在单位、主要原因等信息**	**查资料。无台账不得分;台账有遗漏或不完善 1 处扣 0.2 分**	对不安全行为的档案记录作出具体规定

第 6 部分　安全风险分级管控

表 6-1　安全风险分级管控旧、新标准工作要求对照解读

2017 煤矿安全生产标准化	2020 煤矿安全生产标准化管理体系	对照解读
一、工作要求 1. 组织机构与制度 建立矿长为第一责任人的安全风险分级管控工作体系，明确负责安全风险分级管控工作的管理部门	一、工作要求 1. [组织机构与制度]**工作机制** 建立矿长为第一责任人的安全风险分级管控[工作体系]**责任体系和工作制度，**明确[负责]安全风险分级管控工作[的管理部门]**职责和流程**	在旧标准的基础上，继续深化安全风险管控层级，将安全风险分级管控职责延伸到科室和区队。 为了理顺各部分内容，将明确安全风险分级管控管理部门的相关要求挪入第 2 部分

注："□"表示新标准删除内容；加粗表示新标准增加内容。

表 6-1(续)

2017 煤矿安全生产标准化	2020 煤矿安全生产标准化管理体系	对照解读
2. 安全风险辨识评估 (1) 年度辨识评估。每年底矿长组织开展年度安全风险辨识,重点对容易导致群死群伤事故的危险因素进行安全风险辨识评估	2. 安全风险辨识评估 (1) 年度辨识评估。每年底矿长组织开展年度安全风险辨识,重点对容易导致群死群伤事故的危险因素进行安全风险辨识评估	在明确年底前编制完成年度安全风险辨识评估报告的前提下,不再单独要求辨识开展时间
(2) 专项辨识评估。以下情况,应进行专项安全风险辨识评估: a. 新水平、新采(盘)区、新工作面设计前 b. 生产系统、生产工艺、主要设施设备、重大灾害因素等发生重大变化时; c. 启封火区、排放瓦斯、突出矿井过构造带及石门揭煤等高危作业实施前,新技术、新材料试验或推广应用前,连续停工停产 1 个月以上的煤矿复工复产前; d. 本矿发生死亡事故或涉险事故、出现重大事故隐患,或所在省份煤矿发生重特大事故后	(2) 专项辨识评估。以下情况,应进行**开展**专项安全风险辨识评估: a. 新水平、新采(盘)区、新工作面设计前; b. 生产系统、生产工艺、主要设施设备、重大灾害因素等发生重大变化时; c. 启封火区**密闭**、排放瓦斯、**反风演习、工作面通过空巷(采空区)、更换大型设备、采煤工作面初采和收尾、安装回撤、掘进工作面贯通前**;突出矿井过构造带及石门揭煤等高危作业实施前,;**露天煤矿抛掷爆破前**,**新技术、新工艺、新设备**、新材料试验或推广应用前,;连续停工停产 1 个月以上的煤矿复工复产前; d. 本矿发生死亡事故或涉险事故、出现重大事故隐患,**全国煤矿发生重特大事故,**或**者**所在省份、**所属集团**煤矿发生重特**较**大事故后	专项辨识中吸收河南煤化集团“1+8+8”风险辨识评估的做法,进一步补充完善风险辨识内容。 为了进一步吸取外部事故教训,将存在类似情况煤矿发生的事故纳入专项辨识评估范围

表 6-1(续)

2017 煤矿安全生产标准化	2020 煤矿安全生产标准化管理体系	对照解读
	(3) 建立安全风险辨识评估结果应用机制,将安全风险辨识评估结果应用于指导生产计划、作业规程、操作规程、灾害预防与处理计划、应急救援预案以及安全技术措施等技术文件的编制和完善	将第 3 条第(1)款的"b 条"移至此处
3. 安全风险管控 (1) 内容要求 a. 建立矿长、分管负责人安全风险定期检查分析工作机制,检查安全风险管控措施落实情况,评估管控效果,完善管控措施。 b. 建立安全风险辨识评估结果应用机制,将安全风险辨识评估结果应用于指导生产计划、作业规程、操作规程、灾害预防与处理计划、应急救援预案以及安全技术措施等技术文件的编制和完善; c. 重大安全风险有专门的管控方案,管控责任明确,人员、资金有保障。 (2) 现场检查 跟踪重大安全风险管控措施落实情况,执行煤矿领导带班下井制度,发现问题及时整改	3. 安全风险管控 (1) 内容要求 a. 建立矿长、分管负责人安全风险定期检查分析工作机制,检查安全风险管控措施落实情况,评估管控效果,完善管控措施。 b. 建立安全风险辨识评估结果应用机制,将安全风险辨识评估结果应用于指导生产计划、作业规程、操作规程、灾害预防与处理计划、应急救援预案以及安全技术措施等技术文件的编制和完善; c. 重大安全风险有专门的管控方案,管控责任明确,人员、资金有保障。 (2) 现场检查 跟踪重大安全风险管控措施落实情况,执行煤矿领导带班下井制度,发现问题及时整改	重大风险辨识评估的结果为《煤矿重大风险管控方案》,方案落实情况检查合并入"事故隐患排查治理"部分,加强双重预防机制的内部衔接

表 6-1(续)

2017 煤矿安全生产标准化	2020 煤矿安全生产标准化管理体系	对照解读
	(1) 制定并落实《煤矿重大风险管控方案》,列出重大安全风险清单,明确管控措施以及每条措施落实的人员、技术、时限、资金等内容	为了保证措施落实,增加制定并落实《煤矿重大风险管控方案》的要求
	(2) 划分重大安全风险区域,设定作业人数上限,并符合有关限员规定	根据国家煤矿安全监察局对限员的规定,增加了对煤矿重大安全风险区域人数上限设定的要求
	(3) 矿长及分管负责人、副总工程师、科室负责人、专业技术人员掌握本矿相关重大安全风险及管控措施,区(队)长、班组熟知本工作区域或岗位重大安全风险及管控措施,作业时对风险管控措施的落实情况进行现场确认	为了有效落实重大安全风险管控措施,增加了煤矿相关管理人员掌握重大安全风险及管控措施的要求
	(4) 矿长每年组织对重大安全风险管控措施落实情况和管控效果进行总结分析	为了实现对风险分级管控的提升和改进,增加了年度总结分析的要求
(3) 公告警示 及时公告重大安全风险	(3) 公告警示 **(5)** 及时公告重大安全风险	
	(6) 按期向煤矿安全监管部门和监察机构如实报告重大安全风险	为了提升相关部门对煤矿监督检查的针对性,增加了煤矿报送重大安全风险及管控措施的要求

表 6-1(续)

2017 煤矿安全生产标准化	2020 煤矿安全生产标准化管理体系	对照解读
4. 保障措施 (1) 采用信息化管理手段开展安全风险管控工作。 (2) 定期组织安全风险知识培训	4. 保障措施 (1) 采用信息化管理手段开展安全风险管控工作; (2) **每年**定期组织**入井(坑)人员,以及参加辨识评估人员参加**安全风险知识培训	进一步明确安全风险相关培训人员的范围
	5. 发展提升 **在实施重大安全风险管控的基础上,鼓励煤矿区(队)长、班组长和关键岗位人员掌握相关的其他安全风险及管控措施,组织作业时对管控措施落实情况进行现场确认**	在做好对重大安全风险管控的基础上,增加了煤矿做好全部安全风险管控的激励条款

表 6-2　煤矿安全风险分级管控标准化评分表对照解读

项目	项目内容	2017 基本要求	标准分值	2017 评分方法	2020 基本要求	2020 评分方法	对照解读
一、工作机制(10分)	职责分工	1. 建立安全风险分级管控工作责任体系，矿长全面负责，分管负责人负责分管范围内的安全风险分级管控工作	4**6**	查资料和现场。未建立责任体系不得分，随机抽查，矿领导1人不清楚职责扣1分	1.建立安全风险分级管控工作责任体系，矿长全面负责，分管负责人负责分管范围内的安全风险分级管控工作；**副总工程师、科室、区(队)安全风险分级管控的职责明确**	查**现场和**资料和现场。未建立**矿长全面负责的**责任体系不得分，**职责内容不明确1项扣1分**，随机抽查，考矿领导**3人**，1人不清楚职责扣1分	补充了对副总工程师、科室、区(队)的安全风险分级管控相关职责的要求
		2. 有负责安全风险分级管控工作的管理部门	2**0**	查资料。未明确管理部门不得分			理顺各部分关系，挪入第2部分
	制度建设	建立安全风险分级管控工作制度，明确安全风险的辨识范围、方法和安全风险的辨识、评估、管控工作流程	4	查资料。未建立制度不得分，辨识范围、方法或工作流程1处不明确扣2分	建立安全风险分级管控工作制度，明确安全风险辨识**评估**范围、方法和安全风险的辨识、评估、管控、**公告、报告**工作流程	查资料。未建立制度不得分，辨识**评估**范围、方法或工作流程1处不明确扣2**1**分，**工作流程内容不完善1处扣0.5分，制度不执行1项扣1分**	增加了流程中的公告和报告环节要求。 进一步细化了评分方法，便于检查考核

注："□"表示新标准删除内容；加粗表示新标准增加内容。

表 6-2(续)

项目	项目内容	2017 基本要求	标准分值	2017 评分方法	2020 基本要求	2020 评分方法	对照解读
二、安全风险辨识评估(40 **45**分)	年度辨识评估	每年底矿长组织各分管负责人和相关业务科室、区队进行年度安全风险辨识，重点对井工煤矿瓦斯、水、火、煤尘、顶板、冲击地压及提升运输系统，露天煤矿边坡、爆破、机电运输等容易导致群死群伤事故的危险因素开展安全风险辨识；及时编制年度安全风险辨识评估报告，建立可能引发重特大事故的重大安全	10 **12**	查资料。未开展辨识或辨识组织者不符合要求不得分，辨识内容(危险因素不存在的除外)缺1项扣2分，评估报告、风险清单、管控措施缺1项扣2分，辨识成果未体现缺1项扣1分	1. 每年底矿长组织各分管负责人、**副总工程师**和相关业务科室、区(队)进行年度安全风险辨识**评估**，重点对井工煤矿瓦斯、水、火、煤尘、顶板、冲击地压及提升运输系统，露天煤矿边坡、爆破、机电运输等容易导致群死群伤事故的危险因素开展安全风险辨识**评估**； **2. 风险辨识评估范围应覆盖煤矿井(坑)下所有系统、场所、区域；** **3. 高瓦斯及突出、水文地质类型复杂和极复杂、煤层自燃及容易自燃、有冲击地压等4类重大灾害矿井，应将相应影响区域的安全风险评估为重大风险；**	查资料**和现场**。未开展辨识或辨识组织者不符合要求不得分；**未按照工作制度开展风险辨识评估工作1处扣1分，参加人员不全缺1人扣1分**，辨识内容(危险因素不存在的除外)缺1项扣2分，**辨识评估范围不全缺1项扣2分，4类重大灾害矿井未将相应风险评估为重大风险的1项扣2分；未编制评估报告或未制定管控方案扣10分，**风险清单、管控措施**管控方案**内容不全缺1项扣2分；**重大风险管控措施不完善、不落实或操作性不强1项扣0.2分**；辨识成果未体现**应用**缺1项扣1分	为了避免部分煤矿将年度辨识评估理解为开一次会，将每年底改为每年，增加了年度前完成风险评估报告的要求。 为了确保风险辨识评估的全面性，增加了副总工程师参与的要求，增加了覆盖井下全部范围的要求

表 6-2(续)

项目	项目内容	2017 基本要求	标准分值	2017 评分方法	2020 基本要求	2020 评分方法	对照解读
二、安全风险辨识评估(40 **45**分)	年度辨识评估	风险清单,并制定相应的管控措施;将辨识评估结果应用于确定下一年度安全生产工作重点,并指导和完善下一年度生产计划、灾害预防和处理计划、应急救援预案	10 **12**	查资料。未开展辨识或辨识组织者不符合要求不得分,辨识内容(危险因素不存在的除外)缺1项扣2分,评估报告、风险清单、管控措施缺1项扣2分,辨识成果未体现缺1项扣1分	**4.** 及时编制 **年底前完成**年度安全风险辨识评估报告**的编制,** 建立可能引发重特大事故的重大安全风险清单,并制定相应的管控措施; **制定《煤矿重大安全风险管控方案》;方案应包含重大安全风险清单,相应的管理、技术、工程等管控措施,以及每条措施落实的人员、技术、时限、资金等内容;** **5.** 将辨识评估结果应用于确定下一年度安全生产工作重点,并指导和完善 **《煤矿重大安全风险管控方案》**对下一年度生产计划、灾害预防和处理计划、应急救援预案**、安全培训计划、安全费用提取和使用计划等提出意见**	查资料**和现场**。未开展辨识或辨识组织者不符合要求不得分;**未按照工作制度开展风险辨识评估工作1处扣1分,参加人员不全缺1人扣1分,**辨识内容(危险因素不存在的除外)缺1项扣2分,**辨识评估范围不全缺1项扣2分,4类重大灾害矿井未将相应风险评估为重大风险的1项扣2分;未编制**评估报告**或未制定管控方案扣10分,** 风险清单、管控措施 **管控方案内容不全**缺1项扣2分;**重大风险管控措施不完善、不落实或操作性不强1项扣0.2分;**辨识成果未体现**应用**缺1项扣1分	为了保证措施落实,增加制定《煤矿重大安全风险管控方案》的要求。 增加了结果应用的范围

表 6-2(续)

项目	项目内容	2017 基本要求	标准分值	2017 评分方法	2020 基本要求	2020 评分方法	对照解读
二、安全风险辨识评估(40 **45分**)	专项辨识评估	新水平、新采(盘)区、新工作面设计前,开展1次专项辨识: 1. 专项辨识由总工程师组织有关业务科室进行; 2. 重点辨识地质条件和重大灾害因素等方面存在的安全风险; 3. 补充完善重大安全风险清单并制定相应管控措施; 4. 辨识评估结果用于完善设计方案,指导生产工艺选择、生产系统布置、设备选型、劳动组织确定等	8	查资料和现场。未开展辨识不得分,辨识组织者不符合要求扣2分,辨识内容缺1项扣2分,风险清单、管控措施、辨识成果未在应用中体现缺1项扣1分	新水平、新采(盘)区、新工作面设计前,开展1次专项辨识**评估**: 1. 专项辨识**评估**由总工程师组织有关业务科室进行; 2. 重点辨识**评估**地质条件和重大灾害因素等方面存在的安全风险; 3. **编制专项辨识评估报告,有新增重大风险或需调整措施的**补充完善 重大安全风险清单并制定相应管控措施 **《煤矿重大安全风险管控方案》**; 4. 辨识评估结果**应**用于完善设计方案,指导生产工艺选择、生产系统布置、设备选型、劳动组织确定 等	**查现场和资料** 和现场 。未开展辨识不得分,**缺1次扣4分**;辨识组织者不符合要求扣2分,**科室缺1个扣1分**,辨识内容缺1项扣2分;**风险辨识评估不符合本矿制度规定1处扣1分,重大风险管控措施不完善或操作性不强1项扣0.2分**; 风险清单、管控措施、 辨识成果未 在 体现应用 中体现 缺1项扣1分	为了做好专项辨识评估工作,增加了编制专项辨识评估报告的要求,根据年度辨识评估相关要求增加了补充完善《煤矿重大安全风险管控方案》的要求。 为了便于考核和评级,进一步细化评分方法

表 6-2(续)

项目	项目内容	2017 基本要求	标准分值	2017 评分方法	2020 基本要求	2020 评分方法	对照解读
二、安全风险辨识评估(40 **45**分)	专项辨识评估	生产系统、生产工艺、主要设施设备、重大灾害因素(露天煤矿爆破参数、边坡参数)等发生重大变化时,开展1次专项辨识: 1. 专项辨识由分管负责人组织有关业务科室进行; 2. 重点辨识作业环境、生产过程、重大灾害因素和设施设备运行等方面存在的安全风险; 3. 补充完善重大安全风险清单并制定相应的管控措施; 4. 辨识评估结果用于指导重新编制或修订完善作业规程、操作规程	8	查资料和现场。未开展辨识不得分,辨识组织者不符合要求扣2分,辨识内容缺1项扣2分,风险清单、管控措施、辨识成果未在应用中体现缺1项扣1分	生产系统、生产工艺、主要设施设备、重大灾害因素(露天煤矿爆破参数、边坡参数)等发生重大变化时,开展1次专项辨识**评估**: 1. 专项辨识**评估**由分管负责人组织有关业务科室进行; 2. 重点辨识**评估**作业环境、生产过程、重大灾害因素和设施设备运行等方面存在的安全风险; 3. **编制专项辨识评估报告,有新增重大风险或需调整措施的**补充完善 重大安全风险清单并制定相应的管控措施 **《煤矿重大安全风险管控方案》**; 4. 辨识评估结果**应**用于指导**重新**编制或修订完善作业规程、操作规程	**查现场和**资料 和现场。未开展辨识不得分,**缺1次扣4分**;辨识组织者不符合要求扣2分,**科室缺1个扣1分**,辨识内容缺1项扣2分 , ;**风险辨识评估不符合本矿制度规定1处扣1分;重大风险管控措施不完善或操作性不强1项扣0.2分**; 风险清单、管控措施、 辨识成果未 在 **体现**应用 中体现 缺1项扣1分	为了做好专项辨识评估工作,增加了编制专项辨识评估报告的要求,根据年度辨识评估相关要求增加了补充完善《煤矿重大安全风险管控方案》的要求。 为了便于考核和评级,进一步细化评分方法

表 6-2(续)

项目	项目内容	2017 基本要求	标准分值	2017 评分方法	2020 基本要求	2020 评分方法	对照解读
二、安全风险辨识评估([40] **45**分)	专项辨识评估	启封火区、排放瓦斯、突出矿井过构造带及石门揭煤等高危作业实施前,新技术、新材料试验或推广应用前,连续停工停产1个月以上的煤矿复工复产前,开展1次专项辨识: 1. 专项辨识由分管负责人组织有关业务科室、生产组织单位(区队)进行; 2. 重点辨识作业环境、工程技术、设备设施、现场操作等方面存在的安全风险;	[8] **9**	查资料和现场。未开展辨识不得分,辨识组织者不符合要求扣2分,辨识内容缺1项扣2分,风险清单、管控措施、辨识成果未在应用中体现缺1项扣1分	启封[火区]**密闭**、排放瓦斯、**反风演习、工作面通过空巷(采空区)、更换大型设备、采煤工作面初采和收尾、综采(放)工作面安装回撤、掘进工作面贯通前**,突出矿井过构造带及石门揭煤等高危作业实施前,**露天煤矿抛掷爆破前**,新技术、**新工艺、新设备**、新材料试验或推广应用前,连续停工停产1个月以上的煤矿复工复产前,开展1次专项辨识**评估**: 1. 专项辨识**评估**由分管负责人(**复工复产前专项辨识评估由矿长**)组织有关业务科室、生产组织单位(区队)进行; 2. 重点辨识**评估**作业环境、工程技术、设备设施、现场操作等方面存在的安全风险;	查现场和资料[和现场。]未开展辨识不得分,**缺1次扣4分**;辨识组织者不符合要求扣2分,**科室、生产组织单位(区队)缺1个扣1分**,辨识内容缺1项扣2分;风险辨识评估不符合本矿制度规定1处扣1分;重大风险管控	采纳河南省"1+8+8"风险辨识评估的做法中"采煤工作面回采前、掘进工作面贯通前"的专项辨识,并在此基础上增加更换大型设备、采煤工作面收尾、搬家倒面的要求,按照规程内容修改。 为了强化复工复产前专项辨识评估工作,将负责人由分管负责人修改为矿长

表 6-2(续)

项目	项目内容	2017 基本要求	标准分值	2017 评分方法	2020 基本要求	2020 评分方法	对照解读
二、安全风险辨识评估(40 **45** 分)	专项辨识评估	3. 补充完善重大安全风险清单并制定相应的管控措施； 4. 辨识评估结果作为编制安全技术措施依据	8 **9**	查资料和现场。未开展辨识不得分，辨识组织者不符合要求扣 2 分，辨识内容缺 1 项扣 2 分，风险清单、管控措施、辨识成果未在应用中体现缺 1 项扣 1 分	3. **编制专项辨识评估报告，有新增重大风险或需调整措施的**补充完善重大安全风险清单并制定相应的管控措施**《煤矿重大安全风险管控方案》；** 4. 辨识评估结果作为编制**应用于对**安全技术措施依据编制提出指导意见	措施不完善或操作性不强 1 项扣 0.2 分；风险清单、管控措施、**辨识成果未体现**在应用中体现缺 1 项扣 1 分；**措施未按指导意见编制的扣 1 分**	
		本矿发生死亡事故或涉险事故、出现重大事故隐患或所在省份发生重特大事故后，开展 1 次针对性的专项辨识： 1. 专项辨识由矿长组织分管负责人和业务科室进行；	6 **8**	查资料和现场。未开展辨识不得分，辨识组织者不符合要求扣 2 分，辨识内容缺 1 项扣 2 分，风险清单、管控措施、辨识成果未在应用中体现缺 1 项扣 1 分	本矿发生死亡事故或涉险事故、出现重大事故隐患，或所在省份**全国煤矿**发生重特大事故，或者**所在省份、所属集团煤矿发生较大事故**后，开展 1 次针对性的专项辨识**评估；** 1. 专项辨识**评估**由矿长组织分管负责人和业务科室进行；	查现场和资料和现场。未开展辨识不得分，**缺 1 次扣 4 分；**辨识组织者不符合要求扣 2 分，**科室缺 1 个扣 1 分，**辨识内容缺 1 项扣 2 分，；**风险辨识评估不符合本矿制度规定 1 处扣 1 分，重大风险管控措施不完善或操作**	为了更好地吸取事故教训，增加了对外部单位发生事故进行辨识评估的范围

表 6-2(续)

项目	项目内容	2017 基本要求	标准分值	2017 评分方法	2020 基本要求	2020 评分方法	对照解读
二、安全风险辨识评估(40 **45** 分)	专项辨识评估	2. 识别安全风险辨识结果及管控措施是否存在漏洞、盲区； 3. 补充完善重大安全风险清单并制定相应的管控措施； 4. 辨识评估结果用于指导修订完善设计方案、作业规程、操作规程、安全技术措施等技术文件	6 **8**	查资料和现场。未开展辨识不得分，辨识组织者不符合要求扣 2 分，辨识内容缺 1 项扣 2 分，风险清单、管控措施、辨识成果未在应用中体现缺 1 项扣 1 分	2. 识别安全风险辨识**评估**结果及管控措施是否存在漏洞、盲区； 3. **编制专项辨识评估报告，有新增重大风险或需调整措施**的补充完善重大安全风险清单并制定相应的管控措施**《煤矿重大安全风险管控方案》**； 4. 辨识评估结果**应**用于指导修订完善设计方案、作业规程、操作规程、安全技术措施等技术文件	**性不强 1 项扣 0.2 分；** 风险清单、管控措施、辨识成果未在**体现**应用中体现缺 1 项扣 1 分	为了更好地吸取事故教训，增加了对外部单位发生事故进行辨识评估的范围

表 6-2(续)

项目	项目内容	2017 基本要求	标准分值	2017 评分方法	2020 基本要求	2020 评分方法	对照解读
三、安全风险管控(35 **30 分**)	管控措施**方案落实**	1. 重大安全风险管控措施由矿长组织实施,有具体工作方案,人员、技术、资金有保障	5 **6**	查资料。组织者不符合要求、未制定方案不得分,人员、技术、资金不明确、不到位 1 项扣 1 分	1. 重大安全风险管控措施由矿长组织实施**《重大安全风险管控方案》,**有具体工作方案,人员、技术、资金有保障**满足要求,重大安全风险管控措施落实到位**	**查现场和**资料和现场。组织者不符合要求、未制定方案不得分,;人员、技术、资金不明确、不到位**不满足要求** 1 项扣 1 分**,管控措施未落实 1 项扣 1 分;1 条重大安全风险管控失效扣 2 分**	进一步明确重大安全风险管控措施所需人员、技术、资金的要求。 对重大安全风险管控措施落实提出要求
		2. 在划定的重大安全风险区域设定作业人数上限	4 **3**	查资料和现场。未设定人数上限不得分,超 1 人扣 0.5 分;	2. **有**在划定的重大安全风险**的**区域设定作业人数上限**,人数应符合有关限员规定,入口显著位置悬挂限员牌板**	**查现场和**资料和现场。未设定人数上限**或设定不符合规定**不得分**,现场**超 1 人扣 0.5 分**;未按规定悬挂牌板 1 处扣 0.5 分**	提出限员要求,符合国家煤矿安全监察局对限员的要求

表 6-2(续)

项目	项目内容	2017 基本要求	标准分值	2017 评分方法	2020 基本要求	2020 评分方法	对照解读
三、安全风险管控(35 **30分**)	管控措施**方案落实**		**6**		**3. 矿长掌握并落实本矿重大安全风险及主要管控措施,分管负责人、副总工程师、科室负责人、专业技术人员掌握相关范围的重大安全风险及管控措施**	**查现场。抽考不少于4人,矿长完全不掌握不得分,掌握不全面1项扣1分;其他1人完全不掌握扣2分,掌握不全面1项扣1分;发现措施未落实1项扣2分**	为了保证重大安全风险管控措施的有效落实,增加了对相关人员掌握和落实管控措施的要求
			5		**4. 在重大安全风险区域作业的区(队)长、班组长掌握并落实该区域重大安全风险及相应的管控措施;区(队)长、班组长组织作业时对管控措施落实情况进行现场确认**	**查现场。抽考区(队)长、班组长各1人,1人未掌握本区域重大安全风险及管控措施扣1分;未进行确认或确认不符合实际1处扣1分;发现措施未落实1项扣2分**	为了有效落实重大安全风险管控措施,要求相关管理人员掌握和现场确认重大安全风险管控措施的落实情况

表 6-2(续)

项目	项目内容	2017 基本要求	标准分值	2017 评分方法	2020 基本要求	2020 评分方法	对照解读
三、安全风险管控(35 **30**分)	管控措施**方案落实**		**4**		**5. 矿长每年组织对重大安全风险管控措施落实情况和管控效果进行总结分析，指导下一年度安全风险管控工作**	**查资料。未总结分析不得分，安全风险分析不全缺 1 项扣 1 分**	为了保障风险分级管控工作的持续提升，增加了年度总结分析的要求
	定期检查	1. 矿长每月组织对重大安全风险管控措施落实情况和管控效果进行一次检查分析，针对管控过程中出现的问题调整完善管控措施，并结合年度和专项安全风险辨识评估结果，布置月度安全风险管控重点，明确责任分工	8 **0**	查资料。未组织分析评估不得分，分析评估周期不符合要求，每缺 1 次扣 3 分，管控措施不做相应调整或月度管控重点不明确 1 处扣 2 分，责任不明确 1 处扣 1 分			合并至“事故隐患排查治理”部分，增强双重预防部分的内部衔接

表 6-2(续)

项目	项目内容	2017 基本要求	标准分值	2017 评分方法	2020 基本要求	2020 评分方法	对照解读
三、安全风险管控(35 30分)	定期检查	2. 分管负责人每旬组织对分管范围内月度安全风险管控重点实施情况进行一次检查分析,检查管控措施落实情况,改进完善管控措施	8 0	查资料。未组织分析评估不得分,分析评估周期不符合要求,每缺1次扣3分,管控措施不做相应调整1处扣2分			合并至"事故隐患排查治理"部分,增强双重预防部分的内部衔接
	现场检查	按照《煤矿领导带班下井及安全监督检查规定》,执行煤矿领导带班制度,跟踪重大安全风险管控措施落实情况,发现问题及时整改	6 0	查资料和现场。未执行领导带班制度不得分,未跟踪管控措施落实情况或发现问题未及时整改1处扣2分			合并至"事故隐患排查治理"部分,增强双重预防部分的内部衔接

表 6-2(续)

项目	项目内容	2017 基本要求	标准分值	2017 评分方法	2020 基本要求	2020 评分方法	对照解读
三、安全风险管控(35 **30**分)	公告警示**报告**	在井口(露天煤矿交接班室)或存在重大安全风险区域的显著位置,公告存在的重大安全风险、管控责任人和主要管控措施	4 **3**	查现场。未公示不得分,公告内容和位置不符合要求 1 处扣 1 分	**1.** 在**行人**井口(露天煤矿交接班室)或**和**存在重大安全风险区域的显著位置,公示存在的重大安全风险、管控责任人和主要管控措施	查现场。未公示不得分,公告内容和位置不符合要求 1 处扣 1 分,**公告内容缺 1 条扣 1 分**	为了让管理人员及职工更好地掌握重大安全风险及管控措施,增加了公示的地点要求
			3		**2. 每年 1 月 31 日前,矿长组织将本矿年度辨识评估得出的重大安全风险清单及其管控措施报送属地安全监管部门和驻地煤监机构**	**查现场。未按规定时限报送不得分,报送内容缺 1 项扣 1 分**	为了提升煤矿监管部门监督管理的针对性,增加了报备的要求
四、保障措施(15 分)	信息管理	采用信息化管理手段,实现对安全风险记录、跟踪、统计、分析、上报等全过程的信息化管理	4	查现场。未实现信息化管理不得分,功能每缺 1 项扣 1 分	未修改	查现场。未实现信息化管理不得分,功能每缺 1 项扣 1 分	

表 6-2(续)

项目	项目内容	2017 基本要求	标准分值	2017 评分方法	2020 基本要求	2020 评分方法	对照解读
四、保障措施(15分)	教育培训	1. 入井(坑)人员和地面关键岗位人员安全培训内容包括年度和专项安全风险辨识评估结果、与本岗位相关的重大安全风险管控措施	6	查资料。培训内容不符合要求1处扣1分	1. **年度辨识评估完成后1个月内对**入井(坑)人员 和 地面关键岗位人员 **进行**安全**风险管控**培训,内容包括 年度和专项安全风险辨识评估结果 **重大安全风险清**单、与本岗位相关的重大安全风险管控措施,**且不少于2学时;专项辨识评估完成后1周内对相关作业人员开展培训**	查资料。**培训不及时扣2分;**培训内容**和学时**不符合要求1处扣1分,**少1人参加扣0.5分**	为了及时开展培训,提出了培训时机的要求。 为了保证培训效果增加了课时的要求
		2. 每年至少组织参与安全风险辨识评估工作的人员学习1次安全风险辨识评估技术	5	查资料和现场。未组织学习不得分,现场询问相关学习人员,1人未参加学习扣1分	2. 每年至少 **年度风险辨识评估前组织对矿长和分管负责人等**参与安全风险辨识评估工作的人员 学习 **开展**1次安全风险辨识评估技术**培训,且不少于4学时**	查**现场**和资料 和现场 。未组织 学习 **培训**不得分,**1人未参加培训扣1分** , ;现场询问相关学习人员,1人 未参加学习 **不掌握本矿辨识评估方法扣0.5分**	为了保证培训时效性,增加了培训时机的要求。 为了保证培训效果增加了课时的要求

表 6-2(续)

项目	项目内容	2017 基本要求	标准分值	2017 评分方法	2020 基本要求	2020 评分方法	对照解读
附加项(2分)	**其他安全风险管控**		**2**		**区(队)长、班组长和关键岗位人员掌握作业区域和本岗位的安全风险及管控措施;区(队)长、班组长组织作业时对其他安全风险管控措施落实情况进行现场确认**	**查现场和资料。煤矿开展安全风险管控,且随机抽查 4 人,4 人均掌握相关内容并进行现场确认得 2 分,少 1 人少得 0.5 分**	为了鼓励煤矿对安全风险分级管控工作进行深入开展,实现对全部风险的有效管控,增加了此正向激励条款

第7部分　事故隐患排查治理

表7-1　事故隐患排查治理旧、新标准工作要求对照解读

2017煤矿安全生产标准化	2020煤矿安全生产标准化管理体系	对照解读
一、工作要求 1. 工作机制 (1) 建立健全事故隐患排查治理责任体系; (2)对排查出的事故隐患进行分级,按事故隐患等级进行治理、督办、验收	一、工作要求 1. 工作机制 (1) 建立健全事故隐患排查治理责任体系**和工作制度,明确事故隐患排查治理工作职责**; (2) 对排查出的事故隐患进行分级,按事故隐患等级进行**登记**、治理、[督办、]验收、**销号**	

注:"□"表示新标准删除内容;加粗表示新标准增加内容。

表 7-1(续)

2017 煤矿安全生产标准化	2020 煤矿安全生产标准化管理体系	对照解读
2. 事故隐患排查 (1) 建立事故隐患排查工作机制,制定排查计划,明确排查内容和排查频次	2. 事故隐患排查 (1) 建立事故隐患排查工作机制,制定排查计划,明确**事故隐患**排查内容和排查频次**排查人员、内容、周期**	由于生产组织情况多变,事故隐患年度排查计划准确率低,指导意义不大,所以不再要求。 进一步明确事故隐患排查和分级管理要求。使分级管理更加符合实际
(2) 排查范围覆盖生产各系统和各岗位	(2) 排查范围覆盖**《煤矿重大安全风险管控方案》措施落实情况和**各生产系统、各岗位**的事故隐患,排查内容包含重大安全风险管控措施不落实情况和人的不安全行为、物的不安全状态、环境的不安全条件以及管理缺陷等**	将"安全风险分级管控"专业重大风险管控措施落实检查融入"事故隐患排查治理"专业周期排查,既符合双重预防机制有机统一的要求,又降低了检查频次
(3) 发现重大事故隐患立即向当地煤矿安全监管监察部门书面报告,建立事故隐患排查台账和重大事故隐患信息档案	未修改	

表 7-1(续)

2017 煤矿安全生产标准化	2020 煤矿安全生产标准化管理体系	对照解读
3. 事故隐患治理 (1) 分级治理 a. 事故隐患实施分级治理，不同等级的事故隐患由相应层级的单位(部门)负责； b. 事故隐患治理必须做到责任、措施、资金、时限和预案“五落实”，重大事故隐患治理方案由矿长负责组织制定并实施	3. 事故隐患治理 (1) 分级治理。 a. 事故隐患实施分级治理，不同等级的事故隐患由相应层级的单位(部门)负责； b. **重大**事故隐患**由矿长按照**治理必须做到责任、措施、资金、时限和、预案“五落实”**的原则**，重大事故隐患 **组织制定专项**治理方案由矿长负责组织制定，并**组织**实施	明确只有重大事故隐患治理才需要体现“五落实”全部要素和专项治理方案要求，简化了其他事故隐患治理流程
(2) 安全措施 事故隐患治理过程中必须采取安全技术措施。对治理过程危险性较大的事故隐患，治理过程中有专人现场指挥和监督，并设置警示标识	(2) 安全措施。 **a. 对治理过程中存在危险的**事故隐患治理过程中必须采取**有**安全技术措施。； **b.** 对治理过程危险性较大的事故隐患，**应制定现场处置方案**，治理过程中有专人现场指挥和监督，并设置警示标识	提出“对治理过程中存在危险的事故隐患”治理才需有安全措施，更加符合治理实际。 对治理过程危险性较大的事故隐患要求制定现场处置方案，明确了危险性较大的事故隐患治理的应急保障
4. 监督管理 (1) 事故隐患治理实施分级督办，对未按规定完成治理的事故隐患，及时提高督办层级，加大督办力度；事故隐患治理完成，经验收合格后予以销号，解除督办； (2) 及时通报事故隐患排查和治理情况，接受监督	未修改	

表 7-1(续)

2017 煤矿安全生产标准化	2020 煤矿安全生产标准化管理体系	对照解读
5. 保障措施 (1) 采用信息化管理手段，实现对事故隐患排查治理记录统计、过程跟踪、逾期报警、信息上报的信息化管理； (2) 定期组织召开专题会议，对事故隐患排查和治理情况进行汇总分析； (3) 定期组织安全管理技术人员进行事故隐患排查治理相关知识培训	5. 保障措施 (1) 采用信息化管理手段，实现对事故隐患排查治理记录统计、过程跟踪、逾期报警、信息上报的信息化管理； (2) 定期组织召开专题会议，对**风险管控措施落实**、事故隐患排查和治理情况进行汇总分析； (3) 定期组织[安全管理技术人员进行]**开展**事故隐患排查治理相关知识培训	将重大风险管控措施落实分析与事故隐患排查治理分析融合，简化了双重预防流程
二、重大事故隐患判定 本部分重大事故隐患： 1. 未按规定足额提取和使用安全生产费用的； 2. 未制定或者未严格执行井下劳动定员制度的； 3. 未分别配备矿长和分管安全的副矿长的； 4. 将煤矿承包或者托管给没有合法有效煤矿生产证照的单位或者个人的；		重大事故隐患纳入总则部分考核

表 7-1(续)

2017 煤矿安全生产标准化	2020 煤矿安全生产标准化管理体系	对照解读
5. 煤矿实行承包(托管)但未签订安全生产管理协议,或者未约定双方安全生产管理职责合同而进行生产的;承包方(承托方)未按规定变更安全生产许可证进行生产的;承包方(承托方)再次将煤矿承包(托管)给其他单位或者个人的; 6. 煤矿将井下采掘工作面或者井巷维修作业作为独立工程承包(托管)给其他企业或者个人的; 7. 改制煤矿在改制期间,未明确安全生产责任人而进行生产的,或者未健全安全生产管理机构和配备安全管理人员进行生产的;完成改制后,未重新取得或者变更采矿许可证、安全生产许可证、营业执照而进行生产的		重大事故隐患纳入总则部分考核

表 7-2　煤矿事故隐患排查治理标准化评分表对照解读

项目	项目内容	2017 基本要求	标准分值	2017 评分方法	2020 基本要求	2020 评分方法	对照解读
一、工作机制(10分)	职责分工	1. 有负责事故隐患排查治理管理工作的部门	2**0**	查资料。无管理部门不得分			理顺各部分关系，将事故隐患排查治理管理部门设置要求挪入第 2 部分
		2. 建立事故隐患排查治理工作责任体系，明确矿长全面负责、分管负责人负责分管范围内的事故隐患排查治理工作，各业务科室、生产组织单位(区队)、班组、岗位人员职责明确	4	查资料和现场。责任未分工或不明确不得分，矿领导不清楚职责 1 人扣 2 分、部门负责人不清楚职责 1 人扣 0.5 分	2. 建立事故隐患排查治理工作责任体系，明确矿长全面负责、分管负责人负责分管范围内的事故隐患排查治理工作，各业务科室、生产组织单位(区(队))、班组、岗位人员职责明确	**查现场和**资料和现场。责任未分工或不明确不得分，**未建立责任体系不得分，职责内容不明确 1 项扣 1 分；**矿领导**矿长、分管负责**人不清楚职责 1 人扣2**1** 分、部门负责人**其他人员**不清楚职责 1 人扣 0.5 分	明确具体扣分标准

注：“□”表示新标准删除内容；加粗表示新标准增加内容。

表 7-2(续)

项目	项目内容	2017 基本要求	标准分值	2017 评分方法	2020 基本要求	2020 评分方法	对照解读
一、工作机制(10分)	制度建设		**2**		**建立《煤矿重大安全风险管控方案》措施落实情况检查和事故隐患排查治理相关制度,对重大安全风险管控措施落实及管控效果标准,事故隐患分级标准,以及事故隐患(含措施不落实情况)排查、登记、治理、督办、验收、销号、分析总结、检查考核工作作出规定并落实**	**查资料和现场。未建立制度不得分;内容缺1项扣1分,制度不执行1项扣1分**	增加制度建设要求,为事故隐患排查治理提供保障
	分级管理	对排查出的事故隐患进行分级,并按照事故隐患等级明确相应层级的单位(部门)、人员负责治理、督办、验收	4	查资料和现场。未对事故隐患进行分级扣2分,责任单位和人员不明确1项扣1分	未修改	查现场和资料和现场。未对事故隐患进行分级扣2分,责任单位和人员不明确1项扣1分	

表 7-2(续)

项目	项目内容	2017 基本要求	标准分值	2017 评分方法	2020 基本要求	2020 评分方法	对照解读
二、事故隐患排查(30分)	基础工作	编制事故隐患年度排查计划,并严格落实执行	4 **0**	查资料和现场。未编制排查计划或未落实执行不得分			事故隐患是随生产活动不断出现的,年初制定计划,缺乏针对性和指导性,所以事故隐患排查年度计划要求用制度建设要求代替
	周期范围	1. 矿长每月至少组织分管负责人及安全、生产、技术等业务科室、生产组织单位(区队)开展一次覆盖生产各系统和各岗位的事故隐患排查,排查前制定工作方案,明确排查时间、方式、范围、内容和参加人员	6**5**	查资料和现场。未组织排查不得分,组织人员、范围、频次不符合要求 1 项扣 2 分,未制定工作方案扣 1 分、方案内容缺 1 项扣 0.5 分	1. 矿长每月至少组织分管负责人及安全、生产、技术等业务**相关**科室、生产组织单位区(队)开展一次**对重大安全风险管控措施落实情况、管控效果及**覆盖生产各系统和、各岗位的事故隐患至少开展 1 次排查,排查前制定工作方案,明确排查时间、方式、范围、内容和参加人员	查**现场和**资料和现场。未组织排查**重大安全风险管控措施落实情况、管控效果及各类隐患的**不得分,;组织人员、范围、频次**周期**不符合要求 1 项扣 2 分,未制定工作方案**1 次**扣 1 分、,方案内容缺 1 项扣 0.5 分	将“安全风险分级管控”专业矿长月度检查融合到“事故隐患排查治理”专业矿长月度排查,减少了检查频次

表 7-2(续)

项目	项目内容	2017 基本要求	标准分值	2017 评分方法	2020 基本要求	2020 评分方法	对照解读
二、事故隐患排查(30分)	周期范围	2. 矿各分管负责人每旬组织相关人员对分管领域进行1次全面的事故隐患排查	6**5**	查资料和现场。分管负责人未组织排查不得分,组织人员、范围、频次不符合要求1项扣2分	2. 矿各分管负责人**采掘、机电运输、通风、地测防治水、冲击地压防治等工作的负责人**每旬**半月**组织相关人员对**覆盖**分管领域**范**围进行1次全面的事故隐患**的重大安全风险管控措施落实情况、管控效果和事故隐患至少开展1次**排查	查现场和资料和现场。分管负责人未组织排查**重大安全风险管控措施落实情况、管控效果及各类隐患的**不得分,;组织人员、范围、频次**周期**不符合要求1项扣2 **1**分	明确需要开展事故隐患周期排查的分管负责人。 将"安全风险分级管控"专业分管负责人定期检查融入"事故隐患排查治理"专业周期排查,减少了双重预防事务。 "考核评价与持续改进"中设立了自查自评活动,此处减少一次分管负责人专业事故隐患排查
			4		**3. 矿领导带班下井过程中跟踪带班区域重大安全风险管控措施落实情况,排查事故隐患,记录重大安全风险管控措施落实情况和事故隐患排查情况**	**查现场和资料。未跟踪排查1人次扣1分,记录内容未反映现场情况1处扣0.2分**	新增矿领导带班排查事故隐患要求。 将"安全风险分级管控"专业"带班跟踪重大安全风险管控措施落实"要求融入"事故隐患排查治理"周期排查基本要求,减少了双重预防事务

表 7-2(续)

项目	项目内容	2017 基本要求	标准分值	2017 评分方法	2020 基本要求	2020 评分方法	对照解读
二、事故隐患排查(30 分)	周期范围	3. 生产期间，每天安排管理、技术和安检人员进行巡查，对作业区域开展事故隐患排查	5	查资料和现场。未安排不得分，人员、范围、频次不符合要求 1 项扣 1 分	3**4.** 生产期间，每天安排管理、技术和安检人员进行巡查，对作业区域开展事故隐患排查	**查现场和**资料和现场。未安排不得分，人员、范围、频次不符合要求 1 项扣 1 **0.2** 分	基本要求未作修改，适度降低了扣分分值
		4. 岗位作业人员作业过程中随时排查事故隐患	4	查资料和现场。未进行排查不得分	4**5.** 岗位作业人员作业过程中随时排查事故隐患	**查现场和**资料和现场。**抽查班组隐患台账，**未进行排查不得分**扣 1 班次 0.1 分**	基本要求未作修改，适度降低了扣分分值
	登记上报	1. 建立事故隐患排查台账，逐项登记排查出的事故隐患	3	查资料。未建立台账不得分，登记不全缺 1 项扣 0.5 分	1. 建立事故隐患排查台账，逐项登记**内部排查和外部检查**出的事故隐患	查资料。未建立台账不得分，登记不全缺 1 项**条**扣 0.5 **0.2** 分	适度降低了扣分分值
		2. 排查发现重大事故隐患后，及时向当地煤矿安全监管监察部门书面报告，并建立重大事故隐患信息档案	2**4**	查资料。不符合要求不得分	未修改	未修改	由旧标准分值 2 分修改为 4 分，加大了考核力度，突出其重要性

表 7-2(续)

项目	项目内容	2017 基本要求	标准分值	2017 评分方法	2020 基本要求	2020 评分方法	对照解读
三、事故隐患治理(25分)	分级治理	1. 事故隐患治理符合责任、措施、资金、时限、预案“五落实”要求	2**0**	查资料和现场。不符合要求不得分			只要求重大事故隐患治理体现“五落实”全部要素，而能立即治理和不能立即治理的事故隐患只要求体现“五落实”部分要素，确保事故隐患快速治理
		2. 重大事故隐患由矿长组织制定专项治理方案，并组织实施；治理方案按规定及时上报	6	查资料和现场。组织者不符合要求或未按方案组织实施不得分，治理方案未及时上报扣2分	2**1. 重大事故隐患由矿长按照责任、措施、资金、时限、预案“五落实”的原则，**组织制定专项治理方案，并组织实施；治理方案按规定及时上报	**查现场和**资料和现场。组织者不符合要求或未按方案组织实施不得分，治理方案未及时上报扣2分	“五落实”治理重大事故隐患是《国务院安委会办公室关于实施遏制重特大事故工作指南构建双重预防机制的意见》(安委办〔2016〕11号)提出的要求
		3. 不能立即治理完成的事故隐患，由治理责任单位(部门)主要责任人按照治理方案组织实施	4**5**	查资料和现场。组织者不符合要求或未按方案组织实施不得分	3**2.** 不能立即治理完成的事故隐患，**明确治理责任单位(责任人)、治理措施、资金、时限，**由治理责任单位(部门)主要责任人按照治理方案**并组织实施**	**查现场和**资料和现场。组织者不符合要求或未按方案组织实施不得分**未按要求组织实施1处扣0.5分**	不能立即完成治理的事故隐患，不再要求体现“五落实”预案要求，无须再制定治理方案，简化内业资料

表 7-2(续)

项目	项目内容	2017 基本要求	标准分值	2017 评分方法	2020 基本要求	2020 评分方法	对照解读
三、事故隐患治理(25分)	分级治理	4. 能够立即治理完成的事故隐患,当班采取措施,及时治理消除,并做好记录	5	查资料和现场。当班未采取措施或未及时治理不得分,不做记录扣3分,记录不全1处扣0.5分	4**3.** 能够立即治理完成的事故隐患,当班采取措施,及时治理消除,并做好记录**记入班组隐患台账**	**查现场和**资料和现场。当班未采取措施或未及时治理不得分,不做记录扣3分**未建立台账每班扣1分,台账**记录不全1处扣0.5**0.2**分	设立班组隐患台账,记录能够立即治理的事故隐患,简化流程,减少地面资料,确保事故隐患及时得到治理,避免走形式
	安全措施	1. 事故隐患治理有安全技术措施,并落实到位	4	查资料和现场。没有措施、措施不落实不得分	**1. 对治理过程中存在危险的**事故隐患治理有安全技术措施,并落实到位	**查现场和**资料和现场。隐患治理无措施或措施不落实不得分**1条扣0.5分**	进一步明确事故隐患治理有安全措施,安全措施不是所有事故隐患治理都要有,而是治理存在危险才应有,避免走形式
		2. 对治理过程危险性较大的事故隐患,治理过程中现场有专人指挥,并设置警示标识;安检员现场监督	4**5**	查资料和现场。现场没有专人指挥不得分、未设置警示标识扣1分、没有安检员监督扣1分	2. 对治理过程危险性较大的事故隐患(**指可能危及治理人员及接近治理区人员安全,如爆炸、人员坠落、坠物、冒顶、电击、机械伤人等),应制定现场处置方案,**治理过程中现场有专人指挥,并设置警示标识;安检员现场监督	**查现场和**资料和现场。**无处置方案或**现场没有专人指挥不得分、**,**未设置警示标识扣1分、**,**没有安检员监督扣1分	《应急管理部关于修订〈生产安全事故应急救援管理办法〉的决定》(应急管理部2号令)要求“对危险性较大的场所、装置或者设施,生产经营单位应当编制现场处置方案”。对危险性较大事故隐患进行了界定,并要求强化治理过程现场管理

表 7-2(续)

项目	项目内容	2017 基本要求	标准分值	2017 评分方法	2020 基本要求	2020 评分方法	对照解读
四、监督管理(20 **18** 分)	治理督办	1. 事故隐患治理督办的责任单位(部门)和责任人员明确； 2. 对未按规定完成治理的事故隐患，由上一层级单位(部门)和人员实施督办； 3. 挂牌督办的重大事故隐患，治理责任单位(部门)及时记录治理情况和工作进展，并按规定上报	7 **6**	查资料。督办责任不明确、不落实 1 次扣 2 分，未实行提级督办 1 次扣 2 分，未及时记录或上报 1 次扣 2 分	未修改	查资料。督办责任不明确、**或**不落实 1 次扣 2 分，未实行提级督办 1 次扣 2 分，未及时记录或上报 1 次扣 2 分	根据新标准总体构成对分值进行了调整
	验收销号	1. 煤矿自行排查发现的事故隐患完成治理后，由验收责任单位(部门)负责验收，验收合格后予以销号	4	查资料和现场。未进行验收不得分，验收单位不符合要求扣 2 分，验收不合格即销号的不得分	煤矿自行排查发现的事故隐患完成治理后，由验收责任单位(部门)**或人员**负责验收，验收合格后予以销号	**查现场和资料**和现场。未进行验收不得分，验收单位**或人员**不符合要求扣 2 分 **1 次扣 1 分**，验收不合格即销号的不得分	适度降低了扣分分值

表 7-2(续)

项目	项目内容	2017 基本要求	标准分值	2017 评分方法	2020 基本要求	2020 评分方法	对照解读
四、监督管理(20 **18** 分)	验收销号	2. 负有煤矿安全监管职责的部门和煤矿安全监察机构检查发现的事故隐患,完成治理后,书面报告发现部门或其委托部门(单位)	4	查资料和现场。未按规定报告不得分	未修改	查**现场和**资料和现场。未按规定报告不得分	
	公示监督	1. 每月向从业人员通报事故隐患分布、治理进展情况; 2. 及时在井口(露天煤矿交接班室)或其他显著位置公示重大事故隐患的地点、主要内容、治理时限、责任人、停产停工范围; 3. 建立事故隐患举报奖励制度,公布事故隐患举报电话,接受从业人员和社会监督	5 **4**	查资料和现场。未定期通报、未及时公告扣 2 分,通报和公告内容每缺 1 项扣 1 分,未设立举报电话扣 2 分,接到举报未核查或核实后未进行奖励扣 2 分	1. 每月向从业人员通报事故隐患分布、治理进展情况; 2. 及时在**行人**井口(露天煤矿交接班室)或其他显著位置公示重大事故隐患的地点、主要内容、治理时限、责任人、停产停工范围; 3. 建立事故隐患举报奖励制度,公布事故隐患举报电话**联系方式**,接受从业人员和社会监督	查**现场和**资料和现场。未定期通报或未及时公示扣 1 分,通报和公示内容每缺 1 项扣 1 **0.5** 分,未设立举报联系方式扣 2 **1** 分,接到举报未核查或核实后未进行奖励扣 2 分	根据评分标准总体构成对分值进行了调整

表 7-2(续)

项目	项目内容	2017 基本要求	标准分值	2017 评分方法	2020 基本要求	2020 评分方法	对照解读
五、保障措施(15 **17**分)	信息管理	采用信息化管理手段,实现对事故隐患排查治理记录统计、过程跟踪、逾期报警、信息上报的信息化管理	3	查资料和现场。未采取信息化手段不得分,管理内容缺1项扣1分	未修改	查现场和资料和现场。未采取信息化手段不得分,管理内容缺1项扣1分	
	改进完善	矿长每月组织召开事故隐患治理会议,对一般事故隐患、重大事故隐患的治理情况进行通报,分析事故隐患产生的原因,提出加强事故隐患排查治理的措施,并编制月度事故隐患统计分析报告	3	查资料。未召开会议定期通报、未编制报告不得分,报告内容不符合要求扣2分	矿长每月组织召开事故隐患治理会议,对一般事故隐患、重大事故隐患的治理情况进行通报,分析**重大安全风险管控情况**、事故隐患产生的原因,**编制月度统计分析报告,布置月度安全风险管控重点**,提出加强**预防**事故隐患的措施并编制月度事故隐患统计分析报告	查资料。未召开会议定期通报、**或**未编制报告不得分,报告内容不符合要求扣2分 **1处扣0.5分;对照上月分析报告,随机抽考科室负责人、区(队)长各1人,1人不清楚隐患成因和预防隐患出现的措施扣1分**	删除"一般事故隐患、重大"定语。 将"安全风险分级管控"定期分析与"事故隐患治理会议"融合,减少双重预防事务

表 7-2(续)

项目	项目内容	2017 基本要求	标准分值	2017 评分方法	2020 基本要求	2020 评分方法	对照解读
五、保障措施(15 **17** 分)	资金保障	建立安全生产费用提取、使用制度。事故隐患排查治理工作资金有保障	3	查资料和现场。未建立并执行制度不得分，资金无保障扣 2 分	建立安全生产费用提取、使用制度。事故隐患排查治理工作资金有保障	**查现场和资料**和现场。未建立并执行制度不得分，资金无保障扣 2 分不得分	该项制度建设要求在第 4 部分“安全生产责任制及安全管理制度”中进行了规定
	专项**教育**培训	每年至少组织安全管理技术人员进行 1 次事故隐患排查治理方面的专项培训	3	查资料。未按要求开展培训不得分	1. 每年至少组织安全管理技术人员**矿长、分管负责人、副总工程师及安全、采掘、机电运输、通风、地测防治水、冲击地压等科室相关人员和区(队)管理人员**进行 1 次事故隐患排查治理方面的专项培训，且不少于 4 学时	查资料。未按要求开展培训不得分；**矿长、分管负责人或副总工程师缺 1 人扣 1 分；其他人员缺 1 人扣 0.2 分；培训学时不符合要求扣 1 分**	具体明确了接受培训的管理人员，并明确了培训学时要求
			2		**2. 每年至少对入井(坑)岗位人员进行 1 次事故隐患排查治理基本技能培训，包括事故隐患排查方法、治理流程和要求、所在区(队)作业区域常见事故隐患的识别，且不少于 2 学时**	**查资料。培训内容和学时不符合要求 1 处扣 1 分，缺 1 人扣 0.2 分**	事故隐患排查治理要求全员参与，培训到位，且学时有保障，工作才能有效开展

表 7-2(续)

项目	项目内容	2017 基本要求	标准分值	2017 评分方法	2020 基本要求	2020 评分方法	对照解读
五、保障措施(15 **17分**)	考核管理	1. 建立日常检查制度,对事故隐患排查治理工作实施情况开展经常性检查; 2. 检查结果纳入工作绩效考核	3	查资料。未建立制度、未执行制度不得分,检查结果未运用扣1分	1. 建立日常检查制度,**按本矿制度规定**对事故隐患排查治理工作实施情况开展经常性检查; 2. 检查结果纳入工作绩效考核	查资料。未建立制度、未执行制度不得分,**未开展检查1次扣1分**,检查结果未运用**纳入考核1次**扣1分	该项制度建设要求,集中到"工作机制"项目"制度建设"内容中,此处要求按照制度要求执行

第 8 部分　质量控制

8.1　通　风

表 8.1-0　通风旧、新标准工作要求对照解读

2017 煤矿安全生产标准化	2020 煤矿安全生产标准化管理体系	对照解读
一、工作要求(风险管控) 1. 通风系统 (1) 矿井通风方式、方法符合《煤矿井工开采通风技术条件》(AQ 1028,以下简称 AQ 1028)规定。矿井安装 2 套同等能力的主要通风机装置,1 用 1 备;反风设施完好,反风效果符合《煤矿安全规程》规定; (2) 矿井风量计算准确,风量分配合理,井下作业地点实际供风量不小于所需风量;矿井通风系统阻力合理	一、工作要求(风险管控) 1. 通风系统 (1) 矿井通风方式、方法符合《煤矿井工开采通风技术条件》(AQ 1028,以下简称 AQ 1028)规定[。];矿井安装 2 套同等能力的主要通风机装置,1 用 1 备;反风设施完好,反风效果符合《煤矿安全规程》规定; (2) 矿井风量计算准确,风量分配合理,井下作业地点实际供风量不小于所需风量;矿井通风系统阻力合理	

注:“□”表示新标准删除内容;加粗表示新标准增加内容。

表 8.1-0(续)

2017 煤矿安全生产标准化	2020 煤矿安全生产标准化管理体系	对照解读
2. 局部通风 (1) 掘进巷道通风方式、方法符合《煤矿安全规程》规定，每一掘进巷道均有局部通风设计，选择合适的局部通风机和匹配的风筒； (2) 局部通风机安装、供电、闭锁功能、检修、试验等符合《煤矿安全规程》规定； (3) 局部通风机无循环风。	2. 局部通风 (1) 掘进巷道通风方式、方法符合《煤矿安全规程》规定，每一掘进巷道均有局部通风设计，选择合适的局部通风机和匹配的风筒； (2) 局部通风机安装、供电、闭锁功能、检修、试验等符合《煤矿安全规程》规定;，(3) 局部通风机**运行稳定可靠**，无循环风	对局部通风机的运行状况作出要求
3. 通风设施 按规定及时构筑通风设施；设施可靠，利于通风系统调控；设施位置合理，墙体周边掏槽符合规定，与围岩填实接严不漏风	未修改	
4. 瓦斯管理 (1) 按照矿井瓦斯等级检查瓦斯，严格现场瓦斯管理工作，不形成瓦斯超限； (2) 排放瓦斯，按规定制定专项措施，做到安全排放，无"一风吹"	未修改	
5. 突出防治 有防突专项设计，落实两个"四位一体"综合防突措施，采掘工作面不消突不推进	5. 突出防治 有防突专项设计，落实两个"四位一体"综合防突措施，采掘工作面不消突不推进**防突措施有效方可作业**	按照《防治煤与瓦斯突出细则》规定修改

表 8.1-0(续)

2017 煤矿安全生产标准化	2020 煤矿安全生产标准化管理体系	对照解读
6. 瓦斯抽采 (1) 瓦斯抽采设备、设施、安全装置、瓦斯管路检查、钻孔参数、监测参数等符合《煤矿瓦斯抽放规范》(AQ 1027,以下简称 AQ 1027)规定; (2) 瓦斯抽采系统运行稳定、可靠,抽采能力满足《煤矿瓦斯抽采达标暂行规定》要求; (3) 积极利用抽采瓦斯	6. 瓦斯抽采 (1) 瓦斯抽采设备、设施、安全装置、瓦斯管路检查、钻孔参数、监测参数等符合《煤矿瓦斯抽放规范》(AQ 1027,以下简称 AQ 1027)规定; (2) 瓦斯抽采系统运行稳定、可靠,抽采能力**及指标**满足《煤矿瓦斯抽采达标暂行规定》要求; (3) 积极利用抽采瓦斯	补充抽放达标要求
7. 安全监控 安全监控系统满足《煤矿安全监控系统通用技术要求》(AQ 6201,以下简称 AQ 6201)、《煤矿安全监控系统及检测仪器使用管理规范》(AQ 1029,以下简称 AQ 1029)和《煤矿安全规程》的要求,维护、调校、检定到位,系统运行稳定可靠	7. 安全监控 安全监控系统满足《煤矿安全监控系统通用技术要求》(AQ 6201,以下简称 AQ 6201)、《煤矿安全监控系统及检测仪器使用管理规范》(AQ 1029,以下简称 AQ 1029)和《煤矿安全规程》的要求,维护、调校、检定到位,系统运行稳定可靠	表述更精简
8. 防灭火 (1) 按《煤矿安全规程》规定建立防灭火系统、自然发火监测系统,系统运行正常; (2) 开采自燃煤层、容易自燃煤层进行煤层自然发火预测预报工作; (3) 井上、下消防材料库设置和库内及井下重要岗点消防器材配备符合《煤矿安全规程》规定	8. 防灭火 (1) 按《煤矿安全规程》规定建立防灭火系统、自然发火监测系统,系统运行正常,**防灭火措施落实到位;** (2) 开采自燃煤层、容易自燃煤层进行煤层自然发火预测预报工作; (3) 井上、下消防材料库设置和库内及井下重要岗点消防器材配备符合《煤矿安全规程》**和《煤炭矿井设计防火规范》(GB 51078)**规定	GB 51078 标准对消防器材配备有明确要求

表 8.1-0(续)

2017 煤矿安全生产标准化	2020 煤矿安全生产标准化管理体系	对照解读
9. 粉尘防治 (1) 防尘供水系统符合《煤矿安全规程》要求; (2) 隔爆设施安设地点、数容量及安装质量符合《煤矿井下粉尘综合防治技术规范》(AQ 1020,以下简称 AQ 1020)规定; (3) 综合防尘措施完善,防尘设备、设施齐全,使用正常	9. 粉尘防治 (1) 防尘供水系统符合《煤矿安全规程》要求; (2) 隔爆设施安设地点、数容量、**水量或者岩粉量**及安装质量符合《煤矿井下粉尘综合防治技术规范》(AQ 1020)规定; (3) 综合防尘措施完善,防尘设备、设施齐全,使用正常	将隔爆设施的"数容量"修改为"数量、水量",考核内容更直接具体。 增加"岩粉量"内容,与《煤矿井下粉尘综合防治技术规范》(AQ 1020)规定保持一致
10. 井下爆破 (1) 按《煤矿安全规程》要求建设和管理井下爆炸物品库,爆炸物品库存、领用等各环节按制度执行; (2) 井下爆破作业按照爆破作业说明书进行,爆破作业执行"一炮三检"和"三人连锁"制度; (3) 正确处理拒爆、残爆	10. 井下爆破**管理与基础工作** (1) 按《煤矿安全规程》要求建设**布置**和管理井下爆炸物品库,爆炸物品库**贮**存、**运输**、领用**退**等各环节按制度执行; (2) 井下爆破作业按照爆破作业说明书进行,爆破作业执行"一炮三检"和"三人连锁"制度;, (3) 正确处理拒爆、残爆	
11. 基础管理 (1) 建立组织保障体系,设立相应管理机构,完善各项管理制度,明确人员负责,有序有效开展工作;	11. 基础管理 (1**3**) 建立组织保障体系,设立相应管理机构,完善各项管理制度,明确人员负责,**按制度执行,工作有计划、有总结**,有序有效开展工作;	与第 10 条合并。 对管理人员、技术人员和作业人员分别进行具体工作要求

表 8.1-0(续)

2017 煤矿安全生产标准化	2020 煤矿安全生产标准化管理体系	对照解读
(2) 按规定绘制图纸,完善相关记录、台账、报表、报告、计划及支持性文件等资料,并与现场实际相符; (3) 管理、技术以及作业人员掌握相应的岗位技能,规范操作,无违章指挥、违章作业和违反劳动纪律(以下简称"三违")行为,作业前进行安全确认	(2̶4) 按规定绘制图纸,完善相关记录、台账、报表、报告、计划及支持性文件等资料,并与现场实际相符; (3̶5) 管理、技术以及作业人员掌握相应**关的岗位职责、管理制度、技术措施**,作业人员掌握本岗位相应的岗位技能**操作规程、安全措施**,规范操作,无违章指挥、违章作业和违反劳动纪律(以下简称"三违")行为,作业前进行岗位**安全风险辨识及**安全确认	"三违"语言更精练,简明扼要 增加了作业前进行岗位安全风险辨识要求,体现了安全生产关口前移,也符合新标准化管理体系要求
二、重大事故隐患判定 1. 通风系统重大事故隐患: (1) 矿井总风量不足的; (2) 没有备用主要通风机或者两台主要通风机工作能力不匹配的; (3) 违反规定串联通风的; (4) 没有按设计形成通风系统的,或者生产水平和采区未实现分区通风的; (5) 高瓦斯、煤与瓦斯突出矿井的任一采区,开采容易自燃煤层、低瓦斯矿井开采煤层群和分层开采采用联合布置的采区,未设置采区专用回风巷的,或者突出煤层工作面没有独立的回风系统的; (6) 采掘工作面等主要用风地点风量不足的;		重大事故隐患纳入总则部分考核

表 8.1-0(续)

2017 煤矿安全生产标准化	2020 煤矿安全生产标准化管理体系	对照解读
(7) 采区进(回)风巷未贯穿整个采区,或者虽贯穿整个采区但一段进风、一段回风的。 2. 局部通风重大事故隐患: 煤巷、半煤岩巷和有瓦斯涌出的岩巷的掘进工作面未装备甲烷电、风电闭锁装置或者不能正常使用的。 3. 瓦斯管理重大事故隐患: (1) 瓦斯检查存在漏检、假检的; (2) 井下瓦斯超限后不采取措施继续作业的。 4. 突出防治重大事故隐患: (1) 煤与瓦斯突出矿井未建立防治突出机构并配备相应专业人员的; (2) 煤与瓦斯突出矿井未进行区域或者工作面突出危险性预测的; (3) 煤与瓦斯突出矿井未按规定采取防治突出措施的; (4) 煤与瓦斯突出矿井未进行防治突出措施效果检验或者防突措施效果检验不达标仍然组织生产的; (5) 煤与瓦斯突出矿井未采取安全防护措施的;		重大事故隐患纳入总则部分考核

表 8.1-0(续)

2017 煤矿安全生产标准化	2020 煤矿安全生产标准化管理体系	对照解读
(6) 出现瓦斯动力现象，或者相邻矿井开采的同一煤层发生了突出，或者煤层瓦斯压力达到或者超过 0.74 MPa 的非突出矿井，未立即按照突出煤层管理并在规定时限内进行突出危险性鉴定的(直接认定为突出矿井的除外)。 5. 瓦斯抽采重大事故隐患： (1) 按照《煤矿安全规程》规定应当建立而未建立瓦斯抽采系统的； (2) 突出矿井未装备地面永久瓦斯抽采系统或者系统不能正常运行的； (3) 采掘工作面瓦斯抽采不达标组织生产的。 6. 安全监控重大事故隐患： (1) 突出矿井未装备矿井安全监控系统或者系统不能正常运行的； (2) 高瓦斯矿井未按规定安设、调校甲烷传感器，人为造成甲烷传感器失效的，瓦斯超限后不能断电或者断电范围不符合规定的； (3) 高瓦斯矿井安全监控系统出现故障没有及时采取措施予以恢复的，或者对系统记录的瓦斯超限数据进行修改、删除、屏蔽的。 7. 防灭火重大事故隐患： (1) 开采容易自燃和自燃的煤层时，未编制防止自然发火设计或者未按设计组织生产的；		重大事故隐患纳入总则部分考核

表 8.1-0(续)

2017 煤矿安全生产标准化	2020 煤矿安全生产标准化管理体系	对照解读
(2) 高瓦斯矿井采用放顶煤采煤法不能有效防治煤层自然发火的； (3) 有自然发火征兆没有采取相应的安全防范措施并继续生产的。 8. 井下爆破重大事故隐患： 未按矿井瓦斯等级选用相应的煤矿许用炸药和雷管、未使用专用发爆器的，或者裸露放炮的。 9. 基础管理重大事故隐患： 没有配备矿总工程师，以及负责通风工作的专业技术人员的。		重大事故隐患纳入总则部分考核

表 8.1-1　煤矿通风标准化评分表对照解读

项目	项目内容	2017 基本要求	标准分值	2017 评分方法	2020 基本要求	2020 评分方法	对照解读
一、通风系统(100分)	系统管理	1. 全矿井、一翼或者一个水平通风系统改变时,编制通风设计及安全技术措施,经企业技术负责人审批;巷道贯通前应当制定贯通专项措施,经矿总工程师审批;井下爆炸物品库、充电硐室、采区变电所、实现采区变电所功能的中央变电所有独立的通风系统	20	查资料和现场。改变通风系统(巷道贯通)无审批措施的扣10分,其他1处不符合要求扣5分	1. 全矿井、一翼或者一个水平通风系统改变时,编制通风设计及安全[技术]措施,经企业技术负责人审批;巷道贯通前应当制定贯通专项措施,经矿总工程师审批;井下爆炸物品库、充电硐室、采区变电所、实现采区变电所功能的中央变电所有独立的通风系统	查**现场和**资料[和现场]。改变通风系统(巷道贯通)无审批措施的扣10分,其他[1处]不符合要求**1处**扣5分	将"安全技术措施"修改为"安全措施",安全措施包含安全技术措施,标准考核更严格

注:"□"表示新标准删除内容;加粗表示新标准增加内容。

表 8.1-1(续)

项目	项目内容	2017 基本要求	标准分值	2017 评分方法	2020 基本要求	2020 评分方法	对照解读
一、通风系统(100分)	系统管理	2.井下没有违反《煤矿安全规程》规定的扩散通风、采空区通风和利用局部通风机通风的采煤工作面;对于允许布置的串联通风,制定安全技术措施,其中开拓新水平和准备新采区的开掘巷道的回风引入生产水平的进风中的安全技术措施,经企业技术负责人审批,其他串联通风的安全技术措施,经矿总工程师审批	20	查现场和资料。不符合要求1处扣10分	2.井下没有违反《煤矿安全规程》规定的扩散通风、采空区通风和利用局部通风机通风的采煤工作面;对于允许布置的串联通风,制定安全[技术]措施,其中开拓新水平和准备新采区的开掘巷道的回风引入生产水平的进风中的安全[技术]措施,经企业技术负责人审批,其他串联通风的安全[技术]措施,经矿总工程师审批	查现场和资料。不符合要求1处扣10分,**安全措施有缺陷或与《煤矿安全规程》不符1处扣2分**	细化考核。区分有安全措施和无安全措施的考核

表 8.1-1(续)

项目	项目内容	2017 基本要求	标准分值	2017 评分方法	2020 基本要求	2020 评分方法	对照解读
一、通风系统(100 分)	系统管理	3. 采区专用回风巷不用于运输、安设电气设备,突出区不行人;专用回风巷道维修时制定专项措施,经矿总工程师审批	5	查现场和资料。不符合要求 1 处扣 2 分	未修改		
		4. 装有主要通风机的回风井口的防爆门符合规定,每 6 个月检查维修 1 次;每季度至少检查 1 次反风设施;制定年度全矿性反风技术方案,按规定审批,实施有总结报告,并达到反风效果	10	查资料和现场。未进行反风演习扣 5 分,其他 1 处不符合要求扣 2 分	4. 装有主要通风机的回风井口防爆门符合规定,每 6 个月检查维修 1 次;等反风设施每季度至少组织检查维修 1 次,**有记录**;制定年度全矿性反风技术方案,按规定审批,实施有总结报告,并达到反风效果	查现场和资料和现场。未**制定年度全矿性反风技术方案、少 1 台主要通风机的**进行反风演习**试验或者反风效果不符合要求 1 项**扣 5 分;其他 1 处不符合要求 **1 处**扣 2 分	防爆门是控制反风的主要设施,应当同反风设施检查维修周期一致;对反风情况进行区别考核

表 8.1-1(续)

项目	项目内容	2017 基本要求	标准分值	2017 评分方法	2020 基本要求	2020 评分方法	对照解读
一、通风系统(100分)	风量配置	1. 新安装的主要通风机投入使用前,进行1次通风机性能测定和试运转工作,投入使用后每5年至少进行1次性能测定;矿井通风阻力测定符合《煤矿安全规程》规定	10	查资料。通风机性能或者通风阻力未测定的不得分,其他1处不符合要求扣1分	1. 新安装、**技术改造及更换叶片**的主要通风机投入使用前,进行1次通风机性能测定和试运转工作,投入使用后每5年至少进行1次性能测定;矿井通风阻力测定符合《煤矿安全规程》规定	未修改	新增"技术改造和更换叶片"考核内容,与《煤矿安全规程》相关内容保持一致
		2. 矿井每年进行1次通风能力核定;每10天至少进行1次井下全面测风,井下各硐室和巷道的供风量满足计算所需风量	10	查资料和现场。未进行通风能力核定不得分,其他1处不符合要求扣5分	2. 矿井每年进行1次通风能力核定;**井下测风站(点)布置齐全、合理,并有测风记录牌板,填写所需风量、现场实际风量等参数**,每10天至少进行1次井下全面测风,井下各硐室和巷道的供风量满足计算所需风量	查现场和资料~~和现场~~。未进行通风能力核定不得分,其他~~1处~~不符合要求**1处**扣5分	增加对井下测风布点的考核

表 8.1-1(续)

项目	项目内容	2017 基本要求	标准分值	2017 评分方法	2020 基本要求	2020 评分方法	对照解读
一、通风系统(100分)	风量配置	3. 矿井有效风量率不低于85%;矿井外部漏风率每年至少测定1次,外部漏风率在无提升设备时不得超过5%,有提升设备时不得超过15%	10	查资料。未测定扣5分,有效风量率每低、外部漏风率每高1个百分点扣1分	未修改	查资料。未测定扣5分,有效风量率每低、**或**外部漏风率每高1个百分点扣1分	标点符号错误,修改
		4. 采煤工作面进、回风巷实际断面不小于设计断面的2/3;其他通风巷道实际断面不小于设计断面的4/5;矿井通风系统的阻力符合AQ 1028规定;矿井内各地点风速符合《煤矿安全规程》规定	10	查现场和资料。巷道断面1处(长度按5 m计)不符或者阻力超规定扣2分;风速不符合要求1处扣5分	4. 采煤工作面进、回风巷实际断面不小于设计断面的2/3;其他**全风压**通风巷道实际断面不小于设计断面的4/5;矿井通风系统的阻力符合AQ 1028规定;矿井内各地点风速符合《煤矿安全规程》规定	未修改	明确全风压通风巷道考核断面,掘进巷道的断面变形由掘进专业考核

表 8.1-1(续)

项目	项目内容	2017 基本要求	标准分值	2017 评分方法	2020 基本要求	2020 评分方法	对照解读
一、通风系统(100分)	风量配置	5. 矿井主要通风机安设监测系统,能够实时准确监测风机运行状态、风量、风压等参数	5	查现场。未安监测系统的不得分,其他1处不符合要求扣1分	未修改	未修改	
二、局部通风(100分)	装备措施	1. 掘进通风方式符合《煤矿安全规程》规定,采用局部通风机供风的掘进巷道应安设同等能力的备用局部通风机,实现自动切换。局部通风机的安装、使用符合《煤矿安全规程》规定,实行挂牌管理,不发生循环风;不出现无计划停风,有计划停风前制定专项通风安全技术措施	35	查现场和资料。1处发生循环风不得分;无计划停风1次扣10分;其他1处不符合要求扣2分	1. 掘进通风方式符合《煤矿安全规程》规定,采用局部通风机供风的掘进巷道应安设同等能力的备用局部通风机,实现自动切换。局部通风机的安装、使用符合《煤矿安全规程》规定,实行挂牌管理,**由指定人员上岗签字并进行切换试验,有记录**;不发生循环风;不出现无计划停风,有计划停风前制定专项通风安全技术措施	查现场和资料。1处发生循环风不得分**扣15分**;无计划停风1次扣10分;其他1处不符合要求**1处**扣2分	删除"掘进通风方式符合《煤矿安全规程》规定",新标准考核内容更直接。 增加"由指定人员上岗签字并进行切换试验,有记录"考核内容,考核内容与《煤矿安全规程》相关内容保持一致。 将"发生循环风不得分"(扣35分),修改为"发生循环风扣15分"

表 8.1-1(续)

项目	项目内容	2017 基本要求	标准分值	2017 评分方法	2020 基本要求	2020 评分方法	对照解读
二、局部通风(100 分)	装备措施	2. 局部通风机设备齐全,装有消音器(低噪声局部通风机和除尘风机除外),吸风口有风罩和整流器,高压部位有衬垫;局部通风机及其启动装置安设在进风巷道中,地点距回风口大于 10 m,且 10 m 范围内巷道支护完好,无淋水、积水、淤泥和杂物;局部通风机离巷道底板高度不小于 0.3 m	15	查现场。不符合要求 1 处扣 2 分	2. 局部通风机设备齐全,装有消音器**装置**(低噪声局部通风机和除尘风机除外),吸风**进气**口有风罩**完整防护网**和整**集**流器,高压部位有衬垫,**各部件连接完好,不漏风。**局部通风机及其启动装置安设在进风巷道中,地点距回风口大于 10 m,且 10 m范围内巷道支护完好,无淋水、积水、淤泥和杂物;局部通风机离巷道底板高度不小于 0.3 m	查现场。**局部通风机及其启动装置安设位置不当 1 处扣 10 分,其他**不符合要求 1 处扣 2 分	将“局部通风机设备齐全,装有消音器(低噪声局部通风机和除尘风机除外),吸风口有风罩和整流器,高压部位有衬垫”修改为“局部通风机有消音装置进气口有完整防护网和集流器,高压部位有衬垫”,与《煤矿安全规程》修改规定保持一致。 新增“各部件连接完好,不漏风”,强化现场局部通风机的漏风管理,确保设备完好。 新增“局部通风机及其启动装置安设位置不当 1 处扣 10 分”内容,是保持标准内容与扣分的一致性,强化现场局部通风机位置的管理

表 8.1-1(续)

项目	项目内容	2017 基本要求	标准分值	2017 评分方法	2020 基本要求	2020 评分方法	对照解读
二、局部通风(100分)	风筒敷设	1. 风筒末端到工作面的距离和自动切换的交叉风筒接头的规格、安设标准符合作业规程规定	10	查现场和资料。不符合要求1处扣5分	1. 风筒[末端]**口到工作面**的距离**符合作业规程规定;**自动切换的交叉风筒[接头][的规格、安设标准符合作业][规程规定]**与使用的风筒筒径一致,交叉风筒不安设在巷道拐弯处且与2台局部通风机方位相一致,不漏风**	未修改	明确了风筒口到工作面的具体距离及自动切换的交叉风筒接头的规格、安设标准的具体内容,便于操作
		2. 使用抗静电、阻燃风筒,实行编号管理。风筒接头严密,无破口(末端20 m除外),无反接头;软质风筒接头反压边,硬质风筒接头加垫、螺钉紧固	15	查现场。使用非抗静电、非阻燃风筒不得分;其他1处不符合要求扣0.5分	2. [使用抗静电、阻燃]风筒[,]实行编号管理。风筒接头严密,无破口(末端20 m除外),无反接头;软质风筒接头反压边,**无丝绳或者卡箍捆扎**,硬质风筒接头加垫、螺钉紧固	查现场。[使用非抗静电、非阻燃风筒不得分;其他]1处不符合要求扣0.5分	删除"使用非抗静电、非阻燃风筒不得分"扣分项。 新增"无丝绳或者卡箍捆扎"考核内容,强化了风筒的接头管理

表 8.1-1(续)

项目	项目内容	2017 基本要求	标准分值	2017 评分方法	2020 基本要求	2020 评分方法	对照解读
二、局部通风(100分)	风筒敷设	3. 风筒吊挂平、直、稳,软质风筒逢环必挂,硬质风筒每节至少吊挂 2 处;风筒不被摩擦、挤压	15	查现场。不符合要求 1 处扣 0.5分	未修改	未修改	
		4. 风筒拐弯处用弯头或者骨架风筒缓慢拐弯,不拐死弯;异径风筒接头采用过渡节,无花接	10	查现场。不符合要求 1 处扣 1 分	未修改	未修改	
三、通风设施(100分)	设施管理	1. 及时构筑通风设施(指永久密闭、风门、风窗和风桥),设施墙(桥)体采用不燃性材料构筑,其厚度不小于 0.5 m(防突风门、风窗墙体不小于 0.8 m),严密不漏风	15	查现场。应建未建或者构筑不及时不得分;其他 1 处不符合要求扣 10 分	1. [及时]**有**构筑通风设施(指永久密闭、风门、风窗和风桥)**设计方案及安全措施,**设施墙(桥)体采用不燃性材料构筑,其厚度不小于 0.5 m(防突风门、风窗墙体不小于 0.8 m),严密不漏风	查现场**和资料**。应建未建或者构筑不及时不得分;其他[1 处]不符合要求 **1 处**扣 10 分	新增"设计方案及安全措施"考核内容,规范矿井设施的施工及确保施工安全

表 8.1-1(续)

项目	项目内容	2017 基本要求	标准分值	2017 评分方法	2020 基本要求	2020 评分方法	对照解读
三、通风设施(100分)	设施管理	2. 密闭、风门、风窗墙体周边按规定掏槽，墙体与煤岩接实，四周有不少于 0.1 m 的裙边，周边及围岩不漏风；墙面平整、无裂缝、重缝和空缝，并进行勾缝或者抹面或者喷浆，抹面的墙面 1 m^2 内凸凹深度不大于 10 mm	7	查现场。不符合要求 1 处扣 5 分	未修改	未修改	
		3. 设施 5 m 范围内支护完好，无片帮、漏顶、杂物、积水和淤泥	4	查现场。1 处不符合要求不得分	未修改	未修改	

表 8.1-1(续)

项目	项目内容	2017 基本要求	标准分值	2017 评分方法	2020 基本要求	2020 评分方法	对照解读
三、通风设施(100分)	设施管理	4. 设施统一编号,每道设施有规格统一的施工说明及检查维护记录牌	4	查现场。1处不符合要求不得分	4. 设施统一编号,每道设施有规格统一的施工说明及检查维护记录牌,**风门及采空区密闭每周、其他设施每月至少检查1次设施完好及使用情况,有设施检修记录及管理台账**	查现场**和资料**。1处不符合要求不得分	明确了设施完好及使用情况检查周期和建立检修记录及管理台账,来保障设施完好使用
	密闭	1. 密闭位置距全风压巷道口不大于5 m,设有规格统一的瓦斯检查牌板和警标,距巷道口大于2 m的设置栅栏;密闭前无瓦斯积聚。所有导电体在密闭处断开(在用的管路采取绝缘措施处理除外)	10	查现场。不符合要求1处扣5分	未修改	查现场。不符合要求1处扣5分;**不设置栅栏1处扣2分,栅栏设置不合格1处扣1分(最多扣2分)**	修订扣分标准,细化考核

表 8.1-1(续)

项目	项目内容	2017 基本要求	标准分值	2017 评分方法	2020 基本要求	2020 评分方法	对照解读
三、通风设施(100分)	密闭	2. 密闭内有水时设有反水池或者反水管,采空区密闭设有观测孔、措施孔,且孔口设置阀门或者带有水封结构	10	查现场。不符合要求1处扣5分	未修改	未修改	
	风门风窗	1. 每组风门不少于2道,其间距不小于5 m(通车风门间距不小于1列车长度),主要进、回风巷之间的联络巷设具有反向功能的风门,其数量不少于2道;通车风门按规定设置和管理,并有保护风门及人员的安全措施	10	查现场。不符合要求1处扣5分	1. 每组风门不少于2道**(含主要进、回风巷之间的联络巷设的反向风门)**,其间距不小于5 m(通车风门间距不小于1列**(辆)**车长度)~~,主要进、回风巷之间的联络巷设具有反向功能的风门,其数量不少于2道;通车风门按规定设置和管理,并有保护风门及人员的安全措施~~**;通车风门设有发出声光信号的装置,且声光信号在风门两侧都能接收**	未修改	将“通车风门按规定设置和管理,并有保护风门及人员的安全措施”直接改为现场安装声光信号的装置,对通车安全有利并符合规程规定

表 8.1-1(续)

项目	项目内容	2017 基本要求	标准分值	2017 评分方法	2020 基本要求	2020 评分方法	对照解读
三、通风设施(100 分)	风门风窗	2. 风门能自动关闭,并连锁,使 2 道风门不能同时打开;门框包边沿口,有衬垫,四周接触严密,门扇平整不漏风;风窗有可调控装置,调节可靠	10	查现场。不符合要求 1 处扣 5 分	2. 风门能自动关闭[,]并连锁,使 2 道风门不能同时打开;门框包边沿口[,]有衬垫,四周接触严密,门扇平整不漏风;风窗有可调控装置,调节可靠	未修改	
		3. 风门、风窗水沟处设有反水池或者挡风帘,轨道巷通车风门设有底槛,电缆、管路孔堵严,风筒穿过风门(风窗)墙体时,在墙上安装与胶质风筒直径匹配的硬质风筒	10	查现场。不符合要求 1 处扣 5 分	未修改	未修改	

表 8.1-1(续)

项目	项目内容	2017 基本要求	标准分值	2017 评分方法	2020 基本要求	2020 评分方法	对照解读
三、通风设施(100分)	风桥	1. 风桥两端接口严密,四周为实帮、实底,用混凝土浇灌填实;桥面规整不漏风	10	查现场。不符合要求1处扣5分	未修改	未修改	
		2. 风桥通风断面不小于原巷道断面的4/5,呈流线型,坡度小于30°;风桥上、下不安设风门、调节风窗等	10	查现场。不符合要求1处扣5分	未修改	未修改	
四、瓦斯管理(100分)	鉴定及措施	1. 按《煤矿安全规程》规定进行煤层瓦斯含量、瓦斯压力等参数测定和矿井瓦斯等级鉴定及瓦斯涌出量测定	10	查资料。未鉴定、测定不得分	1. 按《煤矿安全规程》**和《煤矿瓦斯等级鉴定办法》**规定进行煤层瓦斯含量、瓦斯压力等参数测定和矿井瓦斯等级鉴**(认)**定及瓦斯涌出量测定	查资料。未鉴定、**或**测定不得分	《煤矿瓦斯等级鉴定办法》(煤安监技装〔2018〕9号)文件中,部分内容作了修改

表 8.1-1(续)

项目	项目内容	2017 基本要求	标准分值	2017 评分方法	2020 基本要求	2020 评分方法	对照解读
四、瓦斯管理(100分)	鉴定及措施	2. 编制年度瓦斯治理技术方案及安全技术措施,并严格落实	15	查资料。未编制 1 项扣 5 分;其他 1 处不符合要求扣 1 分	未修改	未修改	
	瓦斯检查	1. 矿长、总工程师、爆破工、采掘区队长、通风区队长、工程技术人员、班长、流动电钳工、安全监测工等下井时,携带便携式甲烷检测报警仪。瓦斯检查工下井时携带便携式甲烷检测报警仪和光学瓦斯检测仪	10	查现场或者资料。不符合要求 1 处扣 2 分	1. 矿长、总工程师、爆破工、采掘区(队)长、通风区(队)长、工程技术人员、班长、流动电钳工、安全监测工、**瓦斯检查工**等下井时,携带便携式甲烷检测报警仪**并开机使用**;瓦斯检查工下井时还应携带[甲烷检测报警仪和]光学瓦斯检测仪	未修改	新增"开机使用"考核内容,确保仪器在井下使用正常,及时发现问题、确保矿井安全
		2. 瓦斯检查符合《煤矿安全规程》规定;瓦斯检查工在井下指定地点交接班,有记录	15	查资料和现场。不符合要求 1 处扣 5 分	2. 瓦斯检查**地点**、**周期**符合《煤矿安全规程》规定;瓦斯检查工在井下指定地点交接班,有记录	查**现场和**资料[和现场]。不符合要求 1 处扣 5 分	

表 8.1-1(续)

项目	项目内容	2017 基本要求	标准分值	2017 评分方法	2020 基本要求	2020 评分方法	对照解读
四、瓦斯管理(100分)	瓦斯检查	3. 瓦斯检查做到井下记录牌、瓦斯检查手册、瓦斯检查班报(台账)“三对口”;瓦斯检查日报及时上报矿长、总工程师签字,并有记录	10	查资料和现场。不符合要求1处扣1分	3. 瓦斯检查做到井下记录牌、瓦斯检查手册、瓦斯检查班报(台账)“三对口”**相一致**;**通风**瓦斯检查日报及时上报矿长、总工程师签字,并有记录	未修改	将“三对口”修改为“相一致”,便于理解;将“瓦斯检查日报”修改为“通风瓦斯日报”,考核标准更明确
	现场管理	1. 采掘工作面及其他地点的瓦斯浓度符合《煤矿安全规程》规定;瓦斯超限立即切断电源,并撤出人员,查明瓦斯超限原因,落实防治措施	15	查资料和现场。瓦斯超限1次扣5分;其他1处不符合要求扣1分	1. 采掘工作面及其他地点的瓦斯浓度符合《煤矿安全规程》规定;瓦斯超限立即切断电源停止工作,并撤出人员,**按规定切断电源**,;查明瓦斯超限原因,落实防治措施	查**现场和**资料和现场。**1年内**瓦斯超限1次扣5 **3**分;其他1处不符合要求**1处**扣1分	标准更具体。便于现场操作和检查考核

表 8.1-1(续)

项目	项目内容	2017 基本要求	标准分值	2017 评分方法	2020 基本要求	2020 评分方法	对照解读
四、瓦斯管理(100分)	现场管理	2. 临时停风地点停止作业、切断电源、撤出人员、设置栅栏和警示标志;长期停风区在 24 h 内封闭完毕。停风区内甲烷或者二氧化碳浓度达到 3.0%或者其他有害气体浓度超过《煤矿安全规程》规定不立即处理时,在 24 h 内予以封闭,并切断通往封闭区的管路、轨道和电缆等导电物体	15	查资料和现场。未按规定执行 1 项扣 10 分	2. 临时停风地点停止作业、切断电源、撤出人员、设置栅栏和警示标志;长期停风区在 24 h 内封闭完毕。停风区内甲烷或者二氧化碳浓度达到 3.0%或者其他有害气体浓度超过《煤矿安全规程》规定不能立即处理时,在 24 h 内予以封闭,并切断通往封闭区的管路、轨道和电缆等导电物体	查现场和资料和现场。未按规定执行 1 项扣 10分	

表 8.1-1(续)

项目	项目内容	2017 基本要求	标准分值	2017 评分方法	2020 基本要求	2020 评分方法	对照解读
四、瓦斯管理(100分)	现场管理	3. 瓦斯排放按规定编制专项措施,经矿总工程师批准,并严格执行,且有记录;采煤工作面不使用局部通风机稀释瓦斯	10	查资料。无措施或者未执行不得分;其他 1 处不符合要求扣 5 分	未修改	查资料。无措施或者未执行不得分;其他 1 处不符合要求 **1 处**扣 5 分	
五、突出防治(100分)	突出管理	1. 编制矿井、水平、采区及井巷揭穿突出煤层的防突专项设计,经企业技术负责人审批,并严格执行	25	查资料和现场。未编审设计不得分;执行不严格 1 处扣 15 分	1. 编制矿井、水平、采区及井巷揭穿突出煤层的防突专项设计**和所有区域防突措施的设计**,经企业技术负责人审批,**新水平、新采区设计有防突设计篇章**,并严格执行	查**现场和**资料和现场。未编审设计不得分;执行不严格 1 处扣 15 分	按照《防治煤与瓦斯突出细则》(煤安监技装〔2019〕28 号)修订的,要求新水平、新采区设计有防突专篇即可

表 8.1-1(续)

项目	项目内容	2017 基本要求	标准分值	2017 评分方法	2020 基本要求	2020 评分方法	对照解读
五、突出防治(100分)	突出管理	2. 区域预测结果、区域防突措施、保护效果检验、保护范围考察结果经企业技术负责人审批;预抽煤层瓦斯区域防突措施效果检验及区域验证结果经矿总工程师审批,按预测、检验结果,采取相应防突措施	25 **20**	查现场和资料。未审批不得分;执行不严格1处扣15分	2. 区域预测**为无突出危险区的**结果、区域防突措施、保护效果检验、保护**和**范围考察结果经企业技术负责人审批;预抽煤层瓦斯区域防突措施效果检验及区域验证结果经矿总工程师审批,按预测、检验结果,采取相应防突措施;**技术资料符合《煤矿安全规程》《防治煤与瓦斯突出细则》规定**	查现场和资料。未审批不得分;执行不严格1处扣15分;**技术资料不符合规定1处扣2分**	按照《防治煤与瓦斯突出细则》(煤安监技装〔2019〕28号)修订,"预抽煤层瓦斯区域措施效果检验"不含被保护层效果检验内容
		3. 突出煤层采掘工作面编制防突专项设计及安全技术措施,经矿总工程师审批,实施中及时按现场实际作出补充修改,并严格执行	25 **20**	查资料和现场。未编审设计及措施或者未执行不得分;执行不严格1处扣5分	3. 突出煤层采掘工作面编制防突专项设计及安全技术措施,经矿总工程师审批,实施中及时按现场实际作出补充修改,并严格执行;**技术资料符合《煤矿安全规程》《防治煤与瓦斯突出细则》规定**	查**现场和**资料和现场。未编审设计及措施或者未执行不得分;执行不严格1处扣5分;**技术资料不符合规定1处扣2分**	按照《防治煤与瓦斯突出细则》(煤安监技装〔2019〕28号)修订

表 8.1-1(续)

项目	项目内容	2017 基本要求	标准分值	2017 评分方法	2020 基本要求	2020 评分方法	对照解读
五、突出防治(100分)	设备设施	压风自救装置、自救器、防突风门、避难硐室等安全防护设备设施符合《防治煤与瓦斯突出规定》要求	25 **20**	查现场。不符合要求1处扣2分	压风自救装置、自救器、防突风门、**1.避难硐室、反向风门、压风自救装置、隔离式自救器、远距离爆破等安全防护**设备设施**措施符合《防治煤与瓦斯突出**规定**细则》要求**	未修改	按照《防治煤与瓦斯突出细则》(煤安监技装〔2019〕28号)修订
			5		**2. 突出煤层的采掘工作面、井巷揭煤工作面悬挂防突预测图板、综合防突措施管理牌板、允许推进距离标志牌,有区域预测、效果检验和测定煤层瓦斯压力、含量等钻孔的施工参数及检测数据牌板**	**查现场。不符合要求1处扣2分**	按照《防治煤与瓦斯突出细则》(煤安监技装〔2019〕28号)修订
			5		**3. 有采掘工作面瓦斯地质图、防突预测图、预抽煤层瓦斯区域防突措施竣工图和在突出煤层顶、底板掘进岩巷时地质预测巷道剖面图,各类图纸绘制修改及内容符合《防治煤与瓦斯突出细则》要求**	**查资料。不符合要求1处扣2分**	按照《防治煤与瓦斯突出细则》(煤安监技装〔2019〕28号)修订

表 8.1-1(续)

项目	项目内容	2017 基本要求	标准分值	2017 评分方法	2020 基本要求	2020 评分方法	对照解读
五、突出防治(100 分)	设备设施		**5**		**4. 有防突钻孔施工记录和验收单,区域预测、预抽、效果检验及测定煤层瓦斯压力、含量等钻孔施工有视频监控监视钻孔深度录像及核查记录**	**查资料。不符合要求 1 处扣 2 分**	按照《防治煤与瓦斯突出细则》(煤安监技装〔2019〕28 号)修订
六、瓦斯抽采(100 分)	抽采系统	1. 瓦斯抽采设施、抽采泵站符合《煤矿安全规程》要求	15	查现场和资料。不符合要求 1 处扣 5 分	未修改	未修改	
		2. 编制瓦斯抽采工程(包括钻场、钻孔、管路、抽采巷等)设计,并按设计施工	15	查现场和资料。不符合要求 1 处扣 2 分	未修改	未修改	

表 8.1-1(续)

项目	项目内容	2017 基本要求	标准分值	2017 评分方法	2020 基本要求	2020 评分方法	对照解读
六、瓦斯抽采(100分)	检查与管理	1. 对瓦斯抽采系统的瓦斯浓度、压力、流量等参数实时监测,定期人工检测比对,泵站每 2 h 至少 1 次,主干、支管及抽采钻场每周至少 1 次,根据实际测定情况对抽采系统进行及时调节	15	查资料和现场。未按规定检测核实的 1 次扣 5 分,其他 1 处不符合要求扣 2 分	未修改	**查现场和资料** 和现场。未按规定检测核实的 1 次扣 5 分,其他 1处 不符合要求 **1 处**扣 2 分	
		2. 井上下敷设的瓦斯管路,不得与带电物体接触并应当有防止砸坏管路的措施。每 10 天至少检查 1 次抽采管路系统,并有记录。抽采管路无破损、无漏气、无积水;抽采管路离地面高度不小于 0.3 m(采空区留管除外)	15	查资料和现场。管路损坏或者与带电物体接触不得分;其他 1 处不符合要求扣 1 分	未修改	**查现场和资料** 和现场。管路损坏或者与带电物体接触不得分;其他 1处 不符合要求 **1 处**扣 1 分	

表 8.1-1(续)

项目	项目内容	2017 基本要求	标准分值	2017 评分方法	2020 基本要求	2020 评分方法	对照解读
六、瓦斯抽采(100分)	检查与管理	3. 抽采钻场及钻孔设置管理牌板,数据填写及时、准确,有记录和台账	15	查资料和现场。不符合要求1处扣0.5分	未修改	**查现场和资料**[和现场]。不符合要求1处扣0.5分	
		4. 高瓦斯、突出矿井计划开采的煤量不超出瓦斯抽采的达标煤量,生产准备及回采煤量和抽采达标煤量保持平衡	15	查资料。不符合要求不得分	4. 高瓦斯、**煤与瓦斯**突出矿井[计划开采的煤量不超出瓦斯抽采的达标煤量,生产准备及回采煤量和抽采达标煤量保持平衡]**及时进行瓦斯抽采达标评判,保持抽采达标煤量符合准备煤量、回采煤量的可采期要求**	查资料。**达标煤量不足、可采期不够不得分,其他**不符合要求[不得分]**1处扣3分**	按照《防范煤矿采掘接续紧张暂行办法》(煤安监技装〔2018〕23号)修订
		5. 矿井瓦斯抽采率符合《煤矿瓦斯抽采达标暂行规定》要求	10	查资料。不符合要求不得分	未修改	未修改	

表 8.1-1(续)

项目	项目内容	2017 基本要求	标准分值	2017 评分方法	2020 基本要求	2020 评分方法	对照解读
七、安全监控(100分)	装备设置	1. 矿井安全监控系统具备“风电、甲烷电、故障”闭锁及手动控制断电闭锁功能和实时上传监控数据的功能;传感器、分站备用量不少于应配备数量的20%	15	查资料和现场。系统功能不全扣5分,其他1处不符合要求扣2分	1. 矿井安全监控系统具备“风电、甲烷电、故障”闭锁及手动控制断电闭锁功能和实时上传监控数据的功能 [;] [传感器、分站备用量不少于应配备数量的20%]	**查现场和**资料 [和现场]。系统功能不全扣5分,其他 [1处] 不符合要求**1处**扣2分	将“传感器、分站备用量不少于应配备数量的20%”移并到其他小项
		2. 安全监控设备的种类、数量、位置、报警浓度、断电浓度、复电浓度、电缆敷设等符合《煤矿安全规程》规定,设备性能、仪器精度符合要求,系统装备实行挂牌管理	15	查资料和现场。报警、断电、复电1处不符合要求扣5分;其他1处不符合要求扣2分	2. 安全监控设备的种类、数量、位置、报警浓度、**断电浓度**、复电浓度、断电范围、电缆敷设等符合《煤矿安全规程》规定,设备性能、仪器精度符合要求,系统装备实行挂牌管理	**查现场和**资料 [和现场]。报警、断电、复电1处不符合要求扣5分;其他 [1处] 不符合要求**1处**扣 [2] **1**分	

表 8.1-1(续)

项目	项目内容	2017 基本要求	标准分值	2017 评分方法	2020 基本要求	2020 评分方法	对照解读
七、安全监控(100分)	装备设置	3. 安全监控系统的主机双机热备,连续运行。当工作主机发生故障时,备用主机应在 5 min 内自动投入工作。中心站设双回路供电,并配备不小于 2 h 在线式不间断电源。中心站设备设有可靠的接地装置和防雷装置。站内设有录音电话	15	查现场或资料。不符合要求 1 处扣 2 分	3. 安全监控系统的主机双机热备,连续运行,当工作主机发生故障时,备用主机应在 5 min **60 s** 内自动投入工作;中心站设**应**双回路供电,,并配备不小于 2**4** h 在线式不间断电源;中心站内设备设**应**有可靠的接地装置和防雷装置。站内设有**监控使用**录音电话,**录音保存 3 个月以上**	查现场或**和**资料。不符合要求 1 处扣 2 分	按照《煤矿安全监控系统及检测仪器使用管理规范》(AQ 1029—2019)(2020 年 2 月 1 日实施)修改
		4. 分站、传感器等在井下连续使用 6~12 个月升井全面检修,井下监控设备的完好率为 100%,监控设备的待修率不超过 20%,并有检修记录	10	查资料或现场。未按规定升井检修 1 次(台)扣 3 分,其他 1 处不符合要求扣 1 分	4. 分站、传感器等等在井下连续使用 6~12 个月升井全面检修,井下监控设备的完好率为 100%,**有监控设备台账,传感器、分站备用量不少于应配备数量的 20%,**监控设备的待修率不超过 20%,并有检修记录	**查现场和资料**或现场。未按规定升井检修 1 次(台)扣 3 分,其他 1 处 **1 台**不符合要求扣 1**2** 分	按 AQ 1029—2019 要求删除了"分站、传感器等在井下连续使用 6~12 个月升井全面检修"的内容;将"有监控设备台账,传感器、分站备用量不少于应配备数量的 20%"移至本项考核,考核标准更合理

表 8.1-1(续)

项目	项目内容	2017 基本要求	标准分值	2017 评分方法	2020 基本要求	2020 评分方法	对照解读
七、安全监控(100分)	检测调校测试验	安全监控设备每月至少调校、测试1次;采用载体催化元件的甲烷传感器每15天使用标准气样和空气样在设备设置地点至少调校1次,并有调校记录;甲烷电闭锁和风电闭锁功能每15天测试1次,其中,对可能造成局部通风机停电的,每半年测试1次,并有测试签字记录	15	查资料和现场。不符合要求1处扣2分	安全监控设备每月至少调校、测试1次;。**甲烷传感器应使用标准气样和空气气样在设备设置地点调校**,采用载体催化元件**原理**的甲烷传感器每15天、**采用激光原理的甲烷传感器每6个月**使用标校准气样和空气样在设备设置地点至少调校1次,并有**现场**调校记录;**一氧化碳、风速、温度传感器等其他传感器按使用说明书要求定期调校**;。甲烷电闭锁和风电闭锁功能每15天测试1次,其中,对可能造成局部通风机停电的,每半年测试1次,并有测试签字记录	查**现场**和资料和现场。不符合要求1处扣2分	1. 将安全监控设备每月至少调校、测试1次内容进行具体细化,便于操作;按照《煤矿安全监控系统及检测仪器使用管理规范》(AQ 1029—2019)规定增加了采用激光原理的甲烷传感器调校内容。 2. 新增“一氧化碳、风速、温度传感器等其他传感器按使用说明书要求定期调校”考核内容,现场管理和检查考核有依据

表 8.1-1(续)

项目	项目内容	2017 基本要求	标准分值	2017 评分方法	2020 基本要求	2020 评分方法	对照解读
七、安全监控(100分)	监控设备	1. 安全监控设备中断运行或者出现异常情况,查明原因,采取措施及时处理,其间采用人工检测,并有记录	10	查资料和现场。不符合要求1处扣5分	未修改	**查现场和资料** 和现场。不符合要求1处扣5分	
		2. 安全监控系统显示和控制终端设置在矿调度室,24 h 有监控人员值班	10	查现场和资料。1处不符合要求不得分	未修改	未修改	
	资料管理	有监控系统运行状态记录、运行日志,安全监控日报表经矿长、总工程师签字;建立监控系统数据库,系统数据有备份并保存2年以上	10	查资料和现场。数据无备份或者数据库缺少数据扣5分,其他1处不符合要求扣2分	有监控系统运行状态记录、运行日志,安全监控日报表**及报警断电记录月报**经矿长、总工程师签字;建立监控系统数据库,系统数据有备份并保存2年以上	**查现场和资料** 和现场。数据无备份或者数据库缺少数据扣5分,其他1处不符合要求**1处**扣2分	监控系统运行状态记录在运行日志中即可;新增"报警断电记录月报"考核内容,是为了加强井下安全管理,减少或杜绝井下报警系统断电

表 8.1-1(续)

项目	项目内容	2017 基本要求	标准分值	2017 评分方法	2020 基本要求	2020 评分方法	对照解读
八、防灭火(100分)	防治措施	1. 按《煤矿安全规程》规定进行煤层的自燃倾向性鉴定,制定矿井防灭火措施,建立防灭火系统,并严格执行	10	查资料和现场。未鉴定不得分,其他1处不符合要求扣5分	未修改	查现场和资料~~和现场~~。未鉴定不得分,其他1处不符合要求**1处**扣5分	
		2. 开采自燃、容易自燃煤层的采掘工作面作业规程有防止自然发火的技术措施,并严格执行	10	查资料和现场。不符合要求1处扣2分	未修改	查现场和资料~~和现场~~。不符合要求1处扣2分	
		3. 井下易燃物存放符合规定,进行电焊、气焊和喷灯焊接等作业符合《煤矿安全规程》规定,每次焊接制定安全措施,经矿长批准,并严格执行	10	查资料和现场。不符合要求1处扣2分	未修改	查现场和资料~~和现场~~。不符合要求1处扣2分	

表 8.1-1(续)

项目	项目内容	2017 基本要求	标准分值	2017 评分方法	2020 基本要求	2020 评分方法	对照解读
八、防灭火(100分)	防治措施	4. 每处火区建有火区管理卡片,绘制火区位置关系图;启封火区有计划和安全措施,并经企业技术负责人批准	10	查资料。不符合要求 1 处扣 5 分	未修改	未修改	
	设施设备	1. 按《煤矿安全规程》规定设置井上、下消防材料库,配足消防器材,且每季度至少检查 1 次	10	查资料和现场。缺消防材料库不得分,其他 1 处不符合要求扣 1 分	未修改	**查现场和**资料~~和现场~~。缺消防材料库不得分,其他~~1 处~~不符合要求 **1 处**扣 1 分	
		2. 按《煤矿安全规程》规定井下爆炸物品库、机电设备硐室、检修硐室、材料库等地点的支护和风门、风窗采用不燃性材	10	查资料和现场。不符合要求 1 处扣 2 分	未修改	**查现场和**资料~~和现场~~。不符合要求 1 处扣 2 分	

表 8.1-1(续)

项目	项目内容	2017 基本要求	标准分值	2017 评分方法	2020 基本要求	2020 评分方法	对照解读
八、防灭火(100分)	设施设备	料,并配备有灭火器材,其种类、数量、规格及存放地点,均在灾害预防和处理计划中明确规定	10	查资料和现场。不符合要求1处扣2分	未修改	查**现场**和资料~~和现场~~。不符合要求1处扣2分	
		3. 矿井设有地面消防水池和井下消防管路系统,每隔100 m(在带式输送机的巷道中每隔50 m)设置支管和阀门,并正常使用。地面消防水池保持不少于200 m^3 的水量,每季度至少检查1次	10	查现场。无消防水池或者水量不足不得分;缺支管、阀门,1处扣2分;其他1处不符合要求扣0.5分	未修改	查现场**和资料**。无消防水池或者水量不足不得分;缺支管、阀门,1处扣2分;其他1处不符合要求**1处**扣0.5分	

表 8.1-1(续)

项目	项目内容	2017 基本要求	标准分值	2017 评分方法	2020 基本要求	2020 评分方法	对照解读
八、防灭火(100分)	设施设备	4. 开采容易自燃和自燃煤层,确定煤层自然发火标志气体及临界值,开展自然发火预测预报工作,建立监测系统;在开采设计中明确选定自然发火观测站或者观测点,每周进行 1 次观测分析。发现异常,立即采取措施处理	15	查资料和现场。无监测系统不得分,1 处预测预报不符合要求扣 5 分,其他 1 处不符合要求,扣 2 分	4. 开采容易自燃和自燃煤层,确定煤层自然发火标志气体及临界值,开展自然发火预测预报工作,建立监测系统;在[开采]**矿井防止自然发火**设计中明确选定自然发火观测站或者观测点,每周进行 1 次观测分析[。];发现异常,立即采取措施处理	查**现场和**资料[和现场]。无监测系统不得分,1 处预测预报不符合要求扣 5 分,其他[1 处]不符合要求[,]**1 处**扣 2 分	旧标准中是矿井设计还是采区设计不明确,且设计中选定自然发火观测站(点)有缺失,改为矿井防止自然发火设计中明确选定自然发火观测站(点)较为合适
	控制指标	无一氧化碳超限作业,采空区密闭内及其他地点无超过 35 ℃的高温点(因地温和水温影响的除外)	10	查资料和现场。有超限作业不得分;其他 1 处不符合要求扣 2 分	未修改	查**现场和**资料[和现场]。有超限作业不得分;其他[1 处]不符合要求 **1 处**扣 2 分	

表 8.1-1(续)

项目	项目内容	2017 基本要求	标准分值	2017 评分方法	2020 基本要求	2020 评分方法	对照解读
八、防灭火(100分)	封闭时限	及时封闭与采空区连通的巷道及各类废弃钻孔;采煤工作面回采结束后45天内进行永久性封闭	5	查资料和现场。1处不符合要求,扣2分	未修改	查**现场和**资料[和现场]。1处不符合要求[,]扣2分	
九、粉尘防治(100分)	鉴定及措施	按《煤矿安全规程》规定鉴定煤尘爆炸性;制定年度综合防尘、预防和隔绝煤尘爆炸措施,并组织实施	10	查资料和现场。未鉴定或者无措施不得分;其他1处不符合要求扣2分	未修改	查**现场和**资料[和现场]。未鉴定或者无措施不得分;其他[1处]不符合要求**1处**扣2分	
	设备设施	1. 按照AQ 1020规定建立防尘供水系统;防尘管路吊挂平直,不漏水;管路三通阀门便于操作	15	查现场。未建立系统不得分,缺管路1处扣5分,其他1处不符合要求扣2分	未修改	查现场。未建立系统不得分,缺管路1处扣5分,其他[1处]不符合要求**1处**扣2分	

表 8.1-1(续)

项目	项目内容	2017 基本要求	标准分值	2017 评分方法	2020 基本要求	2020 评分方法	对照解读
九、粉尘防治(100分)	设备设施	2. 运煤(矸)转载点设有喷雾装置,采掘工作面回风巷至少设置 2 道风流净化水幕,净化水幕和其他地点的喷雾装置符合 AQ 1020 规定	15	查现场。缺装置 1 处扣 5 分;其他 1 处不符合要求扣 1 分	未修改	查现场。缺装置 1 处扣 5 分;其他 1 处 不符合要求 **1 处**扣 1 分	
		3. 按《煤矿安全规程》要求安设隔爆设施,且每周至少检查 1 次,隔爆设施安装的地点、数量、水量或者岩粉量及安装质量符合 AQ 1020 规定	10	查资料和现场。未设隔爆设施,1 处扣 5 分;其他 1 处不符合要求扣 2 分	未修改	**查现场和资**和现场。未设隔爆设施,1 处扣 5 分;其他 1 处 不符合要求 **1 处**扣 2 分	

表 8.1-1(续)

项目	项目内容	2017 基本要求	标准分值	2017 评分方法	2020 基本要求	2020 评分方法	对照解读
九、粉尘防治(100分)	设备设施	4. 采煤机、掘进机内外喷雾装置使用正常;液压支架和放顶煤工作面的放煤口安设喷雾装置,降柱、移架或者放煤时同步喷雾,喷雾压力符合《煤矿安全规程》要求;破碎机安装有防尘罩和喷雾装置或者除尘器	10	查现场。缺外喷雾装置或者喷雾效果不好1处扣5分;其他1处不符合要求扣2分	4. [采煤机、掘进机内外喷雾装置使用正常;]液压支架和放顶煤工作面的放煤口安设喷雾装置,降柱、移架或者放煤时同步喷雾,**采煤机、掘进机内外**喷雾压力符合《煤矿安全规程》要求;破碎机安装有防尘罩和喷雾装置或者除尘器	查现场。缺[外]喷雾装置或者喷雾效果不好1处扣[5]**2**分;其他[1处]不符合要求1**处**扣[2]**1**分	删除"采煤机、掘进机内外喷雾装置使用正常",移动到采掘专业考核
	防除尘措施	1. 采用湿式钻孔或者孔口除尘措施,爆破使用水炮泥,爆破前后冲洗煤壁巷帮;炮掘工作面安设有移动喷雾装置,爆破时开启使用	10	查现场。未湿式钻孔或者无措施扣5分;其他1处不符合要求扣2分	未修改	查现场。未**用**湿式钻孔或者无**孔口除尘**措施扣5分;其他[1处]不符合要求**1处**扣2分	

表 8.1-1(续)

项目	项目内容	2017 基本要求	标准分值	2017 评分方法	2020 基本要求	2020 评分方法	对照解读
九、粉尘防治(100分)	防除尘措施	2. 喷射混凝土时,采用潮喷或者湿喷工艺,并装设除尘装置。在回风侧 100 m 范围内至少安设 2 道净化水幕	10	查现场。不符合要求 1 处扣 5 分	2.喷射混凝土时,采用潮喷或者湿喷工艺,并装设除尘装置[。];在回风侧 100 m 范围内至少安设 2 道净化水幕	未修改	标点符号不合理
		3. 采煤工作面按《煤矿安全规程》规定采取煤层注水措施,注水设计符合 AQ 1020 规定	10	查资料和现场。采煤工作面未注水 1 处扣 5 分;其他 1 处不符合要求扣 2 分	未修改	**查现场和资料** [和现场]。采煤工作面未注水 1 处扣 5 分;其他 [1 处] 不符合要求 **1 处**扣 2 分	
		4. 定期冲洗巷道积尘或者撒布岩粉。主要大巷、主要进回风巷每月至少冲洗 1 次,其他巷道冲洗周期或者撒布岩粉由矿总工程师确定。巷道中无连续长 5 m、厚度超过 2 mm 的煤尘堆积	10	查资料和现场。煤尘堆积超限 1 处扣 5 分;其他 1 处不符合要求扣 2 分	未修改	**查现场和资料** [和现场]。煤尘堆积超限 1 处扣 5 分;其他 [1 处] 不符合要求 **1 处**扣 2 分	

表 8.1-1(续)

项目	项目内容	2017 基本要求	标准分值	2017 评分方法	2020 基本要求	2020 评分方法	对照解读
十、井下爆破管理与基础工作(100分)	爆炸物品管理	1. 井下爆炸物品库、爆炸物品贮存及运输符合《煤矿安全规程》规定	10**4**	查现场。不符合要求1处扣5分	未修改	查现场。不符合要求1处扣5**2**分	“井下爆破”与“基础管理”合并
		2. 爆炸物品领退、电雷管编号制度健全,发放前电雷管进行导通试验	20**8**	查资料和现场。未进行导通试验扣10分,缺1项制度扣5分	2. **有**爆炸物品领退**制度**、**,**电雷管编号制度健全,发放前电雷管进行导通试验**(包括清退入库的电雷管)在发给爆破工前,用电雷管检测仪逐个测试电阻值,并将脚线扭结成短路**	查现场和资料和现场。未进行导通试验扣10分,缺1项制度扣5分**无领退制度扣2分;未按规定发放扣4分**	对电雷管的导通及电阻值测试规定更具体
	爆破管理	1. 爆破作业执行“一炮三检”“三人连锁”制度,采取停送电(突出煤层)、撤人、设岗警戒措施。特殊情况下的爆破作业,制定安全技术措施,经矿总工程师批准后执行	20**8**	查资料和现场。1处不符合要求不得分	未修改	查现场和资料和现场。1处不符合要求不得分	

表 8.1-1(续)

项目	项目内容	2017 基本要求	标准分值	2017 评分方法	2020 基本要求	2020 评分方法	对照解读
十、井下**爆破管理与基础工作(100分)**	爆破管理	2. 编制爆破作业说明书,并严格执行。现场设置爆破图牌板	15**6**	查资料和现场。无爆破说明书或者不执行不得分,其他 1 处不符合要求扣 2 分	未修改	**查现场和**资料和现场。无爆破说明书或者不执行不得分,其他1 处不符合要求**1处**扣 2 分	
		3. 爆炸物品现场存放、引药制作符合《煤矿安全规程》规定	15**6**	查现场。不符合要求 1 处扣 2 分	未修改	未修改	
		4. 残爆、拒爆处理符合《煤矿安全规程》规定	20**8**	查现场和资料。不符合要求不得分	未修改	未修改	
十一、基础管理(100分)	组织保障	按规定设有负责通风管理、瓦斯管理、安全监控、防尘、防灭火、瓦斯抽采、防突和爆破管理等工作的管理机构	10**0**	查资料。未设置机构不得分,机构不完善扣 5 分			此项删除,纳入其他大项考核

表 8.1-1(续)

项目	项目内容	2017 基本要求	标准分值	2017 评分方法	2020 基本要求	2020 评分方法	对照解读
十一、基础管理(100分) **十、井下爆破管理与基础工作(100分)**	工作制度	1. 有完善矿井通风、瓦斯防治、综合防尘、防灭火和安全监控等专业管理制度，各工种有岗位安全生产责任制和操作规程，并严格执行	10**9**	查资料和现场。缺制度或者操作规程不得分；其他1处不符合要求扣5分	1. 有完善的矿井通风、瓦斯防治、综合防尘、防灭火和、安全监控**和爆破**等专业管理制度，各工种有岗位安全生产责任制和操作规程，并严格执行	查**现场和**资料和现场。缺制度或操作规程不得分；其他1处不符合要求**1处**扣5**3**分	
		2. 制定瓦斯防治中长期规划和年度计划。矿每月至少召开1次通风工作例会，总结安排年、季、月通风工作，并有记录	10**9**	查资料。缺1项计划或者总结扣5分，其他1处不符合要求扣2分	未修改	查资料。缺1项计划或总结扣5 **3**分，其他1处不符合要求**1处**扣2**1**分	

表 8.1-1(续)

项目	项目内容	2017 基本要求	标准分值	2017 评分方法	2020 基本要求	2020 评分方法	对照解读
十一、基础管理(100分) **十、井下爆破管理与基础工作(100分)**	资料管理	有通风系统图、分层通风系统图、通风网络图、通风系统立体示意图、瓦斯抽采系统图、安全监控系统图、防尘系统图、防灭火系统图等;有测风记录、通风值班记录、通风(反风)设施检查及维修记录、粉尘冲洗记录、防灭火检查记录;有密闭管理台账、煤层注水台账、瓦斯抽采台账等;安全监控及防突方面的记录、报表、账卡、测试检验报告等资料符合AQ1029及《防治煤与瓦斯突出规定》要求,并与现场实际相符	20**12**	查资料和现场。图纸、记录、台账等资料缺1种扣2分,与现场实际不符1处扣5分;其他1处不符合要求扣0.5分	有通风系统图、分层通风系统图、通风网络图、通风系统立体示意图、瓦斯抽采系统图、安全监控系统图、防尘系统图、防灭火系统图等;有测风记录、通风值班记录、通风(反风)设施检查及维修记录、粉尘冲洗记录、防灭火检查记录;有密闭管理台账、煤层注水台账、瓦斯抽采台账等;安全监控及防突方面的记录、报表、账卡、测试检验报告等资料符合 AQ 1029 及《防治煤与瓦斯突出规定》要求,并与现场实际相符	查**现场和**资料和现场。图纸、记录、台账等资料缺1种扣2 **3**分,与现场实际不符1处扣5 **2**分;其他1处不符合要求**1处**扣0.5分	删除内容纳入其他项考核,避免重复考核

表 8.1-1(续)

项目	项目内容	2017 基本要求	标准分值	2017 评分方法	2020 基本要求	2020 评分方法	对照解读
十一、基础管理(100分) **十、井下爆破管理与基础工作(100分)**	仪器仪表	按检测需要配备检测仪器,每类仪器的备用量不小于应配备使用数量的20%,仪器的调校、维护及收发和送检工作有专门人员负责,按期进行调校、检验,确保仪器完好	20**12**	查资料和现场。仪器数量不足或者无专门人员负责扣5分,其他不符要求1台次扣2分	未修改	**查现场和资料**和现场。仪器数量不足或者无专门人员负责扣5 **3**分,其他不符要求1台次扣2 **1**分	考核分值降低,有利于提高煤矿创建标准化工作的积极性
	职工素质及岗位规范	1. 管理和技术人员掌握相关的岗位职责、管理制度、技术措施	10**6**	查资料和现场。不符合要求1处扣5分	1. **区(队)**管理和技术人员掌握相关的岗位职责、管理制度、技术措施	**查现场和资料**和现场。不符合要求1处扣5分 **对照岗位职责、管理制度和技术措施,随机抽考1名管理或技术人员2个问题,1个问题回答错误扣2分**	1. 明确了考核范围。 2. 明确了考核方法。 3. 将"岗位规范"修订为"职工素质及岗位规范",与本考核体系一致

表 8.1-1（续）

项目	项目内容	2017 基本要求	标准分值	2017 评分方法	2020 基本要求	2020 评分方法	对照解读
十一、基础管理（100分） **十、井下爆破管理与基础工作（100分）**	**职工素质及**岗位规范	2. 现场作业人员严格执行本岗位安全生产责任制；掌握本岗位相应的操作规程和安全措施，操作规范；无“三违”行为	10**12**	查现场。发现“三违”不得分，不执行岗位责任制、不规范操作1人次扣3分	2. **班组长及**现场作业人员严格执行本岗位安全生产责任制；掌握本岗位相应的操作规程、安全措施，；操作规范操作；，无“三违”行为；**作业前对作业范围内空气环境、设备运行状态及作业地点支护和顶底板完好状况等实时观测，进行岗位安全风险辨识及安全确认**	查现场。发现“三违”不得分，**对照岗位安全生产责任制、操作规程、安全措施随机抽考2名岗位人员各1个问题，1人回答错误扣1分；随机抽查2名特种作业人员或岗位人员现场实操，**不执行岗位责任制、不规范操作**、或不进行岗位安全风险辨识及安全确认**1人次扣3 **1**分	新增班组长考核内容和风险辨识内容，同时合并其他小项；标准更系统、更完善
		3. 作业前对作业范围内空气环境、设备运行状态及巷道支护和顶底板完好状况等实时观测，进行安全确认	10**0**	查现场。1人次不确认扣3分，其他1处不符合要求扣1分			合并至本项目内容第“2”部分

8.2 地质灾害防治与测量

表 8.2-0 地质灾害防治与测量旧、新标准工作要求对照解读

2017 煤矿安全生产标准化	2020 煤矿安全生产标准化管理体系	对照解读
一、工作要求(风险管控) 1. 机构设置 (1) 矿井设立负责地质灾害防治与测量(以下简称"地测")工作的部门,配备有满足矿井地质、水文地质、瓦斯地质(煤与瓦斯突出矿井)、矿井储量管理、矿井测量、井下钻探、物探、制图等方面工作需要的专业技术人员; (2) 水文地质类型复杂或极复杂的矿井设立专门的防治水工作机构; (3) 冲击地压矿井设立专门的防冲机构与人员	一、工作要求(风险管控)	删除"机构设置"内容。根据"煤矿安全生产标准化管理体系"内容调整,将原"1.机构设置"(1)(2)(3)项相关内容调整到第 3 部分"组织机构"中

注:"□"表示新标准删除内容;加粗表示新标准增加内容。

表 8.2-0(续)

2017 煤矿安全生产标准化	2020 煤矿安全生产标准化管理体系	对照解读
2. 煤矿地质 (1) 查明隐蔽致灾地质因素； (2) 在不同生产阶段，按期完成各类地质报告修编、提交、审批等基础工作； (3) 原始记录、成果资料、地质图纸等基础资料齐全，管理规范； (4) 地质预测预报工作满足安全生产需要； (5) 储量计算和统计管理符合《矿山储量动态管理要求》规定	2 **1**. 煤矿地质 (1) 查明隐蔽致灾地质因素； (2) 在不同生产阶段，按期完成各类地质报告修编、提交、审批等基础工作； (3) 原始记录、成果资料、地质图纸等基础资料齐全，管理规范； (4) 地质预测预报工作满足安全生产需要； (5) 储量计算和统计管理符合《矿山储量动态管理要求》规定	序号变化，内容未作修改
3. 煤矿测量 (1) 测量控制系统健全，测量工作执行通知单制度，原始记录、测量成果齐全； (2) 基本矿图种类、内容、填绘、存档符合《煤矿测量规程》规定； (3) 沉陷观测台账资料齐全	3 **2**. 煤矿测量 (1) 测量控制系统健全，测量工作执行通知单制度，原始记录、测量成果齐全； (2) 基本矿图种类、内容、填绘、存档符合《煤矿测量规程》规定； (3) 沉陷观测台账资料齐全	

表 8.2-0(续)

2017 煤矿安全生产标准化	2020 煤矿安全生产标准化管理体系	对照解读
4. 煤矿防治水 (1) 坚持“预测预报、有疑必探、先探后掘、先治后采”基本原则，做好雨季“三防”，矿井、采区防排水系统健全； (2) 防治水基础资料（原始记录、台账、图纸、成果报告）齐全，满足生产需要； (3) 井上、下水文地质观测符合《煤矿防治水规定》要求，水文地质类型明确； (4) 防治水工程设计方案、施工措施、工程质量符合规定； (5) 水文地质类型复杂或极复杂的矿井建立水文动态观测系统和水害监测预警系统	4**3**. 煤矿防治水 (1) 坚持“预测预报、有疑必探、先探后掘、先治后采”基本原则，做好雨季“三防”，矿井、采区防排水系统健全； (2) 防治水基础资料（原始记录、台账、图纸、成果报告）齐全，满足生产需要； (3) 井上、下水文地质观测符合《煤矿防治水规定**细则**》要求，水文地质类型明确； (4) 防治水工程设计方案、施工措施、工程质量符合规定； (5) 水文地质类型复杂或极复杂的矿井**按规定**建立**地下**水文动态观监测系统和**突**水害监测预警系统	《煤矿防治水细则》于 2018 年 9 月 1 日实施，同时，《煤矿防治水规定》废止。 本条根据《煤矿防治水细则》第九条，作了相应修改
5. 煤矿防治冲击地压 (1) 按规定进行煤岩冲击倾向性鉴定，鉴定结果报上级有关部门备案； (2) 开展冲击危险性评价、预测预报工作，按规定编制防冲设计及专项措施，防治措施有效、落实到位； (3) 冲击地压监测系统健全，运行正常。	5**4**. 煤矿防治冲击地压 (1) 按规定进行煤岩冲击倾向性鉴定，鉴定结果报上级有关部门备案； (2) 开展冲击危险性评价、预测预报工作，按规定编制防冲设计及专项措施，防治措施有效、落实到位； (3) 冲击地压监测系统健全，运行正常	序号变化，内容未作修改

表 8.2-0(续)

2017 煤矿安全生产标准化	2020 煤矿安全生产标准化管理体系	对照解读
二、重大事故隐患判定 1. 煤矿地质灾害防治与测量技术管理重大事故隐患: (1) 未配备地质测量工作专业技术人员的; (2) 水文地质类型复杂、极复杂矿井没有设立专门防治水机构和配备专门探放水作业队伍、配齐专用探放水设备的。 2. 煤矿防治水重大事故隐患: (1) 未查明矿井水文地质条件和井田范围内采空区、废弃老窑积水等情况而组织生产的; (2) 在突水威胁区域进行采掘作业未按规定进行探放水的; (3) 未按规定留设或者擅自开采各种防隔水煤柱的; (4) 有透水征兆未撤出井下作业人员的; (5) 受地表水倒灌威胁的矿井在强降雨天气或其来水上游发生洪水期间未实施停产撤人的; 3. 煤矿防治冲击地压重大事故隐患: (1) 首次发生过冲击地压动力现象,半年内没有完成冲击地压危险性鉴定的; (2) 有冲击地压危险的矿井未配备专业人员并编制专门设计的; (3) 未进行冲击地压预测预报,或采取的防治措施没有消除冲击地压危险仍组织生产的		删除该部分。 “重大事故隐患判定”纳入总则部分考核

8.2-1　煤矿地质灾害防治与测量技术管理标准化评分表对照解读

项目	项目内容	2017 基本要求	标准分值	2017 评分方法	2020 基本要求	2020 评分方法	对照解读
一、规章制度(50**65**分)	制度建设	有以下制度： 1. 地质灾害防治技术管理、预测预报、地测安全办公会议制度； 2. 地测资料、技术报告审批制度； 3. 图纸的审批、发放、回收和销毁制度； 4. 资料收集、整理、定期分析、保管、提供制度； 5. 隐蔽致灾地质因素普查制度； 6. 岗位安全生产责任制度	15**20**	查资料。每缺1项制度扣5分；制度有缺陷1处扣1分	有**建立**以下制度： 1. 地质灾害防治技术管理**制度；** **2.** 预测预报**制度；** **3.** 地测安全办公会议制度； 2**4.** 地测资料、技术报告审批制度； 3**5.** 图纸的审批、发放、回收和销毁制度； 4**6.** 资料收集、整理、定期分析、保管、提供制度； 5**7.** 隐蔽致灾地质因素普查制度； 6. 岗位安全生产责任制度 **8. 应急处置制度**	查资料。每缺1项制度扣5分；制度有缺陷**不完善**1处扣1分	制度有所调整，原“1. 地质灾害防治技术管理、预测预报、地测安全办公会议制度”；实际包含三个制度，本次进行了分解。 根据《防治水细则》要求第六条要求，增加“应急处置制度”
	资料管理	图纸、资料、文件等分类保管，存档管理，电子文档定期备份	15**20**	查资料。未分类保管扣5分，存档不齐，每缺1种扣3分，电子文档备份不全，每缺1种扣2分	图纸、资料、文件等分类保管，**建立纸质或电子目录索引、借阅记录台账，**存档管理，电子文档定期**至少每半年备份1次**	查资料。未分类保管扣5分，**未建立目录索引和借阅记录台账扣3分，**存档不齐，每缺1种扣3分，电子文档备份不全，每缺1种扣2分	借阅记录台账是本次标准新增内容。目的是加强资料管理。同时明确了电子文档备份时间

注：“□”表示新标准删除内容；加粗表示新标准增加内容。

表 8.2-1(续)

项目	项目内容	2017 基本要求	标准分值	2017 评分方法	2020 基本要求	2020 评分方法	对照解读
一、规章制度(50 **65** 分)	**职工素质**及岗位规范	1. 管理和技术人员掌握相关的岗位职责、管理制度、技术措施;	20 **10**	查资料和现场。发现"三违"不得分,不执行岗位责任制、不规范操作 1 人次扣 3 分	1. **区(队)**管理和技术人员掌握相关的岗位职责、管理制度、技术措施	查**现场和**资料和现场。发现"三违"不得分,不执行岗位责任制、不规范操作 1 人次扣 3 分**对照岗位职责、管理制度和技术措施,随机抽考 1 名管理或技术人员 2 个问题,1 个问题回答错误扣 5 分**	将原 1、2、3 项拆分为两小项。对区(队)管理和技术人员,及现场作业人员进行分别考核,考核内容也不同。将原"3.作业前进行安全确认"与第 2 条合并,主要针对班组长及现场作业人员考核,并要求作业前进行岗位安全风险辨识、隐患排查。
		2. 现场作业人员严格执行本岗位安全生产责任制,掌握本岗位相应的操作规程和安全措施,操作规范,无"三违"行为;	20 **15**	查资料和现场。发现"三违"不得分,不执行岗位责任制、不规范操作 1 人次扣 3 分	2. **班组长及**现场作业人员严格执行本岗位安全生产责任制,;掌握本岗位相应的操作规程和、安全措施,;操作	查资料和现场。发现"三违"不得分,**对照岗位安全生产责任制、操作规程和安全措施随机抽考 2 名岗位人员(如有探放水工和防冲工则必须抽考)各 1 个问题,1 回答错误扣 3 分;**	

表 8.2-1(续)

项目	项目内容	2017 基本要求	标准分值	2017 评分方法	2020 基本要求	2020 评分方法	对照解读
一、规章制度(50 **65**分)	**职工素质及岗位规范**	3. 作业前进行安全确认	20**15**	查资料和现场。发现"三违"不得分,不执行岗位责任制、不规范操作1人次扣3分	规范**操作**,无"三违"行为; 3. 作业前进行**岗位安全风险辨识及**安全确认	**随机抽查2名特种作业人员或岗位人员(如有探放水工和防冲工则必须抽查)现场实操**,不执行岗位责任制、不规范操作**或不进行岗位安全风险辨识及安全确认**1人次扣3分	评分方法更加明确考核方法和扣分细则,便于考核评分
二、组织保障与装备保障(50 **35**分)	组织保障	矿井按规定设立负责地质灾害防治与测量部门,配备相关人员	25**0**	查资料。未按要求设置部门不得分,设置不健全扣10分,人员配备不能满足要求扣5分			将"组织保障与装备"中"组织保障"内容调整到标准化管理体系第2部分"组织机构"中考核
	装备管理	1. 工器具、装备完好,满足规定和工作需要; 2. 地质工作至少采用一种有效的物探装备;	25**35**	查资料和现场。因装备不足或装备落后而影响安全生产的不得分;装备不能正常使用1台扣2分;无物探装备扣5分;未采	1. 工器具、装备完好,满足规定和工作需要; 2. 地质工作至少采用**各**有1种有效**为煤矿地质和水文地质工作服务**的物探装备;	查**现场和**资料和现场。因装备不足或装备落后而影响安全生产的不得分;**在用**装备不能正常使用1台扣2分;	第2条修订为"至少各有1种为煤矿地质和水文地质工作服务的物探装备"。增加了地质工作物探的要求,明确了煤矿应当配备的物探装备,目的是响应国家

表 8.2-1(续)

项目	项目内容	2017 基本要求	标准分值	2017 评分方法	2020 基本要求	2020 评分方法	对照解读
二、装备保障(50 **35**分)	装备管理	3. 采用计算机制图; 4. 地测信息系统与上级公司联网并能正常使用	25 **35**	用计算机制图扣 10 分;地测信息系统未与上级公司扣 10 分,不能正常使用扣 5 分	3. 采用计算机制图; 4. 地测信息系统与上级公司联网并能正常使用	无**为本矿服务的**物探装备扣 5 分;未采用计算机制图扣 10 分;**未建立地测信息系统或**地测信息系统未与上级公司**联网**扣 10 分,不能正常使用扣 5 分	煤矿信息化、智能化建设要求,提高地测技术装备水平,更好地开展预测预报。同时,对分值进行调整,主要加强装备考核

表 8.2-2　煤矿地质标准化评分表对照解读

项目	项目内容	2017 基本要求	标准分值	2017 评分方法	2020 基本要求	2020 评分方法	对照解读
一、基础工作(20分)	地质观测与分析	1. 按《煤矿地质工作规定》要求进行地质观测与资料编录、综合分析； 2. 综合分析资料能满足生产工作需要	[10]**8**	查资料。未开展地质观测、无观测资料或综合分析资料不能满足生产需要不得分，资料无针对性扣 5 分，地质观测与资料编录不及时、内容不完整、原始记录不规范 1 处扣 2 分	1. 按《煤矿地质工作规定》要求进行地质观测与资料编录[、综合分析]； 2. **跟踪地质变化，进行地质分析，及时提供分析成果及相关图件**[，综合分析资料能满足生产工作需要]	查资料。未开展地质观测、无观测资料[或综合分析资料不能满足生产需要]不得分，资料无针对性扣[5]**4** 分，[地质观测与资料编录不及时、内容不完整、原始记录不规范] **其他不符合规定** 1 处扣 2 分	新增加"跟踪地质变化，进行地质分析，及时提供分析成果及相关图件"，这是《煤矿地质工作规定》的基本要求，综合分析在后面相关报告中一并要求

注："□"表示新标准删除内容；加粗表示新标准增加内容。

表 8.2-2(续)

项目	项目内容	2017 基本要求	标准分值	2017 评分方法	2020 基本要求	2020 评分方法	对照解读
一、基础工作(20分)	**地质勘探**		**6**		**1. 井上下钻探、物探、化探工程应有设计、有成果和总结报告；** **2. 按规定开展煤矿地质补充调查与勘探；** **3. 按规定针对性地开展综合勘查与分析研究，编制研究报告**	**查现场和资料。无勘探设计、勘探成果或总结报告 1 项扣 3 分；施工结果与设计偏差较大而未采取措施的 1 处扣 3 分；未按规定开展研究缺 1 次扣 2 分，无研究报告缺 1 次扣 1 分**	本条为新增条款。通过地质勘探查明煤矿地质、水文地质及煤层开采的其他条件，是煤矿设计、安全生产基本要求
	致灾因素普查**与**地质类型划分	1. 按规定查明影响煤矿安全生产的各种隐蔽致灾地质因素； 2. 按“就高不就低”原则划分煤矿地质类型，出现影响煤矿地质类型划分的突水和煤与瓦斯突出等地质条件变化时，在 1 年内重新进行地质类型划分	10**6**	查资料。矿井隐蔽致灾地质因素普查不全面，每缺 1 类扣 5 分；普查方法不当扣 2 分；未按原则划分煤矿地质类型扣 5 分；未及时划分煤矿地质类型不得分	未修改	查资料。矿井隐蔽致灾地质因素普查**报告内容**不全面，每缺 1 类**项**扣 5**2** 分；普查方法不当扣 2**1** 分；未按原则划分煤矿地质类型扣 5**3**分；未及时划分煤矿地质类型不得分	由于地质部分内容增减，分值也进行了调整

表 8.2-2(续)

项目	项目内容	2017 基本要求	标准分值	2017 评分方法	2020 基本要求	2020 评分方法	对照解读
二、基础资料(35分)	地质报告	有满足不同生产阶段要求的地质报告,按期修编,并按要求审批	10	查资料。地质类型划分报告、生产地质报告、隐蔽致灾地质因素普查报告不全,每缺1项扣3分;地质报告未按期修编1次扣3分;未按要求审批1次扣2分	有**按规定编制**满足不同生产阶段要求**需求**的地质报告,按期修编,并按要求审批	查资料。地质类型划分**建井地质**报告、生产地质报告、隐蔽致灾地质因素普查报告不全,每缺1项扣3分;地质报告未按期修编1次扣3分;未按要求审批1次扣2分	《煤矿地质工作规定》要求,及时编制建矿地质报告、生产地质报告、水平延伸补充勘探地质报告等地质报告。原评分方法中"隐蔽致灾地质因素普查报告"考核前后重复
	地质说明书**及采后总结**	采掘工程设计施工前,按时提交由总工程师批准的采区地质说明书、回采工作面地质说明书、掘进工作面地质说明书;井巷揭煤前,探明煤层厚度、地质、构造、瓦斯地质、水文地质及顶底板等地质条件,编制揭煤地质说明书	5**10**	查资料。资料不全,每缺1项扣2分;地质说明书未经批准扣2分;文字、原始资料、图纸数字不符,内容不全,1处扣1分	1. 采掘工程设计或施工前,按时提交由总工程师批准的采区地质说明书、回采**煤**工作面地质说明书、掘进工作面地质说明书; 2. 井巷揭煤前,探明煤层厚度、地质、构造、瓦斯地质、水文地质及顶底板**岩性**等地质条件,编制揭煤地质说明书 **3. 采区和采煤工作面结束后,按规定编制采后总结**	查资料。资料**说明书、采后总结**不全,每缺1项扣2**3**分;**使用未经批准的地质说明书,**未经批准**或内容严重不符合规定1次**扣2分;文字、原始资料、图纸数字**与实际不符或自相矛盾或**,内容不全,1处扣1分;**采后总结内容不符合规定1处扣1分**	"地质说明书"与"采后总结"均为报告类,合并便于检查评分

表 8.2-2(续)

项目	项目内容	2017 基本要求	标准分值	2017 评分方法	2020 基本要求	2020 评分方法	对照解读
二、基础资料(35分)	采后总结	采煤工作面和采区结束后,按规定进行采后总结	50	查资料。采后总结不全,每缺1份扣3分,内容不符合规定1次扣3分			合并到上一条
	台账图纸	1. 有《煤矿地质工作规定》要求必备的台账、图件等地质基础资料;	10	查资料。台账不全,每缺1种扣3分;台账内容不全不清,1处扣1分;检查全部地质图纸,图种不全的,每缺1种扣5分;图幅不全扣2分,无电子文档扣2分,未及时更新1处扣1分,图例、注记不规范1处扣1分;	1. 有**按**《煤矿地质工作规定》要求**整理编制**必备的**地质**台账、**地质**图件等地质基础资料;	查资料。台账不全,每缺1种扣3分;台账内容不全不清,1处扣1分;检查全部地质图纸,图种不全的,每缺1种扣5分;**综合分析成果不能满足需要不得分;综合分析成果与资料内容存在明显漏洞或错误扣5分;图纸**图幅不全扣2分,无电子文档扣2分,;**台账或图纸**未及时更新1处扣1分,;	“各项综合分析成果能满足安全生产工作需要”要求是从“基础工作”项调整到本项,要求各图件内容统一,不能相互矛盾

表 8.2-2(续)

项目	项目内容	2017 基本要求	标准分值	2017 评分方法	2020 基本要求	2020 评分方法	对照解读
二、基础资料(35分)		2. 图件内容符合《煤矿地质测量图技术管理规定》要求,图种齐全有电子文档	10	素描图不全,每缺1处扣3分,要素内容不全1处扣1分;日常用图中采掘工程及地质内容未及时填绘的1处扣1分	2. **地质**图件内容符合《煤矿地质测量图技术管理规定》**及其补充规定**要求,图种齐全有电子文档; **3. 各项综合分析成果能满足安全生产工作需要**	图例、注记不规范1处扣1分;素描图不全[,每缺]**少**1处扣3分[,];**台账或图纸**要素内容不全1处扣1分;日常用图中采掘工程及地质内容未及时填绘的1处扣1分	"各项综合分析成果能满足安全生产工作需要"要求是从"基础工作"项调整到本项,要求各图件内容统一,不能相互矛盾
	原始记录	1. 有专用原始记录本,分档按时间顺序保存; 2. 记录内容齐全,字迹、草图清楚	5	查资料。记录本不全,每缺1种扣3分;其他1处不符合要求扣1分	未修改	查资料。**专用**记录本不全,每缺1种扣3分;其他[1处]不符合要求**1处**扣1分	
三、预测预报(10分)	地质预报	地质预报内容符合《煤矿地质工作规定》要求,内容齐全,有年报、月报和临时性预报,并以年为单位装订成册,归档保存	10	查资料。采掘地点预报不全,每缺1个采掘工作面扣5分,预报内容不符合规定、预报有疏漏、失误1处扣1分,未经批准1次扣2分;未预报造成工程事故本项不得分	未修改	查资料。[采掘地点]预报不全[,每]缺1[个][采掘工作面]**次**扣5分,预报内容不符合规定、预报有疏漏、失误1处扣1分,未经批准1次扣2分;未预报造成工程事故本项不得分	

表 8.2-2(续)

项目	项目内容	2017 基本要求	标准分值	2017 评分方法	2020 基本要求	2020 评分方法	对照解读
四、瓦斯地质(15分)	瓦斯地质	1. 突出矿井及高瓦斯矿井每年编制并至少更新1次各主采煤层瓦斯地质图,规范填绘瓦斯赋存采掘进度、煤层赋存条件、地质构造、被保护范围等内容,图例符号绘制统一,字体规范; 2. 采掘工作面距保护边缘不足50 m前,编制发放临近未保护区通知单,按规定揭露煤层及断层,探测设计及探测报告及时无误; 3. 根据瓦斯地质图及时进行瓦斯地质预报	15	查资料。瓦斯预报错误造成工程事故或误揭煤层及断层的不得分;未编制下发临近未保护区通知单的,1次扣2分;未编制揭煤探测设计及探测报告扣5分;其他1项不符合要求扣1分	1. 突出矿井及高瓦斯矿井编制并至少每年更新1次各主采煤层瓦斯地质图,规范填绘瓦斯赋存采掘进度、煤层赋存条件、地质构造、被保护范围等内容,图例符号绘制统一,字体规范; 2. 采掘工作面距保护边缘不足50 m前,编制发放临近未保护区通知单,按规定揭露煤层及断层,探测设计及探测报告及时无误; 3. 根据瓦斯地质图及时进行瓦斯地质预报	未修改	

表 8.2-2(续)

项目	项目内容	2017 基本要求	标准分值	2017 评分方法	2020 基本要求	2020 评分方法	对照解读
五、资源回收及储量管理(20分)	储量估算图	有符合《矿山储量动态管理要求》规定的各种图纸，内容符合储量、损失量计算图要求	6	查资料。图种不全，每缺1种扣2分，其他1项不符合要求扣1分	未修改	查资料。图种不全，每缺1种扣2分，其他1项不符合要求扣1分	
	储量估算成果台账	有符合《矿山储量动态管理要求》规定的储量计算台账和损失量计算台账，种类齐全、填写及时、准确，有电子文档	6	查资料。每种台账至少抽查1本，台账不全或未按规定及时填写的，每缺1种扣2分；台账内容不全、数据前后矛盾的，1处扣1分	未修改	查资料。每种台账至少抽查1本，台账不全或未按规定及时填写**或台账无电子文档**的，每缺1种扣2分；台账内容不全、数据前后矛盾的，1处扣1分	
	统计管理	1. 储量动态清楚，损失量及构成原因等准确； 2. 储量变动批文、报告完整，按时间顺序编号、合订； 3. 定期分析回采率，能如实反映储量损失情况；	8	查资料。回采率达不到要求不得分，其他1项不符合要求扣2分	未修改	查资料。回采率达不到要求不得分，**未按时编制半年回采率总结，缺1项扣3分**；其他1项不符合要求扣2分	增加"未按时编制半年回采率总结，缺1项扣3分"，细化了扣分项

表 8.2-2(续)

项目	项目内容	2017 基本要求	标准分值	2017 评分方法	2020 基本要求	2020 评分方法	对照解读
五、资源回收及储量管理(20分)	统计管理	4. 采区、工作面结束有损失率分析报告; 5. 每半年进行1次全矿回采率总结; 6. 三年内丢煤通知单完整无缺,按时间顺序编号、合订; 7. 采区、工作面回采率符合要求	8	查资料。回采率达不到要求不得分,其他1项不符合要求扣2分	未修改	查资料。回采率达不到要求不得分,**未按时编制半年回采率总结,缺1项扣3分**;其他1项不符合要求扣2分	增加"未按时编制半年回采率总结,缺1项扣3分",细化了扣分项

8.2-3 煤矿测量标准化评分表对照解读

项目	项目内容	2017 基本要求	标准分值	2017 评分方法	2020 基本要求	2020 评分方法	对照解读
一、基础工作(40分)	控制系统	1. 测量控制系统健全,精度符合《煤矿测量规程》要求; 2. 及时延长井下基本控制导线和采区控制导线	10	查资料和现场。控制点精度不符合要求1处扣1分;井下控制导线延长不及时1处扣2分;未按规定敷设相应等级导线或导线精度达不到要求的,1处扣2分	未修改	未修改	

注:"□"表示新标准删除内容;加粗表示新标准增加内容。

表 8.2-3(续)

项目	项目内容	2017 基本要求	标准分值	2017 评分方法	2020 基本要求	2020 评分方法	对照解读
一、基础工作(40分)	测量重点	1. 贯通、开掘、放线变更、停掘停采线、过断层、冲击地压带、突出区域、过空间距离小于巷高或巷宽 4 倍的相邻巷道等重点测量工作,执行通知单制度; 2. 通知单按规定提前发送到施工单位、有关人员和相关部门	10	查资料。贯通及过巷通知单未按要求发送、开掘及停头通知单发放不及时的,1 次扣 5 分;巷道掘进到特殊地段时漏发通知单的,1 次扣 3 分;其他通知单,1 处错误扣 2 分,漏发扣 3 分	1. 贯通、开掘、放线变更、停掘、停采[线]、过[断层、冲击地压带、突出区域]**特殊地质异常区**、过空间距离小于巷高或巷宽 4 倍的相邻巷道等重点测量工作,执行通知单制度; 2. 通知单按规定审批、提前发送到施工单位、[有]**相关部门和人员**[和相关部门]	查资料。[贯通及过巷通知单未按要求发送、开掘及停头]**未按制度下发**通知单[发放不及时的,]1 次扣 5 分;[巷道掘进到特殊地段时漏发通知单的,1 次扣 3 分;其他通知单,1 处错误扣 2 分,漏发]**其他不符合要求 1 处扣**[3]**2**分	"特殊地质异常区"内容包括断层、陷落柱、冲击地压带、突出区域等,内涵更广
	贯通精度	贯通精度满足设计要求,两井贯通和一井内 3 000 m以上贯通测量工程应有设计,并按规定审批和总结	8	查资料和现场。两井间贯通或 3 000 m 以上贯通测量工程未编制贯通测量设计书或未经审批、没有总结的,每缺 1 项扣 3 分;贯通后重要方向误差超过允许偏差值的,1 处扣 5 分	贯通精度满足设计要求,两井贯通和一井内**导线距离** 3 000 m以上贯通测量工程应有设计,并按规定审批和总结	**查现场和资料**[和现场]。[两井间贯通或 3 000 m 以上贯通测量工程]未编制贯通测量设计书或未经审批、没有总结的,缺 1 项扣 3 分;贯通后重要方向误差超过允许偏差值的 1 处扣 5 分	"导线距离"是对 3 000 m 的进一步解释,这样概念更明确

表 8.2-3(续)

项目	项目内容	2017 基本要求	标准分值	2017 评分方法	2020 基本要求	2020 评分方法	对照解读
一、基础工作(40分)	中腰线标定	中腰线标定符合《煤矿测量规程》要求	6	查资料和现场。掘进方向偏差超过限差1处扣3分	未修改	查现场和资料[和现场]。掘进方向偏差超过限差1处扣3分	
	原始记录及成果台账	1. 导线测量、水准测量、联系测量、井巷施工标定、陀螺定向测量等外业记录本齐全，并分档按时间顺序保存，记录内容齐全，书写工整无涂改； 2. 测量成果计算资料和台账齐全	6	查资料。无专用记录本扣2分；无目录、索引、编号，导致查找困难扣1分；记录本不全，每缺1种扣3分，无编号1处扣1分；误差超限1处扣2分；原始记录内容不全1处扣1分；无测量成果计算资料和标定解算台账扣5分，测量成果计算资料和标定解算台账中数据不全或错误的，1处扣2分	1. 导线测量、水准测量、联系测量、井巷施工标定、陀螺定向测量等外业记录本齐全，并分档按时间顺序保存，记录内容齐全，书写工整无涂改； 2. 测量成果计算资料和台账齐全； **3. 建立测量仪器检校台账，定期进行仪器检校**	查资料。[无]专用记录本**缺1种**扣2分；无目录、索引、编号[，导致查找困难扣1分；记录本不全，每缺1种扣3分，无编号]1处扣1分；[误]**偏**差超限1处扣2分；原始记录内容不全、**涂改**1处扣1分；无测量成果计算资料和标定解算台账扣[5] **3**分，测量成果计算资料和标定解算台账中数据不全或错误的[，]1处扣2分；**其他不符合要求1处扣1分**	对扣分项进行了梳理。避免前后矛盾

表 8.2-3(续)

项目	项目内容	2017 基本要求	标准分值	2017 评分方法	2020 基本要求	2020 评分方法	对照解读
二、基本矿图(40分)	测量矿图	有采掘工程平面图、工业广场平面图、井上下对照图、井底车场图、井田区域地形图、保安煤柱图、井筒断面图、主要巷道平面图等《煤矿测量规程》规定的基本矿图	20	查资料。图种不全,每缺 1 种扣 4 分	未修改	未修改	
	矿图要求	1. 基本矿图采用计算机绘制,内容、精度符合《煤矿测量规程》要求; 2. 图符、线条、注记等符合《煤矿地质测量图例》要求; 3. 图面清洁、层次分明,色泽准确适度,文字清晰,并按图例要求的字体进行注记;	20	查资料。图符不符合要求 1 种扣 2 分;图例、注记不规范 1 处扣 0.5 分;填绘不及时 1 处扣 2 分;	1. 基本矿图采用计算机绘制,内容、精度符合《煤矿测量规程》要求; 2. 图**形符号**、线条、注记等符合《煤矿地质测量图例》要求; 3. 图面清洁、层次分明,色泽准确适度,文字清晰,并按图例要求的字体进行注记;	查资料。图**形符号**、**线条** 不符合要求 1 种 扣 2 分;图例 、注记不 规范 **符合要求** 1 处扣 0.5 **1 分,内容、精度不符合要求 1 处扣 1 分**;填绘不及时 1 处扣 2 分;	对扣分项进行了梳理。避免前后矛盾,扣分更合理

表 8.2-3(续)

项目	项目内容	2017 基本要求	标准分值	2017 评分方法	2020 基本要求	2020 评分方法	对照解读
二、基本矿图(40分)	矿图要求	4. 采掘工程平面图每月填绘1次,井上下对照图每季度填绘1次,图面表达和注记无矛盾; 5. 数字化底图至少每季度备份1次	20	无数字化底图或未按时备份数据扣2分	4. 采掘工程平面图每月填绘1次,井上下对照图每季度填绘1次,图面表达和注记无矛盾; 5. 数字化底图至少每季度备份1次	无数字化底图或未按时备份数据扣2分;**其他不符合要求1处扣1分**	对扣分项进行了梳理。避免前后矛盾,扣分更合理
三、沉陷观测控制(20分)	地表移动	1. 进行地面沉陷观测; 2. 提供符合矿井情况的有关岩移参数	15	查资料和现场。未进行地面沉陷观测扣10分,岩移参数提供不符合要求1处扣3分	未修改	未修改	
	资料台账	1. 及时填绘采煤沉陷综合治理图; 2. 建立地表塌陷裂缝治理台账、村庄搬迁台账; 3. 绘制矿井范围内受采动影响土地塌陷图表	5	查资料。不符合要求1处扣1分	未修改	未修改	

8.2-4　煤矿防治水标准化评分表对照解读

项目	项目内容	2017 基本要求	标准分值	2017 评分方法	2020 基本要求	2020 评分方法	对照解读
一、水文地质基础工作(45分)	基础工作	1. 按《煤矿防治水规定》要求进行水文地质观测； 2. 开展水文地质类型划分工作，发生重大及以上突(透)水事故后，恢复生产前应重新确定；	15	查资料和现场。水文地质观测不符合《煤矿防治水规定》1处扣2分；未及时划分水文地质类型扣5分；	1. 按《煤矿防治水规定》要求进行水文地质观测； 2. 开展水文地质类型划分工作，发生[□重大及以上突(透)水事故后，]**较大及以上水害事故或者因突水造成采掘区域或矿井被淹的，**恢复生产前应重新确定； 3. 对井田范围内及周边矿井采空区位置和积水情况进行调查分析并做好记录，制定相应的安全技术措施，**对受老空水影响的煤层按规定划分可采区、缓采区、禁采区；** **4. 按照《煤矿防治水细则》要求进行矿井水文地质补充勘探，有可靠的安全技术措施，按规定编制补充有补充勘探报告和相关成果，由企业总工程师对设计进行审批、对报告和成果组织评审；**	**查现场和**资料[□和现场]。水文地质观测不符合[□《煤矿防治水规定》]**规定**1处扣2分；未及时划分水文地质类型扣5分；[□采空区有1处积水情况不清楚]**积水区未按要求标识1处扣**2分；未制定[□相应的安全技术]措施**或未按要求划分区域扣**5分；**未按要求补充勘探1项扣10分；无补勘设计和勘探成果、未按规定审批或未组织评审1项扣10分；施工结果与设计偏差较大而未采取措施1处扣5分；设计内容不全1处扣1分，施工**	根据《煤矿防治水细则》第六条、第十四条、第七十七条等要求修改

注：“□”表示新标准删除内容；加粗表示新标准增加内容。

8.2-4(续)

项目	项目内容	2017 基本要求	标准分值	2017 评分方法	2020 基本要求	2020 评分方法	对照解读
一、水文地质基础工作(45分)	基础工作	3. 对井田范围内及周边矿井采空区位置和积水情况进行调查分析并做好记录,制定相应的安全技术措施	15	采空区有1处积水情况不清楚扣2分;未制定相应的安全技术措施扣5分	**5. 按《煤矿防治水细则》要求建立健全水害防治技术管理制度、水害隐患排查治理制度、探放水制度、重大水患停产撤人制度**	**工程质量未达到设计目的1次扣2分;成果或总结内容不全1处扣0.5分;制度缺1项扣3分,不完善1处扣1分;其他不符合要求1处扣1分**	根据《煤矿防治水细则》第六条、第十四条、第七十七条等要求修改
	基础资料	1. 有井上、井下和不同观测内容的专用原始记录本,记录规范,保存完好; 2. 按《煤矿防治水规定》要求编制水文地质报告、矿井水文地质类型划分报告、水文地质补充勘探报告,按规定修编、审批水文地质报告;	10	查资料。每缺1种报告扣4分,每缺1种台账扣2分;无水文钻孔管理记录或台账记录不全,1处扣2分;	1. 有井上、井下和不同观测内容的专用原始记录本,记录规范,保存完好; 2. 按《煤矿防治水[规定]细则》要求编制[水文地质报告、]矿井水文地质类型划分报告、水文地质补充勘探报告,按规定修编、审批[水文地质报告];	查资料。[每缺1种报告扣4分,]**专用原始记录本不全**[,每]缺1种[台账]扣2分,**记录不全缺1处扣1分;**[无水文钻孔管理记录或台账记录不全,1处扣2分;]**报告缺1种或未按规定审批扣4分;**	建立电子基础台账,便于数据分析、传输

8.2-4(续)

项目	项目内容	2017 基本要求	标准分值	2017 评分方法	2020 基本要求	2020 评分方法	对照解读
一、水文地质基础工作(45 分)	基础资料	3. 建立防治水基础台账(含水文钻孔管理台账)和计算机数据库,并每季度修正 1 次	10	其他 1 处不符合要求扣 1 分	3. 建立防治水**电子**基础台账(含水文钻孔管理台账)和计算机数据库,并每季度**至少每半年**修正 1 次	**台账缺 1 种扣 2 分,内容不全 1 处扣 1 分**;其他不符合要求 1 处扣 1 分	至少每半年修正 1 次,是《煤矿防治水细则》第十五条的要求
	水文图纸	1. 绘制有矿井充水性图、矿井涌水量与各种相关因素动态曲线图、矿井综合水文地质图、矿井综合水文地质柱状图、矿井水文地质剖面图,图种齐全有电子文档,图纸内容全面、准确; 2. 在采掘工程平面图和充水性图上准确标明井田范围内及周边采空区的积水范围、积水量、积水标高、积水线、探水线、警戒线	10	查资料。每缺 1 种图纸扣 3 分,图纸电子文档缺 1 种扣 2 分;图种内容有矛盾的 1 处扣 1 分;积水区及其参数未在采掘工程平面图和充水性图上标明的 1 处扣 5 分,参数标注有误的 1 处扣 2 分	1. 绘制有矿井充水性图、矿井涌水量与各种相关因素动态曲线图、矿井综合水文地质图、矿井综合水文地质柱状图、矿井水文地质剖面图、**矿井充水性图、矿井涌水量与各种相关因素动态曲线图等水文图件**,图种齐全有电子文档,图纸内容全面、准确; 2. 在采掘工程平面图和**矿井**充水性图上**标绘出井巷出水点的位置及涌水量,积水的井巷及采空区范围、底板标高、积水量和水患异常区**;准确标明井田范围内及周边采空区的积水范围、积水量、积水标高、积水线、探水线、警戒线	查资料。每缺 1 种图纸扣 3 分,图纸电子文档缺 1 种扣 2 分;图种内容有矛盾的 1 处扣 1 分;积水区及其参数未在采掘工程平面图和充水性图上标明的 1 处扣 5 分,参数**未按规定**标注**或标定**有误的 1 处扣 2 **1**分	1. 根据《煤矿防治水细则》第十七条要求对图件顺序进行了调整,内容没有变化。 2. 根据《煤矿安全规程》第二百九十八条要求修改

8.2-4(续)

项目	项目内容	2017 基本要求	标准分值	2017 评分方法	2020 基本要求	2020 评分方法	对照解读
一、水文地质基础工作(45分)	水害预报	1. 年报、月报、临时预报应包含突水危险性评价和水害处理意见等内容，预报内容齐全、下达及时； 2. 在水害威胁区域进行采掘前，应查清水文地质条件，编制水文地质情况分析报告，报告编制、审批程序符合规定；	10	查资料。因预报失误造成事故不得分，预报缺1次扣2分，预报不能指导生产的1次扣2分；图表不符、描述不准确1处扣1分；预报下发不及时	1. 年报、月报、临时预报应包含突水危险性评价和水害处理意见等内容，预报内容齐全、下达及时； 2. 在水害威胁区域进行采掘进前，应查清水文地质条件，编制提出水文地质情况分析报告**和水害防治措施，由煤矿总工程师组织生产、安全、地测等有关部门审批**报告编制、审批程序符号规定；	查资料。因预报失误造成事故不得分，；**缺**预报缺1次扣2分，**或**预报不能指导生产的1次扣2分；图表不符、描述不准确1处扣1分；预报下发不及时1次扣2分；审批、接收手续不齐全1次扣1分；突水	《煤矿防治水细则》第三十七条、第四十条、第四十一条要求

8.2-4(续)

项目	项目内容	2017 基本要求	标准分值	2017 评分方法	2020 基本要求	2020 评分方法	对照解读
一、水文地质基础工作(45分)	水害预报	3. 水文地质类型中等及以上的矿井,年初编制年度水害分析预测表及水害预测图; 4. 编制矿井中长期防治水规划及年度防治水计划,并组织实施	10	1次扣2分;审批、接收手续不齐全1次扣1分;突水危险性评价缺1次扣2分;无年度水害分析图表扣2分	**3. 工作面回采前,应提出专门水文地质情况评价报告和水害隐患治理情况分析报告,经煤矿总工程师组织生产、安全、地测等有关部门审批;发现断层、裂隙或者陷落柱等构造充水的,应当采取注浆加固或者留设防隔水煤(岩)柱等安全措施** **4.** 水文地质类类型中等及以上的矿井,年初编制年度水害分析预测表及水害预测图; 4**5.** 编制矿井中长期防治水规划及年度防治水计划,并组织实施	危险性评价缺1次扣2 3分,**未按规定审批1次扣2分;发现充水构造未采取安全措施1处扣5分**;无年度水害分析图表扣2分;**无中长期防治水规划或年度防治水计划扣3分,未组织实施扣5分;其他不符合要求1处扣1分**	《煤矿防治水细则》第三十七条、第四十条、第四十一条要求

8.2-4(续)

项目	项目内容	2017 基本要求	标准分值	2017 评分方法	2020 基本要求	2020 评分方法	对照解读
二、防治水工程(50分)	**防排水**系统建立	1. 矿井防排水系统健全,能力满足《煤矿防治水规定》要求; 2. 水文地质类型复杂、极复杂的矿井建立水文动态观测系统	10	查资料和现场。防排水系统达不到规定要求不得分;未按规定建观测系统不得分,系统运行不正常扣5分	1. 矿井、**采区、工作面**防排水系统健全**完善**,能力满足~~《煤矿防治水规定》~~**相关规定**要求; 2. **建立地下水动态监测系统,受底板承压水威胁的**水文地质类型复杂、极复杂的矿井,**还应**建立~~水文动态观测~~**突水监测预警**系统	查**现场**和资料~~和现场~~。防排水系统达不到规定要求不得分;未按规定建**立监**~~观~~测系统不得分,**1个**系统运行不正常扣5分	防排水建立是《煤矿安全规程》第七章第一节要求和《煤矿防治水细则》第九条要求
	技术要求	1. 井上、井下各项防治水工程有设计方案和施工安全技术措施,并按程序审批,工程结束提交总结报告及验收报告; 2. 制定采掘工作面超前探放水专项安全技术措施,探测资料和记录齐全;	15	查资料和现场。各类防治水工程设计及措施不完善扣5分,未经审批扣3分;验收、总结报告内容不全1处扣1分;对充水因素不清地段未坚持"有掘必探"扣10分,单孔设计未达到要求扣3分;	1. 井上、井下各项防治水工程~~有~~**按照《煤矿防治水细则》要求编制**设计方案和施工安全技术措施,并按程序审批,工程结束提交总结报告及验收报告; 2. ~~制定采掘工作面超前探放水专项安全技术措施,探测资料和记录齐全;~~**按规定编制探放水设计与专项措施;井下探放水执行"三专两探一撤"的要求;**	查**现场**和资料~~和现场~~。各类防治水工程设计及措施不完善扣5分,未经审批扣3分;验收、总结报告内容不全1处扣1分;~~对充水因素不清地段未坚持"有掘必探"~~**未执行"三专两探一撤"的要求**扣10分,单孔设计未达到要求扣3分;	根据《煤矿防治水细则》要求修改

8.2-4(续)

项目	项目内容	2017 基本要求	标准分值	2017 评分方法	2020 基本要求	2020 评分方法	对照解读
二、防治水工程(50分)	技术要求	3. 探放水工程设计有单孔设计;井下探放水采用专用钻机,由专业人员和专职探放水队伍施工; 4. 对井田内井下和地面的所有水文钻孔每半年进行 1 次全面排查,记录详细; 5. 防水煤柱留设按规定程序审批; 6. 制定并严格执行雨季"三防"措施	15	无定期排查分析记录,每缺 1 次扣 2 分;防水煤柱未按规定程序审批扣 3 分;未执行雨季"三防"措施扣 2 分	3. 探放水工程设计有**包含单孔设计的专项设计**;井下探放水采用专用钻机,由专业人员和专职探放水队伍施工; 4. 对井田内井下和地面的所有水文钻孔每半年进行 1 次全面排查,记录详细; 5. 防水煤柱留设按规定程序审批**按规定落实地面防治水与井下防水工程要求;防水煤柱留设按规定程序审批;防水闸门与防水闸墙按要求设计、施工、竣工验收;** 6. 制定并严格执行雨季"三防"措施、**水害应急专项预案和现场处置方案**	无定期排查分析记录,每缺 1 次扣 2 分;防水煤柱未按规定程序审批扣 3 分;未执行雨季"三防"措施扣 2 分;**其他不符合要求 1 处扣 1 分**	根据《煤矿防治水细则》要求修改

8.2-4(续)

项目	项目内容	2017 基本要求	标准分值	2017 评分方法	2020 基本要求	2020 评分方法	对照解读
二、防治水工程(50分)	工程质量	防治水工程质量均符合设计要求	15	查资料和现场。工程质量未达到设计标准1次扣5分;探放水施工不符合规定1处扣5分;超前探查钻孔不符合设计1处扣2分	未修改	查现场和资料~~和现场~~。工程质量未达到设计标准1次扣5分;探放水施工不符合规定1处扣5分;超前探查钻孔不符合设计1处扣2分	
	疏干带压开采	用物探和钻探等手段查明疏干、带压开采工作面隐伏构造、构造破碎带及其含(导)水情况,制定防治水措施	5	查资料和现场。疏干、带压开采存在地质构造没有查明不得分,其他1项不符合要求扣1分	未修改	查现场和资料~~和现场~~。疏干、带压开采存在地质构造没有查明不得分,其他~~1项~~不符合要求扣1分	
	辅助工程	1. 积水能够及时排出; 2. 按规定及时清理水仓、水沟,保证排水畅通	5	查现场。排积水不及时,影响生产扣4分;未及时清理水仓、水沟扣1分	未修改	未修改	

8.2-4(续)

项目	项目内容	2017 基本要求	标准分值	2017 评分方法	2020 基本要求	2020 评分方法	对照解读
三、水害预警(5分)	水害预警	对断层水、煤层顶底板水、陷落柱水、地表水等威胁矿井生产的各种水害进行检测、诊断,发现异常及时预警预控	5	查资料和现场。未进行水害检测、诊断或异常情况未及时预警不得分	未修改	查**现场和**资料~~和现场~~。未进行水害检测、诊断或异常情况未及时预警不得分	

8.2-5　煤矿防治冲击地压标准化评分表对照解读

项目	项目内容	2017 基本要求	标准分值	2017 评分方法	2020 基本要求	2020 评分方法	对照解读
一、基础管理(10分)	组织 **制度** 保障	1. 按规定设立专门的防冲机构并配备专门防冲技术人员;健全防冲岗位责任制及冲击地压分析、监测预警、定期检查、验收等制度; 2. 冲击地压矿井每周召开1次防冲分析会,防冲技术人员每天对防冲工作分析1次	10	查资料和现场。无管理机构不得分;岗位责任制及冲击危险性分析、监测预警、检查验收制度不全,每缺1项扣2分;人员不足,每缺1人扣1分;其他1处不符合要求扣1分	1. 按规定设立专门的防冲机构并配备专门防冲技术人员;健全防冲岗位责任制 **建立冲击地压防治安全技术管理制度、冲击地压防治培训制度、冲击地压事故报告制度,** 及冲击地压分析、监测预警、定期检查、验收等制度 **建立实时预警、处置调度和处理结果反馈制度;** 2. 冲击地压矿井每周召开1次防冲分析会,防冲技术人员每天对防冲工作分析1次	**查现场和资料** 和现场。无管理机构不得分;岗位责任制及冲击危险性分析、监测预警、检查验收制度不全,每缺1项扣2分;人员不足,每缺1人扣1分;其他1处不符合要求 **1处** 扣1分	根据《防治煤矿冲击地压细则》新增加内容修改

注:"□"表示新标准删除内容;加粗表示新标准增加内容。

8.2-5(续)

项目	项目内容	2017 基本要求	标准分值	2017 评分方法	2020 基本要求	2020 评分方法	对照解读
二、防冲技术(40分)	技术支撑	1. 冲击地压矿井应进行煤岩层冲击倾向性鉴定，开采具有冲击倾向性的煤层，应进行冲击危险性评价； 2. 冲击地压矿井应编制中长期防冲规划与年度防冲计划； 3. 按规定编制防冲专项设计，按程序进行审批； 4. 冲击危险性预警指标按规定审批； 5. 有冲击地压危险的采掘工作面有防冲安全技术措施并按规定及时审批	20	查资料。未进行冲击倾向性鉴定、冲击危险性评价，或未编制中长期防冲规划与年度防冲计划、无防冲专项设计或未确定冲击危险性预警指标不得分；工作面设计不符合防冲规定 1 项扣 5 分，作业规程中无防冲专项安全技术措施扣 5 分；采掘工作面防冲安全技术措施审批不及时 1 次扣 5 分	1. 冲击地压矿井应 **按规定** 进行煤岩层冲击倾向性鉴定，开采具有冲击倾向性的煤层，应进行冲击危险性评价； 2. 冲击地压矿井应编制中长期防冲规划与年度防冲计划； 3. 按规定编制防冲专项设计，按程序进行审批； 4. 冲击危险性预警指标按规定审批； 5. 有冲击地压危险的采掘工作面有防冲安全技术措施并按规定及时审批	查资料。未进行冲击倾向性鉴定、冲击危险性**或**评价、，或未编制中长期防冲规划与年度防冲计划、无防冲专项设计或未确定冲击危险性预警指标不得分；工作面**防冲**设计不符合防冲规定 1 项扣 5 分，作业规程中无防冲专项安全技术措施扣 5 分**措施内容不全或不正确 1 处扣 2 分；**采掘工作面防冲安全技术措施审批不及时 1 次扣 5 分**无采掘安全技术措施 1 次扣 5 分；未按规定审批 1 次扣 3 分**	《防治煤矿冲击地压细则》第十条要求

8.2-5(续)

项目	项目内容	2017 基本要求	标准分值	2017 评分方法	2020 基本要求	2020 评分方法	对照解读
二、防冲技术(40分)	监测预警	1. 建立冲击地压区域监测和局部监测预警系统，实时监测冲击危险性； 2. 区域监测系统应覆盖所有冲击地压危险区域，经评价冲击危险程度高的采掘工作面应安装应力在线监测系统； 3. 监测系统运行正常，出现故障时及时处理； 4. 监测指标发现异常时，应采用钻屑法及时进行现场验证	20	查资料和现场。未建立区域及局部监测预警系统不得分；监测系统故障处理不及时1次扣2分；区域监测系统布置不合理1处扣1分；发现异常未及时验证1次扣3分	1. 建立冲击地压区域监测和局部监测预警系统，实时监测冲击危险性； 2. 区域监测系统应覆盖**矿井**所有冲击地压危险**采掘**区域，**局部监测应覆盖冲击地压危险区域的采掘地点和煤(半煤岩)巷道、硐室等地点**，经评价有冲击危险程度高的采掘工作面应安装应力在线监测系统； 3. 监测系统运行正常，出现故障时及时处理； 4. **按规定确定冲击危险性预警临界指标**，监测指标发现异常时，应采用钻屑法及时进行现场验证	查资料和现场。未建立区域及局部监测预警系统不得分；监测系统故障处理不及时1次扣2分；区域监测系统布置不合理1处扣1分；**未确定冲击危险性临界指标扣10分，临界指标不符合矿井实际1次扣5分**，发现异常未及时验证1次扣3分；**其他不符合要求1处扣1分**	《防治煤矿冲击地压细则》新增加内容

8.2-5(续)

项目	项目内容	2017 基本要求	标准分值	2017 评分方法	2020 基本要求	2020 评分方法	对照解读
三、防冲措施(30分)	区域防冲措施	冲击地压矿井开拓方式、开采顺序、巷道布置、采煤工艺等符合规定;保护层采空区原则不留煤柱,留设煤柱时,按规定审批	10	查资料和现场。不符合要求1处扣5分	冲击地压矿井开拓方式、**采掘部署**、开采顺序、**煤柱留设**、巷道布置、采煤工艺**及开采保护层**等符合规定;保护层采空区原则不留煤柱,留设煤柱时,按规定审批,**并及时上图**	查**现场和资料**和现场。不符合要求1处扣5分	根据《防治煤矿冲击地压细则》第二十四条修改
	局部防冲措施	1. 钻机等各类装备满足矿井防冲工作需要; 2. 实施钻孔卸压时,钻孔直径、深度、间距等参数应在设计中明确规定,钻孔直径不小于100 mm,并制定安全防护措施;	20	查资料和现场。不落实防冲措施不得分;1项落实不到位扣5分	1. 钻机等各类装备满足矿井防冲工作需要; 2. 实施钻孔卸压时,钻孔直径、深度、间距**孔深、孔径、孔距**等参数应在设计中明确规定,钻孔直径不小于100 mm,并制定**防止打钻诱发冲击伤人的**安全防护措施;	查资料和现场。**未制定或**不落实防冲措施不得分;**措施不完善或**落实不到位1处扣5分;**其他不符合要求1处扣2分**	修改表述,用词更加准确;进一步细化了评分方法,便于检查考核

8.2-5(续)

项目	项目内容	2017 基本要求	标准分值	2017 评分方法	2020 基本要求	2020 评分方法	对照解读
三、防冲措施(30分)	局部防冲措施	3. 实施爆破卸压时,装药方式、装药长度、装药量、封孔长度以及连线方式、起爆方式等参数应在设计中明确规定,并制定安全防护措施; 4. 实施煤层预注水时,注水方式、注水压力、注水时间等应在设计中明确规定; 5. 有冲击地压危险的采煤工作面推进速度应在作业规程中明确规定并执行; 6. 冲击地压危险工作面实施解危措施后,应进行效果检验	20	查资料和现场。不落实防冲措施不得分;1项落实不到位扣5分	3. 实施爆破卸压时,装药方式、装药长度、装药量、封孔长度以及连线方式、起爆方式等参数应在设计中明确规定,并制定安全防护措施; 4. 实施煤层预注水时,注水方式、注水压力、注水时间等应在设计中明确规定; 5. 有冲击地压危险的采煤掘工作面推进速度应在作业规程中明确规定并执行; 6. 冲击地压危险工作面实施解危措施后,应进行效果检验	查现场和资料和现场。**未制定或**不落实防冲措施不得分;**措施不完善或**落实不到位1处扣5分;**其他不符合要求1处扣2分**	修改表述,用词更加准确;进一步细化了评分方法,便于检查考核

8.2-5(续)

项目	项目内容	2017 基本要求	标准分值	2017 评分方法	2020 基本要求	2020 评分方法	对照解读
四、防护措施(10 分)	安全防护	1. 煤层爆破作业的躲炮距离不小于 300 m; 2. 冲击危险区采取限员、限时措施,设置压风自救系统,设立醒目的防冲警示牌、防冲避灾路线图; 3. 冲击地压危险区存放的设备、材料应采取固定措施,码放高度不应超过 0.8 m;大型设备、备用材料应存放在采掘应力集中区以外;	10	查现场和资料。爆破作业躲炮时间和距离不符合要求 1 次扣 2 分;未采取限员限时措施扣 5 分;未设置压风自救系统扣 5 分,压风自救系统不完善 1 处扣 2 分;图牌板不全,每缺 1 块扣 2 分;悬挂不醒目、不规范 1 处扣 2 分;通信线路未防护扣 4 分;巷道不畅通 1 处扣 2 分,设备材料码放、管线吊挂不符合要	1. 煤层爆破卸压作业的躲炮**直线**距离不小于 300 m,**躲炮时间不小于 30 min;** 2. 冲击危险区采取限员、限时措施,设置压风自救系统,设立醒目的防冲警示牌、防冲避灾路线图; **3. 评价为强冲击地压危险的区域不得存放备用材料和设备;巷道内杂物应清理干净,保持行走路线畅通;**冲击地压危险区存放的设备、材料应采取固定措施,码放高度不应超过 0.8 m;大型设备、备用材料应存放在采掘应力集中区以外;	查现场和资料。爆破作业躲炮时间和距离不符合要求 1 次扣 2 分;未采取限员、限时措施扣 5 分;**或**未设置压风自救系统 **1 处**扣 5 分,压风自救系统不完善 1 处扣 2 分;图牌板不全,每缺 1 块扣 2 分;悬挂不醒目、不规范 1 处扣 2 分;通信线路未防护扣 4 分;巷道不畅通 1 处扣 2 分,设备材料码放、管线吊挂不符合要求 1 处扣 2	根据《煤矿防治冲击地压细则》第七十九条修改

8.2-5(续)

项目	项目内容	2017 基本要求	标准分值	2017 评分方法	2020 基本要求	2020 评分方法	对照解读
四、防护措施(10分)	安全防护	4. 冲击危险区各类管路吊挂高度不应高于0.6 m,电缆吊挂应留有垂度; 5. U型钢支架卡缆、螺栓等采取防崩措施; 6. 加强冲击地压危险区巷道支护,采煤工作面两巷超前支护范围和支护强度符合作业规程规定; 7. 严重冲击地压危险区域采掘工作面作业人员佩戴个人防护装备	10	求1处扣2分;锚索、U型钢支架卡缆、螺栓等未采取防崩措施1处扣2分;有冲击地压危险的采掘工作面作业人员未佩戴个人防护装备,发现1人扣1分	4. 冲击危险区各类管路**应吊挂在巷道腰线以下**,吊挂高度~~不应~~高于~~0.6~~ **1.2 m的必须采取固定措施**,电缆吊挂应留有垂度; 5. U型钢支架卡缆、螺栓等**按规定**采取防崩措施; 6. 加强冲击地压危险区巷道支护,采煤工作面两巷超前支护范围和支护强度符合作业规程规定; 7. 严重冲击地压危险区域采掘工作面作业人员佩戴个人防护装备	~~分;锚索、U型钢支架卡缆、螺栓等未采取防崩措施1处扣2分;有冲击地压危险的采掘工作面作业人员未佩戴个人防护装备,发现1人扣1分~~ **支护不符合要求1处扣5分;其他不符合要求1处扣2分**	根据《煤矿防治冲击地压细则》第七十九条修改

8.2-5(续)

项目	项目内容	2017 基本要求	标准分值	2017 评分方法	2020 基本要求	2020 评分方法	对照解读
五、基础资料(10分)	台账资料	1. 作业规程中防冲措施编制内容齐全、规范,图文清楚、保存完好,执行、考核记录齐全; 2. 建立钻孔、爆破、注水等施工参数台账,上图管理; 3. 现场作业记录齐全、真实、有据可查,报表、阶段性工作总结齐全、规范; 4. 建立冲击地压记录卡和统计表	10	查资料。防冲措施内容不齐全1处扣2分,内容不规范1处扣1分;未建立台账或未上图管理扣5分,台账和图纸不全,每缺1次扣1分;现场作业记录、报表、阶段性工作总结等不齐全1项扣2分;发生冲击地压不及时上报、无记录或瞒报不得分	1. 作业规程中防冲措施编制内容齐全、规范,图文清楚、保存完好,执行、考核记录齐全; 2. 建立钻孔、爆破、注水等施工参数台账,上图管理; 3. 现场作业记录齐全、真实、有据可查,报表、阶段性工作总结齐全、规范; 4. 建立冲击地压记录卡和统计表 **5. 冲击地压危险区域必须进行日常实时监测,并编制监测日报**	查资料。防冲措施内容不齐全1处扣2分,内容不规范1处扣1分;未建立台账或未上图管理扣5分,台账和图纸不全,每缺1次**项**扣1分;现场作业记录、报表、阶段性工作总结等不齐全1项扣2分;发生冲击地压不及时上报、无记录或瞒报不得分;**未建立冲击地压记录卡和统计表1项扣2分;未建立监测日报1处扣2分,内容不全1处扣0.5分**	根据《煤矿防治冲击地压细则》第五十二条增加监测要求

8.3 采 煤

表 8.3-0 采煤旧、新标准工作要求对照解读

2017 煤矿安全生产标准化	2020 煤矿安全生产标准化管理体系	对照解读
一、工作要求(风险管控) 1. 基础管理 (1) 有批准的采(盘)区设计,采(盘)区内同时生产的采煤工作面个数符合《煤矿安全规程》的规定;按规定编制采煤工作面作业规程;	未修改	
(2) 持续提高采煤机械化水平	(2) 持续提高采煤机械化、**自动化、智能化**水平	增加了"自动化、智能化水平",体现了《关于印发〈关于加快煤矿智能化发展的指导意见〉的通知》(发改能源〔2020〕283 号)精神;
	(3) 采用"一井一面"或"一井两面"生产模式;	为了大力推广高产、高效采煤工作面,集约化生产,持续提高采煤机械化、自动化、智能化水平,减少工作面个数、从业人员数量、安全风险点,实现安全高效生产
(3) 有支护质量、顶板动态监测制度,技术管理体系健全	[(3)]**(4)** 有支护质量、顶板动态监测制度,技术管理体系健全	

注:"□"表示新标准删除内容;加粗表示新标准增加内容。

表 8.3-0(续)

2017 煤矿安全生产标准化	2020 煤矿安全生产标准化管理体系	对照解读
2. 岗位规范 (1) 建立并执行本岗位安全生产责任制; (2) 操作规范,无违章指挥、违章作业、违反劳动纪律(以下简称“三违”)行为; (3) 管理人员、技术人员掌握采煤工作面作业规程,作业人员熟知本岗位操作规程、作业规程及安全技术措施相关内容; (4) 作业前进行安全确认。		删除“岗位规范”内容。 岗位规范移至第 4 项修改为“职工素质及岗位规范”
3. 质量与安全 (1) 工作面的支护形式、支护参数符合作业规程要求; (2) 工作面出口畅通,进、回风巷支护完好,无失修巷道,巷道净断面满足通风、运输、行人、安全设施及设备安装、检修、施工的需要; (3) 工作面通信、监测监控设备运行正常; (4) 工作面安全防护设施和安全措施符合规定。 4. 机电设备 (1) 设备能力匹配,系统无制约因素; (2) 设备完好,保护齐全; (3) 乳化液泵站压力和乳化液浓度符合要求,并有现场检测手段。	[3]**2**. 质量与安全 (1) 工作面的支护形式、支护参数符合作业规程要求; (2) 工作面出口畅通,进、回风巷支护完好,无失修巷道,巷道净断面满足通风、运输、行人、安全设施及设备安装、检修、施工的需要; (3) 工作面通信、监测监控设备运行正常; (4) 工作面安全防护设施和安全措施符合规定。 [4]**3**. 机电设备 (1) 设备能力匹配,系统无制约因素; (2) 设备完好,保护齐全; (3) 乳化液泵站压力和乳化液浓度符合要求,并有现场检测手段	

表 8.3-0(续)

2017 煤矿安全生产标准化	2020 煤矿安全生产标准化管理体系	对照解读
	4. 职工素质及岗位规范 **(1) 严格执行本岗位安全生产责任制;** **(2) 管理人员、技术人员掌握相关的岗位职责、管理制度、技术措施,作业人员掌握本岗位相应的操作规程、安全措施;** **(3) 现场作业人员操作规范,无"三违"行为,作业前进行岗位安全风险辨识及安全确认**	建立岗位责任制在第 4 部分已有叙述,此处强调严格执行岗位责任制的重要性,明确提高职工整体素质是开展标准化工作的基础。 对管理人员、技术人员和作业人员分别进行具体工作要求。 "三违"语言更精练,简明扼要。 增加了作业前进行岗位安全风险辨识的要求,体现了安全生产关口前移的指导精神,也符合标准化管理体系要求
5. 文明生产 (1) 作业场所卫生整洁,照明符合规定; (2) 工具、材料等摆放整齐,管线吊挂规范,图牌板内容齐全、准确、清晰	未修改	
	6. 发展提升 **推进智能化建设,保障安全生产**	新增第 6 条"发展提升"项,对煤矿企业集约化生产和智能化建设增加了激励条款

表 8.3-0(续)

2017 煤矿安全生产标准化	2020 煤矿安全生产标准化管理体系	对照解读
二、重大事故隐患判定 本部分重大事故隐患： （1）矿井全年原煤产量超过矿井核定生产能力110％的，或者矿井月产量超过矿井核定生产能力10％的； （2）矿井开拓、准备、回采煤量可采期小于有关标准规定的最短时间组织生产、造成接续紧张的，或者采用“剃头下山”开采的； （3）超出采矿许可证规定开采煤层层位或者标高而进行开采的； （4）超出采矿许可证载明的坐标控制范围而开采的； （5）擅自开采保安煤柱的； （6）采煤工作面不能保证 2 个畅通的安全出口的； （7）高瓦斯矿井、煤与瓦斯突出矿井、开采容易自燃和自燃煤层（薄煤层除外）矿井，采煤工作面采用前进式采煤方法的； （8）图纸作假、隐瞒采煤工作面的； （9）未配备分管生产的副矿长以及负责采煤工作的专业技术人员的		删除“重大事故隐患判定”内容。重大事故隐患纳入总则部分考核

8.3-1　煤矿采煤标准化评分表对照解读

项目	项目内容	2017 基本要求	标准分值	2017 评分方法	2020 基本要求	2020 评分方法	对照解读
一、基础管理(15分)	监测	采煤工作面实行顶板动态和支护质量监测，进、回风巷实行顶板离层观测；有相关监测、观测记录，资料齐全	3	查现场和资料。未开展动态监测、观测和无记录资料不得分，记录资料缺1项扣0.5分	1. 采煤工作面实行顶板动态和支护质量监测，进、回风巷实行**围岩变形观测，锚杆支护有**顶板离层观监测； 2. 有相关监测、观测**有**记录，资料齐全**记录数据符合实际；** **3. 异常情况有处理意见并落实；** **4. 对观测数据进行规律分析，有分析结果**	查现场和资料。未开展动态监测、**或**观测和无记录资料不得分，记录资料缺**；其余不符合要求**1项**处**扣0.5分	增加了巷道围岩变形观测内容，使矿压观测更加全面。 将“观测”修改为“监测”就是将单一的顶板离层观测增加为顶板离层观测和在线监测，与现在的煤矿监测手段更适应。 增加“记录数据符合实际”的要求避免因监测观测不到位造假和不能提供可靠的分析数据，达不到矿压监测目的。 增加了“异常情况有处理意见并落实”要求，防止离层超过临界值等发生顶板事故。 评分方法将1项修改为1处，考核更加细致

注：“□”表示新标准删除内容；加粗表示新标准增加内容。

8.3-1(续)

项目	项目内容	2017 基本要求	标准分值	2017 评分方法	2020 基本要求	2020 评分方法	对照解读
一、基础管理(15分)	规程措施	1. 作业规程符合《煤矿安全规程》等要求;采煤工作面地质条件发生变化时,及时修改作业规程或补充安全技术措施; 2. 矿总工程师组织人员定期对作业规程贯彻实施情况进行复审,且有复审意见; 3. 工作面安装、初次放顶、强制放顶、收尾、回撤、过地质构造带、过老巷、过煤柱、过冒顶区,以及托伪顶开采时,制定安全技术措施并组织实施; 4. 作业规程中支护方式的选择、支护强度的计算有依据;	5	查资料和现场。内容不全,每缺1项扣1分,1项不符合要求扣0.5分	1. 作业规程符合《煤矿安全规程》等要求;采煤工作面地质条件发生变化时,及时修改作业规程或补充安全技术措施; 2. 矿总工程师**至少每两个月**组织人员定期对作业规程**及**贯彻实施情况进行复审,且有复审意见; 3. 工作面安装、初次放顶、强制放顶、收尾、回撤、过地质构造带、过老巷、过煤柱、过冒顶区、**过钻孔、过陷落柱等**,以及托伪顶开采时,制定安全技术措施并组织实施; 4. 作业规程中支护方式的选择、支护强度的计算有依据;	**查现场和资料**和现场。内容不全,每缺1项扣1分,1项不符合要求扣0.5分	将作业规程贯彻实施情况定期复审明确为每两个月组织一次,更便于执行。 新标准增加了过钻孔、过陷落柱情形时制定安全技术措施的要求,确保该项工作安全

8.3-1(续)

项目	项目内容	2017 基本要求	标准分值	2017 评分方法	2020 基本要求	2020 评分方法	对照解读
一、基础管理(15分)	规程措施	5. 作业规程中各种附图完整规范； 6. 放顶煤开采工作面开采设计制定有防瓦斯、防灭火、防水等灾害治理专项安全技术措施，并按规定进行审批和验收	5	查资料和现场。内容不全，每缺1项扣1分，1项不符合要求扣0.5分	5. 作业规程中各种附图完整规范； 6. 放顶煤开采工作面开采设计制定有防瓦斯、防灭火、防水等灾害治理专项安全技术措施，并按规定进行审批和验收	查现场和资料 和现场 。内容不全 ，每 缺1项扣1分，1项不符合要求扣0.5分	将作业规程贯彻实施情况定期复审明确为每两个月组织一次，更便于执行。 新标准增加了过钻孔、过陷落柱情形时制定安全技术措施的要求，确保该项工作安全
	管理制度	1. 有岗位安全生产责任制度； 2. 有工作面顶板管理制度，有支护质量检查、顶板动态监测和分析制度，有变化管理制度； 3. 有采煤作业规程编制、审批、复审、贯彻、实施制度；	3	查资料。制度不全，每缺1项扣1分，1项不符合要求扣0.5分	1. 有岗位安全生产责任制度； 2 **1.** 有工作面顶板管理制度，有支护质量检查、顶板动态监测和分析制度 ，有变化管理制度 ； 3 **2.** 有采煤作业规程编制、审批、复审、贯彻、实施制度；	查资料。制度不全，每 缺1项扣1分，1项不符合要求扣0.5分	“有岗位安全生产责任制度”在“领导作用”第4部分安全生产责任制及安全管理制度中考核，故本专业不重复考核。 “变化管理制度”其实就是安全风险分级管控的工作要求，故删除其内容

8.3-1(续)

项目	项目内容	2017 基本要求	标准分值	2017 评分方法	2020 基本要求	2020 评分方法	对照解读
一、基础管理(15分)	管理制度	4. 有工作面机械设备检修保养制度、乳化液泵站管理制度、文明生产管理制度、有工作面支护材料设备配件备用制度等	3	查资料。制度不全,每缺 1 项扣 1 分,1 项不符合要求扣 0.5分	4 **3.** 有工作面机械设备检修保养制度、,乳化液泵站管理制度、,文明生产管理制度、,有工作面支护材料、设备、配件备用制度等	查资料。制度不全,每缺 1 项扣 1 分,1 项不符合要求扣 0.5 分	
	支护材料	支护材料有管理台账,单体液压支柱完好,使用期限超过 8 个月后,应进行检修和压力试验,记录齐全;现场备用支护材料和备件符合作业规程要求	2	查现场和资料。不符合要求 1 处扣 0.5 分	支护材料有管理台账,单体液压支柱完好,使用期限超过 8 个月后,应进行检修和压力试验,记录齐全;现场备用支护材料和备件符合作业规程要求	未修改	新标准明确要求使用的单体液压支柱检修和压力试验周期为 8 个月之内,不能超期限使用
	采煤机械化	采煤工作面采用机械化开采	2 **1.5**	查现场。未使用机械化开采不得分	未修改	未修改	将此项分值修改为 1.5分,并增加系统优化内容

8.3-1(续)

项目	项目内容	2017 基本要求	标准分值	2017 评分方法	2020 基本要求	2020 评分方法	对照解读
一、基础管理(15分)	**系统优化**		**0.5**		**采用“一井一面”或“一井两面”生产模式**	**查现场。未采用不得分**	该条文为新增内容,目的是大力推广高产、高效采煤工作面,集约化生产,持续提高采煤机械化、自动化水平,减少同时作业的采煤工作面数量,减少入井人员数量,减少风险点,实现安全高效生产,分值为0.5分
二、岗位规范(5分)	专业技能	管理和技术人员掌握相关的岗位职责、管理制度、技术措施,作业人员掌握本岗位操作规程、作业规程相关内容和安全技术措施	2 **0**	查资料和现场。不符合要求1处扣0.5分			调整至本专业第四大项进行考核

8.3-1(续)

项目	项目内容	2017 基本要求	标准分值	2017 评分方法	2020 基本要求	2020 评分方法	对照解读
二、岗位规范(5分)	规范作业	1. 现场作业人员严格执行本岗位安全生产责任制，掌握本岗位相应的操作规程和安全措施，操作规范，无“三违”行为； 2. 作业前进行安全确认； 3. 零星工程施工有针对性措施、有管理人员跟班	3**0**	查现场和资料。发现“三违”不得分，其他不符合要求 1 处扣 1 分			调整至本专业第四大项进行考核
三二、质量与安全(50分)	顶板管理	1. 工作面液压支架初撑力不低于额定值的 80%，有现场检测手段；单体液压支柱初撑力符合《煤矿安全规程》要求	4	查现场。沿工作面均匀选 10 个点现场测定，1 点不符合要求扣 1 分	1. 工作面液压支架初撑力不低于额定值的 80%，有现场**每台支架有**检测**仪表**手段；单体液压支柱初撑力符合《煤矿安全规程》要求	查现场。沿工作面均匀选 10 个点现场测定，1 点不符合要求扣 1 **0.5**分	将“有现场检测手段”修改为“现场每台支架有检测仪表”，更加明确每台支架需安装检测仪表，便于考核

8.3-1(续)

项目	项目内容	2017 基本要求	标准分值	2017 评分方法	2020 基本要求	2020 评分方法	对照解读
三 二、质量与安全(50分)	顶板管理	2. 工作面支架中心距(支柱间排距)误差不超过100 mm,侧护板正常使用,架间间隙不超过100 mm(单体支柱间距误差不超过100 mm);支架(支柱)不超高使用,支架(支柱)高度与采高相匹配,控制在作业规程规定的范围内,支架的活柱行程不小于200 mm(企业特殊定制支架、支柱以其技术指标为准)	4	查现场。沿工作面均匀选10个点现场测定,1点不符合要求扣1分	2. 工作面支架中心距(支柱间排距)偏差不超过100 mm,侧护板正常使用,架间间隙不超过100 mm(单体支柱间距 误 **偏**差不超过100 mm);支架(支柱)不超高使用,支架(支柱)高度与采高相匹配,控制在作业规程规定的范围内,支架的活柱行程**余量**不小于200 mm(企业特殊定制支架、支柱以其技术指标为准)	未修改	将误差修改为偏差,用词更加准确。 更加明确了支架的活柱行程余量不小于200 mm

8.3-1(续)

项目	项目内容	2017 基本要求	标准分值	2017 评分方法	2020 基本要求	2020 评分方法	对照解读
三 二、质量与安全(50分)	顶板管理	3. 液压支架接顶严实,相邻支架(支柱)顶梁平整,无明显错茬(不超过顶梁侧护板高的 2/3),支架不挤不咬;采高大于 3.0 m 或片帮严重时,应有防片帮措施;支架前梁(伸缩梁)梁端至煤壁顶板垮落高度不大于 300 mm。高档普采(炮采)工作面机道梁端至煤壁顶板垮落高度不大于 200 mm,超过 200 mm 时采取有效措施	2	查现场和资料。不符合要求 1 处扣 1 分	未修改	未修改	

8.3-1(续)

项目	项目内容	2017 基本要求	标准分值	2017 评分方法	2020 基本要求	2020 评分方法	对照解读
三二、质量与安全(50分)	顶板管理	4. 支架顶梁与顶板平行,最大仰俯角不大于 7°;支架垂直顶底板,歪斜角不大于5°;支柱垂直顶底板,仰俯角符合作业规程规定	2	查现场和资料。不符合要求1处扣0.5分	4. 支架顶梁与顶板平行,最大仰俯角不大于 7°**(遇断层、构造带、应力集中区在保证支护强度条件下,应满足作业规程或专项安全措施要求)**;支架垂直顶底板,歪斜角不大于 5°;支柱垂直顶底板,仰俯**迎山**角符合作业规程规定	未修改	支架在工作面遇特殊时期时,支架形态难以满足顶梁与顶板平行、最大仰俯角不大于 7°的要求,新标准更加符合实际,规定特殊时期支架仰俯角满足作业规程或专项安全措施要求即可,以保证支护质量达标(这也是征求意见稿中反映较多的问题)。 支柱的迎山角是保证支柱支护有力的前提,根据顶板垮落围岩受力方向(垂直位移和水平位移)而定,合理的迎山角能够应对顶板相对位移,使其能够保持有效支撑力

8.3-1(续)

项目	项目内容	2017 基本要求	标准分值	2017 评分方法	2020 基本要求	2020 评分方法	对照解读
三二、质量与安全(50 分)	顶板管理	5. 工作面液压支架(支柱顶梁)端面距符合作业规程规定。工作面“三直一平”，液压支架(支柱)排成一条直线，其偏差不超过 50 mm。工作面伞檐长度大于 1 m 时，其最大突出部分，薄煤层不超过 150 mm，中厚以上煤层不超过 200 mm；伞檐长度在 1 m 及以下时，最突出部分薄煤层不超过 200 mm，中厚煤层不超过 250 mm	4	查现场和资料。不符合要求 1 处扣 1 分	未修改	未修改	
		6. 工作面内液压支架(支柱)编号管理，牌号清晰	2	查现场。不符合要求 1 处扣 0.5分	未修改	未修改	

8.3-1(续)

项目	项目内容	2017 基本要求	标准分值	2017 评分方法	2020 基本要求	2020 评分方法	对照解读
三二、质量与安全(50分)	顶板管理	7. 工作面内特殊支护齐全;局部悬顶和冒落不充分的,悬顶面积小于10 m² 时应采取措施,悬顶面积大于10 m² 时应进行强制放顶。特殊情况下不能强制放顶时,应有加强支护的可靠措施和矿压观测监测手段	2	查现场和资料。1处不符合要求不得分	7. 工作面内特殊支护齐全;局部悬顶和冒落不充分的,悬顶面积小于10 m² 时应采取措施,悬顶面积大于10 m² 时应进行强制放顶。特殊情况下不能强制放顶时,应有加强支护的可靠措施和矿压观测监测手段**进回风巷工作面端头处及时退锚;顶板不垮落、悬顶距离超过作业规程规定的,停止采煤,采取人工强制放顶或者其他措施进行处理**	未修改	删除悬顶面积具体规定,更加符合《煤矿安全规程》规定,悬顶面积根据采煤工作面矿压显现规律、来压强度和支护情况而确定,不搞"一刀切",但要符合作业规程要求。 增加了"进回风巷工作面端头处及时退锚"要求,有利于采空区顶板垮落
		8. 不随意留顶煤、底煤开采,留顶煤、托夹矸开采时,制定专项措施	2	查现场和资料。不符合要求1处扣0.5分,留顶煤、托夹矸回采时无专项措施不得分	未修改	查现场和资料。不符合要求1处扣0.5分,留顶煤、托夹矸回采时无专项措施不得分	评分方法更加简洁、不啰唆

8.3-1(续)

项目	项目内容	2017 基本要求	标准分值	2017 评分方法	2020 基本要求	2020 评分方法	对照解读
三 二、质量与安全(50分)	顶板管理	9. 工作面因顶板破碎或分层开采,需要铺设假顶时,按照作业规程的规定执行	2	查现场和资料。不符合要求1处扣0.5分	未修改	未修改	
		10. 工作面控顶范围内顶底板移近量按采高不大于100 mm/m;底板松软时,支柱应穿柱鞋,钻底小于100 mm;工作面顶板不应出现台阶式下沉	2	查现场。不符合要求1处扣0.5分	未修改	未修改	
		11. 坚持开展工作面工程质量、顶板管理、规程落实情况的班评估工作,记录齐全,并放置在井下指定地点	2	查现场和资料。未进行班评估不得分,记录不符合要求的1处扣0.5分	未修改	未修改	

8.3-1(续)

项目	项目内容	2017 基本要求	标准分值	2017 评分方法	2020 基本要求	2020 评分方法	对照解读
三二、质量与安全(50分)	安全出口与端头支护	1. 工作面安全出口畅通,人行道宽度不小于0.8 m,综采(放)工作面安全出口高度不低于1.8 m,其他工作面不低于1.6 m。工作面两端第一组支架与巷道支护间距不大于0.5 m,单体支柱初撑力符合《煤矿安全规程》规定	4	查现场。1处不符合要求不得分	1. 工作面安全出口畅通,人行道宽度不小于0.8 m,综采(放)工作面安全出口高度不低于1.8 m,其他工作面不低于1.6 m。工作面两端第一组支架与巷道支护间**净**距不大于0.5 m,单体支柱初撑力符合《煤矿安全规程》规定	未修改	由间距修改为净距,更加明确
		2. 条件适宜时,使用工作面端头支架和两巷超前支护液压支架	1	查现场。1处不符合要求不得分	2. **冲击地压矿井**~~条件适宜时,~~使用工作面端头支架~~和~~、两巷超前支护液压支架**和吸能装置**	未修改	原条文不便于判断且有争议,现条文明确了冲击地压矿井必须采用工作面端头支架、两巷超前支护液压支架和吸能装置

8.3-1(续)

项目	项目内容	2017 基本要求	标准分值	2017 评分方法	2020 基本要求	2020 评分方法	对照解读
三 二、质量与安全(50分)	安全出口与端头支护	3. 进、回风巷超前支护距离不小于 20 m,支柱柱距、排距允许偏差不大于 100 mm,支护形式符合作业规程规定;进、回风巷与工作面放顶线放齐(沿空留巷除外),控顶距应在作业规程中规定;挡矸有效	4	查现场和资料。超前支护距离不符合要求不得分,其他 1 处不符合要求扣 0.5分	未修改	未修改	
		4. 架棚巷道超前替棚距离、锚杆、锚索支护巷道退锚距离符合作业规程规定	2	查现场和资料。不符合要求 1 处扣 0.5 分	4. 架棚巷道**采用超前替棚的**,超前替棚距离、,锚杆、锚索支护巷道退锚距离符合作业规程规定	未修改	新标准表述更加准确
	安全设施	1. 各转载点有喷雾灭尘装置,带式输送机机头、乳化液泵站、配电点等场所消防设施齐全	3	查现场。1 处不符合要求扣 0.5分	1. 各转载点有喷雾灭**降**尘装置,带式输送机机头、乳化液泵站、配电点等场所消防设施齐全	未修改	由“灭尘”修改为“降尘”,用词更加准确、标准

8.3-1(续)

项目	项目内容	2017 基本要求	标准分值	2017 评分方法	2020 基本要求	2020 评分方法	对照解读
三二、质量与安全(50分)	安全设施	2. 设备转动外露部位、溜煤眼及煤仓上口等人员通过的地点有可靠的安全防护设施	2	查现场。1处不符合要求不得分	未修改	未修改	
		3. 单体液压支柱有防倒措施;工作面倾角大于15°时,液压支架有防倒、防滑措施,其他设备有防滑措施;倾角大于25°时,有防止煤(矸)窜出伤人的措施	3	查现场。不符合要求1处扣0.5分	未修改	查现场。不符合要求1处扣~~0.5~~**1**分	由原标准1处扣0.5分修改为1处扣1分,加大了考核力度,突出其重要性
		4. 行人通过的输送机机尾设盖板;输送机行人跨越处有过桥;工作面刮板输送机信号闭锁符合要求	2	查现场。不符合要求1处扣0.5分	4. 行人通过的**刮板**输送机机尾设盖板;**带式**输送机行人跨越处有过桥;工作面刮板输送机信号闭锁符合要求	未修改	新条文更加明确了刮板输送机机尾需要设盖板,带式输送机行人跨越处有过桥
		5. 破碎机安全防护装置齐全有效	1	查现场。不符合要求不得分	未修改	未修改	

8.3-1(续)

项目	项目内容	2017 基本要求	标准分值	2017 评分方法	2020 基本要求	2020 评分方法	对照解读
四 三、机电设备(20分)	设备选型	1. 支护装备(泵站、支架及支柱)满足设计要求	2	查现场和资料。不符合要求不得分	未修改	未修改	
		2. 生产装备选型、配套合理,满足设计生产能力需要	2	查现场和资料。不符合要求不得分	未修改	未修改	
		3. 电气设备满足生产、支护装备安全运行的需要	2	查现场和资料。不符合要求不得分	未修改	未修改	
	设备管理	1. 泵站: (1) 乳化液泵站完好,综采工作面乳化液泵压力不小于 30 MPa,炮采、高档普采工作面乳化液泵压力不小于 18 MPa,乳化液(浓缩液)浓度符合产品技术标准要求,并在作业规程中明确规定	4	查现场和资料。不符合要求1处扣1分	1. 泵站: (1) 乳化液泵站完好,综采工作面乳化液泵压力**综采(放)工作面**不小于 30 MPa,炮采、高档普采工作面乳化液泵压力不小于 18 MPa,乳化液(浓缩液)浓度符合产品技术标准要求,并在作业规程中明确规定	未修改	新标准增加了综放工作面乳化液泵压力要求,使之更全面,调整了表述

8.3-1(续)

项目	项目内容	2017 基本要求	标准分值	2017 评分方法	2020 基本要求	2020 评分方法	对照解读
四 三、机电设备(20分)	设备管理	(2) 液压系统无漏、窜液，部件无缺损，管路无挤压；注液枪完好，控制阀有效； (3) 采用电液阀控制时，净化水装置运行正常，水质、水量满足要求； (4) 各种液压设备及辅件合格、齐全、完好，控制阀有效，耐压等级符合要求，操纵阀手把有限位装置	4	查现场和资料。不符合要求1处扣1分	(2) 液压系统无漏、窜液，部件无缺损，管路无挤压，**连接销使用规范**；注液枪完好，控制阀有效； (3) 采用电液阀控制时，净化水装置运行正常，水质、水量满足要求； (4) 各种液压设备及辅件合格、齐全、完好，控制阀有效，耐压等级符合要求，操纵阀手把有限位装置	未修改	补充了液压管路连接销使用规范的考核内容，体现了考核细节变化
		2. 采(刨)煤机： (1) 采(刨)煤机完好；	3	查现场和资料。第(1)～(6)项不符合要求1处扣0.5分，	2. 采(刨)煤机： (1) 采(刨)煤机完好； (2) 采煤机有停止工作面刮板输送机的闭锁装置；	未修改	前7项未修改

8.3-1(续)

项目	项目内容	2017 基本要求	标准分值	2017 评分方法	2020 基本要求	2020 评分方法	对照解读
~~四~~三、机电设备(20分)	设备管理	(2) 采煤机有停止工作面刮板输送机的闭锁装置; (3) 采(刨)煤机设置甲烷断电仪或者便携式甲烷检测报警仪,且灵敏可靠; (4) 采(刨)煤机截齿、喷雾装置、冷却系统符合规定,内外喷雾有效; (5) 采(刨)煤机电气保护齐全可靠; (6) 刨煤机工作面至少每隔 30 m 装设能随时停止刨头和刮板输送机的装置或向刨煤机司机发送信号的装置;有刨头位置指示器;	3	查现场和资料。第(1)～(6)项不符合要求 1 处扣 0.5 分;	(3) 采(刨)煤机设置甲烷断电仪或者便携式甲烷检测报警仪,且灵敏可靠; (4) 采(刨)煤机截齿、喷雾装置、冷却系统符合规定,内外喷雾有效; (5) 采(刨)煤机电气保护齐全可靠; (6) 刨煤机工作面至少每隔 30 m 装设能随时停止刨头和刮板输送机的装置或向刨煤机司机发送信号的装置;有刨头位置指示器;	未修改	前 7 项未修改

8.3-1(续)

项目	项目内容	2017 基本要求	标准分值	2017 评分方法	2020 基本要求	2020 评分方法	对照解读
四 三、机电设备(20分)	设备管理	(7)大中型采煤机使用软启动控制装置; (8)采煤机具备遥控控制功能	3	第(7)~(8)项不符合要求1处扣0.1分	(7)大中型采煤机使用软启动控制装置; (8)采煤机具备遥控 控制 功能	未修改	第(8)项修改表述,更加简洁
		3. 刮板输送机、转载机、破碎机: (1)刮板输送机、转载机、破碎机完好; (2)使用刨煤机采煤、工作面倾角大于12°时,配套的刮板输送机装设防滑、锚固装置; (3)刮板输送机机头、机尾固定可靠	2	查现场和资料。不符合要求1处扣0.5分	3. 刮板输送机、转载机、破碎机: (1)刮板输送机、转载机、破碎机完好; (2)使用刨煤机采煤、工作面倾角大于12°时,配套的刮板输送机装设防滑、锚固装置; (3)刮板输送机机头、机尾固定可靠;	未修改	

8.3-1(续)

项目	项目内容	2017 基本要求	标准分值	2017 评分方法	2020 基本要求	2020 评分方法	对照解读
四 三、机电设备(20分)	设备管理	(4) 刮板输送机、转载机、破碎机的减速器与电动机软连接或采用软启动控制,液力偶合器不使用可燃性传动介质(调速型液力偶合器不受此限),使用合格的易熔塞和防爆片; (5) 刮板输送机安设有能发出停止和启动信号的装置; (6) 刮板输送机、转载机、破碎机电气保护齐全可靠,电机采用水冷方式时,水量、水压符合要求	2	查现场和资料。不符合要求1处扣0.5分	(4) 刮板输送机、转载机、破碎机的减速器与电动机**采用**软连接或采用软启动控制,液力偶合器不使用可燃性传动介质(调速型液力偶合器不受此限),使用合格的易熔塞和防爆片; (5) 刮板输送机安设有能发出停止和启动信号的装置; (6) 刮板输送机、转载机、破碎机电气保护齐全可靠,电机采用水冷方式时,水量、水压符合要求	未修改	第(4)条修改表述方法,使之更加通顺

8.3-1(续)

项目	项目内容	2017 基本要求	标准分值	2017 评分方法	2020 基本要求	2020 评分方法	对照解读
四 三、机电设备(20分)	设备管理	4. 带式输送机: (1) 带式输送机完好,机架、托辊齐全完好,胶带不跑偏; (2) 带式输送机电气保护齐全可靠; (3) 带式输送机的减速器与电动机采用软连接或软启动控制,液力偶合器不使用可燃性传动介质(调速型液力偶合器不受此限),并使用合格的易熔塞和防爆片	2	查现场和资料。第(1)～(8)项不符合要求1处扣0.5分,第(9)项不符合要求扣0.1分	4. 带式输送机: (1) 带式输送机完好,机架、托辊齐全完好,胶带不跑偏; (2) 带式输送机电气保护齐全可靠; (3) 带式输送机的减速器与电动机采用软连接或软启动控制,液力偶合器不使用可燃性传动介质(调速型液力偶合器不受此限),并使用合格的易熔塞和防爆片	未修改	

8.3-1(续)

项目	项目内容	2017 基本要求	标准分值	2017 评分方法	2020 基本要求	2020 评分方法	对照解读
四 三、机电设备(20分)	设备管理	(4)使用阻燃、抗静电胶带,有防打滑、防堆煤、防跑偏、防撕裂保护装置,有温度、烟雾监测装置,有自动洒水装置; (5)带式输送机机头、机尾固定牢固,机头有防护栏,有防灭火器材,机尾使用挡煤板、有防护罩。在大于16°的斜巷中带式输送机设置防护网,并采取防止物料下滑、滚落等安全措施; (6)连续运输系统有连锁、闭锁控制装置,全线安设有通信和信号装置	2	查现场和资料。第(1)～(8)项不符合要求1处扣0.5分,第(9)项不符合要求扣0.1分	(4)使用阻燃、抗静电胶带,有防打滑、防堆煤、防跑偏、防撕裂保护装置,有温度、烟雾监测装置,有自动洒水装置; (5)带式输送机机头、机尾固定牢固,机头有防护栏,有防灭火器材 **消防设施**,机尾使用挡煤板、有防护罩。在大于16°的斜巷中带式输送机设置防护网,并采取防止物料下滑、滚落等安全措施; (6)连续运输系统有连锁、闭锁控制装置,**机头、机尾及**全线安设通信和信号装置,**安设间距不超过200 m**	未修改	第(5)条将“防灭火器材”修改为“消防设施”更加规范,使用的防灭火品类范围更广。 第(6)项中明确了机头、机尾必须安设通信和信号装置,沿线安设的通信和信号装置间距不超过200 m

8.3-1(续)

项目	项目内容	2017 基本要求	标准分值	2017 评分方法	2020 基本要求	2020 评分方法	对照解读
四 三、机电设备(20分)	设备管理	(7)上运式带式输送机装设防逆转装置和制动装置,下运式带式输送机装设软制动装置和防超速保护装置; (8)带式输送机安设沿线急停装置; (9)带式输送机系统宜采用无人值守集中综合智能控制方式	2	查现场和资料。第(1)~(8)项不符合要求1处扣0.5分,第(9)项不符合要求扣0.1分	(7)上运式带式输送机装设防逆转装置和制动装置,下运式带式输送机装设软制动装置和防超速保护装置; (8)带式输送机安设沿线**有效的**急停装置; (9)带式输送机系统宜采用无人值守集中综合智能控制方式	未修改	
		5. 辅助运输设备完好,制动可靠,安设符合要求,声光信号齐全;轨道铺设符合要求;钢丝绳及其使用符合《煤矿安全规程》要求,检验合格	1	查现场。不符合要求1处扣0.5分	未修改	未修改	

8.3-1(续)

项目	项目内容	2017 基本要求	标准分值	2017 评分方法	2020 基本要求	2020 评分方法	对照解读
四 三、机电设备(20分)	设备管理	6. 通信系统畅通可靠,工作面每隔15 m及变电站、乳化液泵站、各转载点有语音通信装置;监测、监控设备运行正常,安设位置符合规定	1	查现场。不符合要求1处扣0.5分	未修改	未修改	
		7. 小型电器排列整齐,干净整洁,性能完好;机电设备表面干净,无浮煤积尘;移动变电站完好;接地线安设规范;开关上架,电气设备不被淋水;移动电缆有吊挂、拖曳装置	1	查现场。1处不符合要求不得分	未修改	未修改	

8.3-1(续)

项目	项目内容	2017 基本要求	标准分值	2017 评分方法	2020 基本要求	2020 评分方法	对照解读
四、职工素质及岗位规范(5分)	专业技能管理技术人员	管理和技术人员掌握相关的岗位职责、管理制度、技术措施,作业人员掌握本岗位操作规程、作业规程相关内容和安全技术措施	2**1**	查资料和现场。不符合要求1处扣0.5分	1. **区(队)**管理和技术人员掌握相关的岗位职责、管理制度、技术措施,作业人员掌握本岗位操作规程、作业规程相关内容和安全技术措施	查现场和资料和现场。**对照岗位职责、管理制度和技术措施,随机抽考1名管理或技术人员2个问题,1个问题回答错误**不符合要求1处扣0.5分	将原标准第二项移至第四项进行考核。 将管理技术人员和岗位人员分开进行考核,并将分值修改为1分。 评分方法更加明确考核方法,便于考核,扣分分值修改为1个问题回答错误扣0.5分
	规范作业**人员**	1. 现场作业人员严格执行本岗位安全生产责任制,掌握本岗位相应的操作规程和安全措施,操作规范,无"三违"行为; 2. 作业前进行安全确认;	3	查现场和资料。发现"三违"不得分,其他不符合要求1处扣1分	1. **2. 班组长及**现场作业人员严格执行本岗位安全生产责任制,;掌握本岗位相应的操作规程和、安全措施,;**规范操作**规范,无"三违"行为;2.作业前进行**岗位安全**	**查现场**和资料。**发现"三违"不得分,对照岗位安全生产责任制、操作规程和安全措施随机抽考2名特种作业人员和岗位人员各1个问题,1人回答错误扣0.5分;随机抽查2名特种作业人员或岗位人员现场实操,不执行岗位责**	增加了班组长相关考核内容,更加符合《煤矿安全规程》第一百零四条规定。 增加了作业前进行岗位安全风险辨识要求,体现了安全生产关口前移,也符合新标准化管理体系要求

8.3-1(续)

项目	项目内容	2017 基本要求	标准分值	2017 评分方法	2020 基本要求	2020 评分方法	对照解读
四、职工素质及岗位规范**(5分)**	规范作业**人员**	3. 零星工程施工有针对性措施、有管理人员跟班	3	查现场和资料。发现"三违"不得分,其他不符合要求1处扣1分	**风险辨识及**安全确认;3. 零星工程施工有针对性措施、有管理人员跟班	**任制、不规范操作或不进行岗位安全风险辨识及安全确认 1 人扣 0.5 分;**其他不符合要求 1 处扣 1 分	评分方法更加明确考核方法和扣分细则,便于考核评分
五、文明生产(10分)	面外环境	1. 电缆、管线吊挂整齐,泵站、休息地点、油脂库、带式输送机机头和机尾等场所有照明;图牌板(工作面布置图、设备布置图、通风系统图、监测通信系统图、供电系统图、工作面支护示意图、正规作业循环图表、避灾路线图;炮采工作面增设炮眼布置图、爆破说明书等)齐全、清晰整洁;巷道每隔 100 m 设置醒目的里程标志	2	查现场。不符合要求1项扣1分	未修改	查现场。不符合要求1项扣1 **0.5** 分	评分方法降低扣分标准,由原标准1项扣1分,修改为1项扣0.5分

8.3-1(续)

项目	项目内容	2017 基本要求	标准分值	2017 评分方法	2020 基本要求	2020 评分方法	对照解读
五、文明生产(10分)	面外环境	2. 进、回风巷支护完整,无失修巷道;设备、物料与胶带、轨道等的安全距离符合规定,设备上方与顶板距离不小于 0.3 m	3	查现场。不符合要求 1 项扣 1 分	未修改	查现场。不符合要求 1 项扣[1] **0.5** 分	评分方法降低扣分标准,由原标准 1 项扣 1 分,修改为 1 项扣 0.5 分
		3. 巷道及硐室底板平整,无浮碴及杂物、无淤泥、无积水;管路、设备无积尘;物料分类码放整齐,有标志牌,设备、物料放置地点与通风设施距离大于 5 m	2	查现场。不符合要求 1 项扣 1 分	3. 巷道及硐室底板平整,无浮碴及杂物[、],无淤泥[、],无积水;管路、设备无积尘;物料分类码放整齐,有标志牌,设备、物料放置地点与通风设施距离大于 5 m	查现场。不符合要求 1 项扣[1] **0.5** 分	评分方法降低扣分标准,由原标准 1 项扣 1 分,修改为 1 项扣 0.5 分
	面内环境	工作面内管路敷设整齐,支架内无浮煤、积矸,照明符合规定	3	查现场。不符合要求 1 项扣 1 分	工作面内管路敷设整齐,**液压**支架内无浮煤、积矸,照明符合规定	查现场。不符合要求 1 项扣[1] **0.5** 分	评分方法降低扣分标准,由原标准 1 项扣 1 分,修改为 1 项扣 0.5 分

8.3-1(续)

项目	项目内容	2017 基本要求	标准分值	2017 评分方法	2020 基本要求	2020 评分方法	对照解读
附加项(2分)	**技术进步**		**2**		**采用智能化采煤工作面,生产时作业人数不超过 5 人**	**查现场。符合要求得 2 分**	新增加条文,是附加项,不符合要求不扣分,符合要求得分记入本专业总分;鼓励矿井提高煤矿综采自动化水平,体现《关于印发〈关于加快煤矿智能化发展的指导意见〉的通知》(发改能源〔2020〕283 号)要求,是时代发展需要

8.4 掘 进

表 8.4-0 掘进旧、新标准工作要求对照解读

2017 煤矿安全生产标准化	2020 煤矿安全生产标准化管理体系	对照解读
一、工作要求(风险管控) 1. 生产组织 (1) 煤巷、半煤岩巷宜采用综合机械化掘进,综合机械化程度不低于 50%,并持续提高机械化程度; (2) 掘进作业应组织正规循环作业,按循环作业图表进行施工; (3) 采用机械化装运煤(矸),人工运输材料距离不超过 300 m; (4) 掘进队伍工种配备满足作业要求。 2. 设备管理 (1) 掘进机械设备完好,装载设备照明、保护及其他防护装置齐全可靠,使用正常; (2) 运输系统设备配置合理,无制约因素; (3) 运输设备完好整洁,附件齐全、运转正常,电气保护齐全可靠;减速器与电动机实现软启动或软连接; (4) 运输机头、机尾固定牢固,行人处设过桥; (5) 轨道运输各种安全设施齐全可靠。 3. 技术保障 (1) 有矿压观测、分析、预报制度; (2) 按地质及水文地质预报采取针对性措施; (3) 坚持"有疑必探,先探后掘"的原则; (4) 掘进工作面设计、作业规程编制审批符合要求,贯彻记录齐全;地质条件等发生变化时,对作业规程及时进行修改或补充安全技术措施; (5) 作业场所有规范的施工图牌板	未修改	

注:"□"表示新标准删除内容;加粗表示新标准增加内容。

表 8.4-0(续)

2017 煤矿安全生产标准化	2020 煤矿安全生产标准化管理体系	对照解读
4. 岗位规范 (1) 建立并执行本岗位安全生产责任制； (2) 作业人员操作规范，无违章指挥、违章作业、违反劳动纪律(以下简称“三违”)的行为； (3) 管理人员、技术人员掌握掘进作业规程的内容，作业人员熟知本岗位操作规程和作业规程相关内容； (4) 作业前进行安全确认		岗位规范移至第 5 项修改为职工素质及岗位规范
5. 工程质量与安全 (1) 建立工程质量考核验收制度，验收记录齐全； (2) 规格质量、内在质量、附属工程质量、工程观感质量符合 GB 50213 合格的要求，未明确规定的支护方式或施工形式参照执行； (3) 巷道支护材料规格、品种、强度等符合设计要求； (4) 掘进工作面控顶距符合作业规程要求，杜绝空顶作业；临时支护符合规定，安全设施齐全可靠； (5) 无失修的巷道	5**4.** 工程质量与安全 (1) 建立工程质量考核验收制度，验收记录齐全； (2) 规格质量、内在质量、附属工程质量、工程观感质量符合**《煤矿井巷工程质量验收规范》**(GB 50213—**2010**) 合格的 要求 ， 未明确规定的支护方式或施工形式参照执行； (3) 巷道支护材料规格、品种、强度等符合设计要求； (4) 掘进工作面控顶距符合作业规程要求，杜绝空顶作业；临时支护符合规定，安全设施齐全可靠； (5) 无失修的巷道	第 4 条对应原第 5 条，并增加《煤矿井巷工程质量验收规范》，使描述更加规范，删除“未明确规定的支护方式或施工形式参照执行”

表 8.4-0(续)

2017 煤矿安全生产标准化	2020 煤矿安全生产标准化管理体系	对照解读
	5. 职工素质及岗位规范 **(1) 严格执行本岗位安全生产责任制;** **(2) 管理人员、技术人员掌握相关的岗位职责、管理制度、技术措施,作业人员掌握本岗位相应的操作规程和安全措施;** **(3) 现场作业人员操作规范,无"三违"行为,作业前进行岗位安全风险辨识及安全确认**	同 8.3 中职工素质及岗位规范
6. 文明生产 (1) 作业场所卫生整洁;工具、材料等分类、集中放置整齐,有标志牌; (2) 设备设施保持完好状态; (3) 巷道中有醒目的里程标志; (4) 转载点、休息地点、车场、图牌板及硐室等场所有照明	未修改	
	7. 发展提升 **加强掘进工作面锚杆锚固质量检测,采用无损检测技术;鼓励装备智能化综合掘进系统**	新增第 7 条"发展提升"项,对提高煤矿掘进设备检测及智能化水平增加了激励条款

表 8.4-0(续)

2017 煤矿安全生产标准化	2020 煤矿安全生产标准化管理体系	对照解读
二、重大事故隐患判定 本部分重大事故隐患: 1. 图纸作假,隐瞒掘进工作面的; 2. 未配备负责掘进工作的专业技术人员的		重大事故隐患纳入总则部分考核

表 8.4-1 煤矿掘进标准化评分表对照解读

项目	项目内容	2017 基本要求	标准分值	2017 评分方法	2020 基本要求	2020 评分方法	对照解读
一、生产组织(5分)	机械化程度	1. 煤巷、半煤岩巷综合机械化程度不低于50%; 2. 条件适宜的岩巷宜采用综合机械化掘进; 3. 采用机械装、运煤(矸); 4. 材料、设备采用机械运输,人工运料距离不超过300 m	2	查资料和现场。煤巷、半煤岩巷综合机械化程度不符合要求、没有采用机械化装运煤(矸)不得分,条件适宜的岩巷没有采用综掘的扣0.1分,人工运料距离超过规定每增加20 m,扣0.1分	未修改	未修改	

注:"□"表示新标准删除内容;加粗表示新标准增加内容。

表 8.4-1(续)

项目	项目内容	2017 基本要求	标准分值	2017 评分方法	2020 基本要求	2020 评分方法	对照解读
一、生产组织(5分)	劳动组织	1. 掘进作业应按循环作业图表施工； 2. 完成考核周期内进尺计划； 3. 掘进队伍工种配备满足作业要求	3	查现场和资料。不符合要求1项扣1分	未修改	未修改	
二、设备管理(15分)	掘进机械	1. 掘进施工机(工)具完好； 2. 掘进机械设备完好，截割部运行时人员不在截割臂下停留和穿越，机身与煤(岩)壁之间不站人；综掘机铲板前方和截割臂附近无人时方可启动，停止工作和交接班时按要求停放综掘	8	查现场和资料。掘进机械设备不完好或违反规定使用钢丝绳牵引的耙装机不得分；综掘机运行时有人员在截割臂下停留和穿越、机身与煤(岩)壁之间站人扣5分；其他1处不符合要求扣1分	1. 掘进施工机(工)具完好，**激光指向仪、工程质量验收使用的器具(仪表)完好精准；** 2. 掘进机械设备完好，截割部运行时人员不在截割臂下停留和穿越、机身与煤(岩)壁之间不站人；综掘机铲板前方和截割臂附近无人时方可启动，停止工作和交接班时按要求停放综掘机，将切割头落地，并切断电源；	查现场和资料。掘进机械设备不完好或~~违反规定使用钢丝绳牵引的耙装机不得分~~综掘机运行时有人员在截割臂下停留和穿越、机身与煤(岩)壁之间站人**不得分** ~~扣5分~~；其他 ~~1处~~ 不符合要求**1处**扣1分	增加“激光指向仪、工程质量验收使用的器具(仪表)完好精准”，目的是加强标准化管理；删除“高瓦斯、煤与瓦斯突出和有煤尘爆炸危险性的矿井煤巷、半煤岩巷掘进工作面和石门揭煤工作面，不适用钢丝绳牵引的耙装机”等相关规定，删除内容为《煤矿安全规程》第六十一条规定，不再重复说明

表 8.4-1(续)

项目	项目内容	2017 基本要求	标准分值	2017 评分方法	2020 基本要求	2020 评分方法	对照解读
二、设备管理(15分)	掘进机械	机，将切割头落地，并切断电源；移动电缆有吊挂、拖曳、收放、防拔脱装置，并且完好；掘进机、掘锚一体机、连续采煤机、梭车、锚杆钻车装设甲烷断电仪或者便携式甲烷检测报警仪； 3. 使用掘进机、掘锚一体机、连续采煤机掘进时，开机、退机、调机时发出报警信号，设备非操作侧设有急停按钮（连续采煤机除外），有前照明和尾灯；内外喷雾使用正常；	8	查现场和资料。掘进机械设备不完好或违反规定使用钢丝绳牵引的耙装机不得分；综掘机运行时有人员在截割臂下停留和穿越、机身与煤（岩）壁之间站人扣 5 分；其他 1 处不符合要求扣 1 分	移动电缆有吊挂、拖曳、收放、防拔脱装置，并且完好；掘进机、掘锚一体机、连续采煤机、梭车、锚杆钻车装设甲烷断电仪或者便携式甲烷检测报警仪； 3. 使用掘进机、掘锚一体机、连续采煤机掘进时，开机、退机、调机时发出报警信号，设备非操作侧设有急停按钮（连续采煤机除外），有前照明和尾灯；内外喷雾使用正常； 4. 安装机载照明的掘进机后配套设备（如锚杆钻车等）启动前开启照明； 5. 耙装机装设有封闭式金属挡绳栏和防耙斗出槽的护栏，固定钢丝绳滑轮的锚桩及其孔深和牢固程度符合	查现场和资料。掘进机械设备不完好或违反规定使用钢丝绳牵引的耙装机不得分；综掘机运行时有人员在截割臂下停留和穿越、机身与煤（岩）壁之间站人**不得分**扣 5 分；其他 1 处不符合要求 **1 处**扣 1 分	增加“激光指向仪、工程质量验收使用的器具（仪表）完好精准”，目的是加强标准化管理；删除“高瓦斯、煤与瓦斯突出和有煤尘爆炸危险性的矿井煤巷、半煤岩巷掘进工作面和石门揭煤工作面，不适用钢丝绳牵引的耙装机”等相关规定，删除内容为《煤矿安全规程》第六十一条规定，不再重复说明

表 8.4-1(续)

项目	项目内容	2017 基本要求	标准分值	2017 评分方法	2020 基本要求	2020 评分方法	对照解读
二、设备管理(15分)	掘进机械	4. 安装机载照明的掘进机后配套设备(如锚杆钻车等)启动前开启照明; 5. 耙装机装设有封闭式金属挡绳栏和防耙斗出槽的护栏,固定钢丝绳滑轮的锚桩及其孔深和牢固程度符合作业规程规定,机身和尾轮应固定牢靠;上山施工倾角大于20°时,在司机前方设有护身柱或挡板,并在耙装机前增设固定装置;在斜巷中使用耙装机时有防止机	8	查现场和资料。掘进机械设备不完好或违反规定使用钢丝绳牵引的耙装机不得分;综掘机运行时有人员在截割臂下停留和穿越、机身与煤(岩)壁之间站人扣5分;其他1处不符合要求扣1分	作业规程规定,机身和尾轮应固定牢靠;上山施工倾角大于20°时,在司机前方设有护身柱或挡板,并在耙装机前增设固定装置;在斜巷中使用耙装机时有防止机身下滑的措施。耙装机距工作面的距离符合作业规程规定。耙装机作业时有照明。[高瓦斯、煤与瓦斯突出和有煤尘爆炸危险性的矿井煤巷、半煤岩巷掘进工作面和石门揭煤工作面,不使用钢丝绳牵引的耙装机]	查现场和资料。掘进机械设备不完好或[违反规定使用钢丝绳牵引的耙装机不得分]综掘机运行时有人员在截割臂下停留和穿越、机身与煤(岩)壁之间站人**不得分**[扣5分];其他[1处]不符合要求**1处**扣1分	增加“激光指向仪、工程质量验收使用的器具(仪表)完好精准”,目的是加强标准化管理;删除“高瓦斯、煤与瓦斯突出和有煤尘爆炸危险性的矿井煤巷、半煤岩巷掘进工作面和石门揭煤工作面,不适用钢丝绳牵引的耙装机”等相关规定,删除内容为《煤矿安全规程》第六十一条规定,不再重复说明

表 8.4-1(续)

项目	项目内容	2017 基本要求	标准分值	2017 评分方法	2020 基本要求	2020 评分方法	对照解读
二、设备管理(15分)	掘进机械	身下滑的措施。耙装机距工作面的距离符合作业规程规定。耙装机作业时有照明。高瓦斯、煤与瓦斯突出和有煤尘爆炸危险性的矿井煤巷、半煤岩巷掘进工作面和石门揭煤工作面，不使用钢丝绳牵引的耙装机	8	查现场和资料。掘进机械设备不完好或违反规定使用钢丝绳牵引的耙装机不得分；综掘机运行时有人员在截割臂下停留和穿越、机身与煤（岩）壁之间站人扣 5 分；其他 1 处不符合要求扣 1 分	**6. 掘进机械设备有管理台账和检修维修记录**	查现场和资料。掘进机械设备不完好或违反规定使用钢丝绳牵引的耙装机不得分综掘机运行时有人员在截割臂下停留和穿越、机身与煤（岩）壁之间站人**不得分**扣 5 分；其他 1 处不符合要求 **1 处**扣 1 分	增加“激光指向仪、工程质量验收使用的器具（仪表）完好精准”，目的是加强标准化管理；删除“高瓦斯、煤与瓦斯突出和有煤尘爆炸危险性的矿井煤巷、半煤岩巷掘进工作面和石门揭煤工作面，不适用钢丝绳牵引的耙装机”等相关规定，删除内容为《煤矿安全规程》第六十一条规定，不再重复说明
	运输系统	1. 后运配套系统设备设施能力匹配； 2. 运输设备完好，电气保护齐全可靠；	7	查现场和资料。不符合要求 1 处扣 1 分	1. 后运配套系统设备设施能力匹配； 2. 运输设备完好，电气保护齐全可靠，**行人跨越处应设过桥；**	未修改	将原第 3 条中“行人跨越处应设过桥”前移至第 2 条。重点强调所有运输设备行人跨越处都应设置过桥

表 8.4-1(续)

项目	项目内容	2017 基本要求	标准分值	2017 评分方法	2020 基本要求	2020 评分方法	对照解读
二、设备管理(15分)	运输系统	3. 刮板输送机、带式输送机减速器与电动机实现软启动或软连接,液力偶合器不使用可燃性传动介质(调速型液力偶合器不受此限),使用合格的易熔塞和防爆片;开关上架,电气设备不被淋水;机头、机尾固定牢固;行人跨越处设过桥; 4. 带式输送机胶带阻燃和抗静电性能符合规定,有防打滑、防跑偏、防堆煤、防撕裂等保护装置,装设温度、烟雾监测	7	查现场和资料。不符合要求1处扣1分	3. 刮板输送机、带式输送机减速器与电动机实现软启动或软连接,液力偶合器不使用可燃性传动介质(调速型液力偶合器不受此限),使用合格的易熔塞和防爆片;开关上架,电气设备不被淋水;机头、机尾固定牢固;行人跨越处设过桥;	未修改	

表 8.4-1(续)

项目	项目内容	2017 基本要求	标准分值	2017 评分方法	2020 基本要求	2020 评分方法	对照解读
二、设备管理(15 分)	运输系统	装置和自动洒水装置;机头、机尾应有安全防护设施;机头处有防灭火器材;连续运输系统安设有连锁、闭锁控制装置,沿线安设有通信和信号装置;采用集中综合智能控制方式;上运时装设防逆转装置和制动装置,下运时装设软制动装置且装设有防超速保护装置;大于 16°的斜巷中使用带式输送机设置防护网,并采取防止物料下滑、滚落等安全措施;机头尾	7	查现场和资料。不符合要求 1 处扣 1 分	4. 带式输送机胶带阻燃和抗静电性能符合规定,有防打滑、防跑偏、防堆煤、防撕裂等保护装置,装设温度、烟雾监测装置和自动洒水装置;机头、机尾应有安全防护设施;机头处有防灭火器材 **消防设施**;连续运输系统安设有连锁、闭锁控制装置,**机头、机尾及全**沿线安设有通信和信号装置,**安设间距不超过 200 m**;采用集中智能控制方式;上运时装设防逆转装置和制动装置,下运时装设软制动装置且装设有防超速保护装置;大于 16°的斜巷中使用带式输送机设置防护网,并采取防止物料下滑、滚落等安全措施;机头尾处设置有扫煤器;支架编号管理;托辊齐全、运转正常;	未修改	第 4 条中将防灭火器材更改为消防设施,使描述更加准确。 增加机头、机尾及全线,安设间距不超过 200 m,目的是明确通信和信号装置安设位置及距离,确保设备使用安全

表 8.4-1(续)

项目	项目内容	2017 基本要求	标准分值	2017 评分方法	2020 基本要求	2020 评分方法	对照解读
二、设备管理(15分)	运输系统	处设置有扫煤器；支架编号管理；托辊齐全、运转正常； 5. 轨道运输设备安设符合要求，制动可靠，声光信号齐全；轨道铺设符合要求；钢丝绳及其使用符合《煤矿安全规程》要求；其他辅助运输设备符合规定	7	查现场和资料。不符合要求1处扣1分	5. 轨道运输设备安设符合要求，制动可靠，声光信号齐全；轨道铺设符合要求；钢丝绳及其使用符合《煤矿安全规程》要求；其他辅助运输设备符合规定	未修改	
三、技术保障(10分)	监测控制	1. 煤巷、半煤岩巷锚杆、锚索支护巷道进行顶板离层观测，并填写记录牌板；进行围岩观测并分析、预报	2	查现场和资料。1项不符合要求不得分	1. 煤巷、半煤岩巷锚杆、锚索支护巷道进行顶板离层观测，并填写记录牌板；进行围岩观测并分析、预报，**根据预报调整支护设计并实施**	未修改	第1条增加“根据预报调整支护设计并实施”，目的是保证支护设计符合现场实际情况，更好地指导现场施工

表 8.4-1(续)

项目	项目内容	2017 基本要求	标准分值	2017 评分方法	2020 基本要求	2020 评分方法	对照解读
三、技术保障(10分)	监测控制	2. 根据地质及水文地质预报制定安全技术措施,落实到位; 3. 做到有疑必探,先探后掘	2	查现场和资料。1 项不符合要求不得分	2. 根据地质及水文地质预报制定安全技术措施,落实到位; 3. 做到有疑必探,先探后掘	未修改	第 1 条增加“根据预报调整支护设计并实施”,目的是保证支护设计符合现场实际情况,更好地指导现场施工
	现场图牌板	作业场所安设巷道平面布置图、施工断面图、炮眼布置图、爆破说明书(断面截割轨迹图)、正规循环作业图表等,图牌板内容齐全、图文清晰、正确、保护完好,安设位置便于观看	3	查现场。不符合要求 1 处扣 1 分	作业场所安设巷道平面布置图、施工断面图、炮眼布置图、爆破说明书(断面截割轨迹图)、正规循环作业图表、**避灾路线图、临时支护图**[等],图牌板内容齐全、图文清晰、正确、保护完好,安设位置便于观看	未修改	增加“避灾路线图、临时支护图”,删除“等”,直接明确现场图牌板内容,统一图牌板标准

表 8.4-1(续)

项目	项目内容	2017 基本要求	标准分值	2017 评分方法	2020 基本要求	2020 评分方法	对照解读
三、技术保障(10分)	规程措施	1. 作业规程编制、审批符合要求,矿总工程师定期组织对作业规程的贯彻、执行情况进行检查,地质及水文地质条件发生较大变化时,及时修改完善作业规程或补充安全措施并组织实施; 2. 作业规程中明确巷道施工工艺、临时支护及永久支护的形式和支护参数、永久支护距掘进工作面的距离等,并制定防止冒顶、片帮的安全措施;	5	查资料和现场。无作业规程、审批手续不合格或无措施施工的扣5分,其他1处不符合要求扣1分	1. 作业规程编制、审批符合要求,矿总工程师定期**至少每两个月**组织对作业规程的及贯彻、执行**实施**情况进行检查,**复审,且有复审意见;当设计、工艺、支护参数**、地质及水文地质条件**等**发生较大变化时,及时修改完善作业规程或补充安全措施并组织实施; 2. 作业规程中明确巷道施工工艺、**掘进循环进尺**、临时支护及永久支护的形式和支护参数、永久支护距掘进工作面的距离等,并制定防止冒顶、片帮的安全措施;	查现场和资料和现场。无**设计或**作业规程、审批手续不合格或无措施施工的扣5分,其他1处不符合要求**1处**扣1分	第1条将“矿总工程师定期组织”改为“矿总工程师至少每两个月组织对作业规程及贯彻实施情况进行复审,且有复审意见”;增加“当设计、工艺、支护参数”;主要是强调作业规程审批、实施、复审的重要性,应根据现场情况及时修改,提高规程针对性和指导性,保证施工安全。 第2条中增加“掘进循环进尺”,删除“永久支护”,使描述更加准确

表 8.4-1(续)

项目	项目内容	2017 基本要求	标准分值	2017 评分方法	2020 基本要求	2020 评分方法	对照解读
三、技术保障(10 分)	规程措施	3. 巷道开掘、贯通前组织现场会审并制定专门措施； 4. 过采空区、老巷、断层、破碎带和岩性突变地带等应有针对性措施	5	查资料和现场。无作业规程、审批手续不合格或无措施施工的扣 5 分，其他 1 处不符合要求扣 1 分	**3. 巷道有经审批符合要求的设计，**巷道开掘、贯通前组织现场会审并制定专门 **项安全措施；** 4. 过采空区、老巷、断层、破碎带和岩性突变地带等应有针对性措施，**加强支护**	查**现场和**资料和现场。无**设计或**作业规程、审批手续不合格或无措施施工的扣 5 分，其他 1 处不符合要求 **1 处**扣 1 分	第 3 条中增加"巷道有经审批符合要求的设计"，强调设计的重要性，巷道施工前必须先进行设计，且符合规定要求
五 **四**、工程质量与安全(50 分)	保障机制	1. 建立工程质量考核制度，各种检查有现场记录； 2. 有班组检查验收记录	5	查现场和资料。班组无工程质量检查验收记录不得分，其他 1 处不符合要求扣 0.5 分	未修改	查现场和资料。班组无工程质量检查验收记录不得分，其他 1 处 不符合要求 **1 处**扣 0.5 分	

表 8.4-1(续)

项目	项目内容	2017 基本要求	标准分值	2017 评分方法	2020 基本要求	2020 评分方法	对照解读
五 四、工程质量与安全(50分)	安全管控	1. 永久支护距掘进工作面距离符合作业规程规定; 2. 执行敲帮问顶制度,无空顶作业,空帮距离符合规程规定; 3. 临时支护形式、数量、安装质量符合作业规程要求; 4. 架棚支护棚间装设有牢固的撑杆或拉杆,可缩性金属支架应用金属拉杆,距掘进工作面 10 m 内架棚支护爆前进行加固; 5. 无失修巷道,运输设备完好、各种安全设施齐全可靠; 6. 压风、供水系统压力等符合施工要求	10	查现场。出现空顶作业不得分,不按规程、措施施工 1 处扣 3 分,其他 1 处不符合要求扣 1 分	1. 永久支护距掘进工作面距离符合作业规程规定; 2. 执行敲帮问顶制度,无空顶作业,空帮距离符合规程规定; 3. 临时支护形式、数量、安装质量符合作业规程要求; 4. 架棚支护棚间装设有牢固的撑杆或拉杆,可缩性金属支架应用金属拉杆,距掘进工作面 10m 内架棚支护爆破前进行加固; 5. 无失修巷道,运输设备完好、各种安全设施齐全可靠; 6. 压风、供水系统压力等符合施工要求; **7. 掘进机装备机载支护装置**	查现场。出现空顶作业不得分,不按规程、措施施工 1 处扣 3 分,其他 1 处不符合要求 **1 处**扣 1 分	第 5 条删除"运输设备完好",使描述更加准确。 新增第 7 项"掘进机装备机载支护装置",主要目的是明确掘进机应配套使用机载临时支护装置,避免人工进入空顶区,保证施工安全

表 8.4-1(续)

项目	项目内容	2017 基本要求	标准分值	2017 评分方法	2020 基本要求	2020 评分方法	对照解读
五 **四**、工程质量与安全(50 分)	规格质量	1. 巷道净宽误差符合以下要求:锚网(索)、锚喷、钢架喷射混凝土巷道有中线的0～100 mm,无中线的－50～200 mm;刚性支架、预制混凝土块、钢筋混凝土弧板、钢筋混凝土巷道有中线的0～50 mm,无中线的－30～80 mm;可缩性支架巷道有中线的0～100 mm,无中线的－50～100 mm	12	查现场。按表7-2取不少于3个检查点现场检查,测点1处不符合要求但不影响安全使用的扣0.5分,影响安全使用的扣3分	1. 巷道净宽误**偏**差符合以下要求:锚网(索)、锚喷、钢架喷射混凝土巷道有中线的0 mm～100 mm,无中线的－50 mm～200 mm;刚性支架、预制混凝土块、钢筋混凝土弧板、钢筋混凝土巷道有中线的0～50 mm,无中线的－30～80 mm;可缩性支架巷道有中线的0～100 mm,无中线的－50～100 mm	查现场。按表7 **8.4-**2取不少于3个检查点现场检查,测点1处不符合要求但不影响安全使用的扣0.5分,影响安全使用的扣3分	

表 8.4-1(续)

项目	项目内容	2017 基本要求	标准分值	2017 评分方法	2020 基本要求	2020 评分方法	对照解读
[五] 四、工程质量与安全(50分)	规格质量	2. 巷道净高误差符合以下要求：锚网背(索)、锚喷巷道有腰线的 0～100 mm，无腰线的 −50～200 mm；刚性支架巷道有腰线的 −30～50 mm，无腰线的 −30～50 mm；钢架喷射混凝土、可缩性支架巷道 −30～100 mm；裸体巷道有腰线的 0～150 mm，无腰线的 −30～200 mm；预制混凝土、钢筋混凝土弧板、钢筋混凝土有腰线的 0～50 mm，无腰线的 −30～80 mm	12	查现场。按表 7-2 取不少于 3 个检查点检查，测点不符合要求但不影响安全使用的 1 处扣 0.5 分，影响安全使用的 1 处扣 3 分	2. 巷道净高[误]**偏**差符合以下要求：锚网背(索)、锚喷巷道有腰线的 0～100 mm，无腰线的 −50～200 mm；刚性支架巷道有腰线的 −30～50 mm，无腰线的 −30～50 mm；钢架喷射混凝土、可缩性支架巷道 −30～100 mm；裸体巷道有腰线的 0～150 mm，无腰线的 −30～200 mm；预制混凝土、钢筋混凝土弧板、钢筋混凝土有腰线的 0～50 mm，无腰线的 −30～80 mm	查现场。按表[7] **8.4-**2 取不少于 3 个检查点检查，测点不符合要求但不影响安全使用的 1 处扣 0.5 分，影响安全使用的 1 处扣 3 分	

表 8.4-1(续)

项目	项目内容	2017 基本要求	标准分值	2017 评分方法	2020 基本要求	2020 评分方法	对照解读
五 **四**、工程质量与安全(50分)	规格质量	3. 巷道坡度偏差不得超过±1‰	12	查现场。按表 7-2 取不少于 3 个检查点检查，不符合要求 1 处扣 1 分	3. **有坡度要求的巷道**，坡度偏差不得超过±1‰	查现场。按表 7 **8.4**-2 取不少于 3 个检查点检查，不符合要求 1 处扣 1 分	增加“有坡度要求的巷道”，明确说明有坡度要求的巷道，坡度偏差符合规定，减少分歧
		4. 巷道水沟误差应符合以下要求：中线至内沿距离 −50～50 mm，腰线至上沿距离 −20～20 mm，深度、宽度 −30～30 mm，壁厚 −10 mm		查现场。按表 7-2 取不少于 3 个检查点现场检查，不符合要求 1 处扣0.5分	4. 巷道水沟误 **偏**差应符合以下要求：中线至内沿距离 −50～50 mm，腰线至上沿距离 −20～20 mm，深度、宽度 −30～30 mm，壁厚 −10 mm	查现场。按表 7 **8.4**-2 取不少于 3 个检查点现场检查，不符合要求 1 处扣 0.5 分	
	内在质量	1. 锚喷巷道喷层厚度不低于设计值 90%（现场每 25 m 打一组观测孔，一组观测孔至少 3 个且均匀布置），喷射混凝土的强度符合设计要求，基础深度不小于设计值的 90%	13	查现场和资料。未检查喷射混凝土强度扣 6 分，无观测孔扣 2 分，喷层厚度不符合要求 1 处扣 1 分，其他 1 处不符合要求扣 0.5 分	未修改	查现场和资料。未检查喷射混凝土强度扣 6 分，无观测孔扣 2 分，喷层厚度不符合要求 1 处扣 1 分，其他 1 处 不符合要求 **1 处**扣 0.5 分	

表 8.4-1(续)

项目	项目内容	2017 基本要求	标准分值	2017 评分方法	2020 基本要求	2020 评分方法	对照解读
五 **四**、工程质量与安全(50分)	内在质量	2. 光面爆破眼痕率符合以下要求：硬岩不小于80%、中硬岩不小于50%、软岩周边成型符合设计轮廓；煤巷、半煤岩巷道超(欠)挖不超过3处(直径大于500 mm，深度：顶大于250 mm、帮大于200 mm)	13	查现场和资料。没有进行眼痕检查扣3分，其他1处不符合要求扣0.5分	未修改	查现场和资料。没有进行眼痕检查扣3分，其他 1处 不符合要求 **1 处**扣 0.5 分	
		3. 锚网索巷道锚杆(索)安装、螺母扭矩、抗拔力、网的铺设连接符合设计要求，锚杆(索)的间、排距偏差－100～100 mm，锚杆露出螺母长度10～50 mm(全螺纹锚杆10～100 mm)，		查现场。锚杆螺母扭矩连续3个不符合要求扣5分，抗拔力、预应力不符合要求1处扣1分，其他1处不符合要求扣0.5分	3. 锚网索巷道锚杆(索)安装、螺母 扭矩、抗 **拉**拔力、网的铺设连接符合设计要求，锚杆(索)的间、排距偏差－100～100 mm，锚杆露出螺母长度10～50 mm(全螺纹锚杆10～100 mm)，锚索露出锁具长度150～250 mm，锚杆与井巷轮廓线切线或与层理面、节理面、裂隙	查现场。锚杆 螺母 扭矩连续3个不符合要求扣5分，抗 **拉**拔力 、预应力 不符合要求1处扣1分，其他 1处 不符合要求 **1 处**扣0.5分	将原“螺母扭矩、抗拉拔力”修改为“扭矩、拉拔力”，使描述更加准确

表 8.4-1(续)

项目	项目内容	2017 基本要求	标准分值	2017 评分方法	2020 基本要求	2020 评分方法	对照解读
五 **四**、工程质量与安全(50 分)	内在质量	锚索露出锁具长度 150 ～ 250 mm，锚杆与井巷轮廓线切线或与层理面、节理面裂隙面垂直，最小不小于 75°，抗拔力、预应力不小于设计值的 90%	13	查现场。锚杆螺母扭矩连续 3 个不符合要求扣 5 分，抗拔力、预应力不符合要求 1 处扣 1 分，其他 1 处不符合要求扣 0.5 分	面垂直，最小不小于 75°，预应力、抗拉拔力、预应力不小于设计值的 90%	查现场。锚杆~~螺母~~扭矩连续 3 个不符合要求扣 5 分，~~抗~~**拉**拔力~~、预应力~~不符合要求 1 处扣 1 分，其他~~1 处~~不符合要求 **1 处**扣 0.5 分	将原"螺母扭矩、抗拉拔力"修改为"扭矩、拉拔力"，使描述更加准确
		4. 刚性支架、钢架喷射混凝土、可缩性支架巷道偏差符合以下要求：支架间距不大于 50 mm、梁水平度不大于 40 mm、支架梁扭距不大于 50 mm、立柱斜度不大于 1°，水平巷道支架前倾后仰不大于 1°；		查现场。按表 7-2 取不少于 3 个检查点现场检查，不符合要求 1 处扣 0.5 分	4. 刚性支架、钢架喷射混凝土、可缩性支架巷道偏差符合以下要求：支架间距不大于 50 mm、梁水平度不大于 40 mm/**m**、支架梁扭距不大于 50 mm、立柱斜度不大于 1°，水平巷道支架前倾后仰不大于 1°，	查现场。按表~~7~~ **8.4**-2取不少于 3 个检查点现场检查，不符合要求 1 处扣 0.5 分	

表 8.4-1(续)

项目	项目内容	2017 基本要求	标准分值	2017 评分方法	2020 基本要求	2020 评分方法	对照解读
五 **四**、工程质量与安全(50分)	内在质量	柱窝深度不小于设计值;撑(或拉)杆、垫板、背板的位置、数量、安设形式符合要求;倾斜巷道每增加5°支架迎山角增加1°	13	查现场。按表7-2取不少于3个检查点现场检查,不符合要求1处扣0.5分	柱窝深度不小于设计值;撑(或拉)杆、垫板、背板的位置、数量、安设形式符合要求;倾斜巷道每增加5°**～8°**支架迎山角增加1°	查现场。按表 7 **8.4**-2取不少于3个检查点现场检查,不符合要求1处扣0.5分	
	材料质量	1. 各种支架及其构件、配件的材质、规格,及背板和充填材质、规格符合设计要求; 2. 锚杆(索)的杆体及配件、网、锚固剂、喷浆材料等材质、品种、规格、强度等符合设计要求	10	查资料和现场。现场使用不合格材料不得分,其他1处不符合要求扣1分	1. 各种支架及其构件、配件的材质、规格,**以**及背板和充填材质、规格符合设计要求; 2. 锚杆(索)的杆体及配件、网、锚固剂、喷浆材料等材质、品种、规格、强度等符合设计要求	查**现场和**资料 和现场。现场使用不合格材料不得分,其他 1处 不符合要求**1处**扣1分	

表 8.4-1(续)

项目	项目内容	2017 基本要求	标准分值	2017 评分方法	2020 基本要求	2020 评分方法	对照解读
四 **五、职工素质及岗位规范(10分)**	专业技能**管理技术人员**	1. 建立并执行本岗位安全生产责任制; 2. 管理和技术人员掌握作业规程,作业人员熟知本岗位操作规程和作业规程相关内容	5**2**	查资料和现场。岗位安全生产责任制不全,每缺1个岗位扣2分,其他1处不符合要求扣1分	1. 建立并执行本岗位安全生产责任制; 2. **1. 区(队)**管理和技术人员掌握作业规程,作业人员熟知本岗位操作规程和作业规程相关内容**相关的岗位职责、管理制度、技术措施**	查**现场和**资料和现场。岗位安全生产责任制不全,每缺1个岗位扣2分,其他1处不符合要求扣1分**对照岗位职责、管理制度和技术措施,随机抽考1名管理或技术人员2个问题,1个问题回答错误扣1分**	将管理技术人员和岗位人员分开进行考核。评分方法更加明确,便于考核,扣分分值修改为1个问题回答错误扣1分
	规范作业**人员**	1. 现场作业人员按操作规程及作业规程、措施施工; 2. 无"三违"行为; 3. 零星工程有针对性措施,有管理人员跟班;	5**8**	查现场和资料。发现"三违"行为不得分,其他1处不符合要求扣1分	1. **2. 班组长及现场作业人员**按操作规程及作业规程、措施施工;**严格执行本岗位安全生产责任制;掌握本岗位相应的操作规程、安全措施;**	查现场。发现"三违"行为不得分,**对照岗位安全生产责任制、操作规程和安全措施随机抽考2名岗位人员各1个问题,1人回答错误扣2分;随机抽查2名特种作业人员或岗位人员现场实操,不执行岗位责**	增加了班组长相关考核内容,更加符合《煤矿安全规程》第一百零四条规定。 增加了作业前进行岗位安全风险辨识要求,体现了安全生产关口前移,也符合新标准化管理体系要求

表 8.4-1(续)

项目	项目内容	2017 基本要求	标准分值	2017 评分方法	2020 基本要求	2020 评分方法	对照解读
四 **五、职工素质及岗位规范(10分)**	规范作业**人员**	4. 作业前进行安全确认	5**8**	查现场和资料。发现“三违”行为不得分,其他1处不符合要求扣1分	2. **规范操作,无“三违”行为;作业前进行岗位安全风险辨识及安全确认;** 3. 零星工程有针对性措施,有管理人员跟班; 4. 作业前进行安全确认	**任制、不规范操作或不进行岗位安全风险辨识及安全确认1人扣2分;**其他 1处 不符合要求**1处**扣1分	评分方法更加明确考核方法和扣分细则,便于考核评分
六、文明生产(10分)	灯光照明	转载点、休息地点、车场、图牌板及硐室等场所照明符合要求	3	查现场。不符合要求1处扣0.5分	未修改	未修改	

表 8.4-1(续)

项目	项目内容	2017 基本要求	标准分值	2017 评分方法	2020 基本要求	2020 评分方法	对照解读
六、文明生产(10 分)	作业环境	1. 现场整洁,无浮渣、淤泥、积水、杂物等,设备清洁,物料分类、集中码放整齐,管线吊挂规范; 2. 材料、设备标志牌齐全、清晰、准确,设备摆放、物料码放与胶带、轨道等留有足够的安全间隙; 3. 巷道至少每 100 m 设置醒目的里程标志	7	查现场。不符合要求 1 处扣 0.5分	1. 现场整洁,无**积尘**、浮渣、淤泥、积水、杂物等,设备清洁,物料分类、集中码放整齐,管线吊挂规范; 2. 材料、设备标志牌齐全、清晰、准确,设备摆放、物料码放与胶带、轨道等留有足够的安全间隙; 3. 巷道至少每 100 m 设置醒目的里程标志	未修改	增加“无积尘”
附加项(2 分)	**无损检测**		**1**		**掘进工作面采用锚杆锚固质量无损检测技术**	**查现场和资料。符合要求得 1 分**	新增项
	智能化		**1**		**采用智能化综合掘进系统**	**查现场。符合要求得 1 分**	新增项,遵照“人少则安,无人则安”的理念,实现矿井本质安全

8.5 机 电

表 8.5-0 机电旧、新标准工作要求对照解读

2017 煤矿安全生产标准化	2020 煤矿安全生产标准化管理体系	对照解读
一、工作要求(风险管控) 1. 设备与指标 (1) 煤矿各类产品合格证、矿用产品安全标志、防爆合格证等证标齐全; (2) 设备综合完好率、小型电器合格率、矿灯完好率、设备待修率和事故率等达到规定要求。 2. 煤矿机械 (1) 机械设备及系统能力满足矿井安全生产需要; (2) 机械设备完好,各类保护、保险装置齐全可靠; (3) 积极采用新工艺、新技术、新装备,推进煤矿机械化、自动化、信息化、智能化建设。 3. 煤矿电气 (1) 供电设计、供用电设备选型合理; (2) 矿井主要通风机、提升人员的绞车、抽采瓦斯泵等主要设备,以及井下变(配)电所、主排水泵房和下山开采的采区排水泵房的供电线路符合《煤矿安全规程》要求; (3) 防爆电气设备无失爆; (4) 电气设备完好,各种保护设置齐全、定值合理、动作可靠	未修改	

注:"□"表示新标准删除内容;加粗表示新标准增加内容。

8.5-0(续)

2017 煤矿安全生产标准化	2020 煤矿安全生产标准化管理体系	对照解读
4. 基础管理 (1) 机电管理机构健全,制度完善,责任落实; (2) 机电技术管理规范、有效,机电设备选型论证、购置、安装、使用、维护、检修、更新改造、报废等综合管理程序规范,设备台账、技术图纸等资料齐全,业务保安工作持续、有效; (3) 机电设备设施安全技术性能测试、检验及探伤等及时有效。	4. 基础管理 (1) 机电管理机构健全,制度完善,责任落实; (2) 机电技术管理规范、有效,机电设备选型论证、购置、安装、使用、维护、检修、更新改造、报废等综合管理程序规范,设备台账、技术图纸等资料齐全,业务保安工作持续、有效; (3) 机电设备设施安全技术性能测试、检验及探伤等及时有效	“机构健全”在第 3 部分组织机构中已有具体要求
5. 岗位规范 (1) 建立并执行本岗位安全生产责任制; (2) 管理、技术以及作业人员掌握相应的岗位技能; (3) 规范作业,无违章指挥、违章作业和违反劳动纪律(以下简称“三违”)行为; (4) 作业前进行安全确认	**5. 职工素质及岗位规范** (1) 建立并**严格**执行本岗位安全生产责任制; (2) 管理、技术以及作业人员掌握相应**关**的岗位技能**职责、管理制度、技术措施,作业人员掌握本岗位相应的操作规程和安全措施;** (3) 规范作业,无违章指挥、违章作业和违反劳动纪律(以下简称“三违”)行为;**,作业前进行岗位安全风险辨识及安全确认。** (4) 作业前进行安全确认	同 8.3 中职工素质及岗位规范

8.5-0(续)

2017 煤矿安全生产标准化	2020 煤矿安全生产标准化管理体系	对照解读
6. 文明生产 (1) 现场设备设置规范、标识齐全,设备整洁; (2) 管网设置规范,无跑、冒、滴、漏; (3) 机房、硐室以及设备周围卫生清洁; (4) 机房、硐室以及巷道照明符合要求; (5) 消防器材、绝缘用具齐全有效。	未修改	
二、重大事故隐患判定 本部分重大事故隐患: (1) 使用被列入国家应予淘汰的煤矿机电设备和工艺目录的产品或者工艺的; (2) 井下电气设备未取得煤矿矿用产品安全标志,或者防爆等级与矿井瓦斯等级不符的; (3) 单回路供电的(对于边远地区煤矿另有规定的除外); (4) 矿井供电有两个回路但取自一个区域变电所同一母线端的; (5) 没有配备分管机电的副矿长以及负责机电工作的专业技术人员的		删除重大事故隐患判定,将其纳入总则部分考核

表 8.5-1　煤矿机电标准化评分表对照解读

项目	项目内容	2017 基本要求	标准分值	2017 评分方法	2020 基本要求	2020 评分方法	对照解读
一、设备与指标(15 分)	设备证标	1. 机电设备有产品合格证； 2. 纳入安标管理的产品有煤矿矿用产品安全标志，使用地点符合规定； 3. 防爆设备有防爆合格证	4	查现场和资料。1 台不符合要求不得分	1. 机电设备有产品合格证； 2. 纳入安标管理的产品有煤矿矿用产品安全标志，使用地点符合规定； 3. 防爆设备有防爆合格证	未修改	《煤矿安全规程》、《关于公布执行安全标志管理的煤矿矿用产品目录（第一批）的通知》（煤安监技装字〔2001〕109 号）以及《煤矿矿用产品安全标志管理暂行办法》（煤安监政法字〔2001〕108 号）等都没有规定煤矿矿用安全产品的使用地点
	设备完好	机电设备综合完好率不低于 90%	3	查现场和资料。每降低 1 个百分点扣 0.5 分	未修改	未修改	
	固定设备	大型在用固定设备完好	2	查现场和资料。1 台不完好不得分	未修改	未修改	
	小型电器	小型电器设备完好率不低于 95%	1.5	查现场和资料。每降低 1 个百分点扣 0.5 分	小型电器设备完好**合格**率不低于 95%	未修改	修改为合格率，更加准确，与相关规定一致

注：“□”表示新标准删除内容；加粗表示新标准增加内容。

表 8.5-1(续)

项目	项目内容	2017 基本要求	标准分值	2017 评分方法	2020 基本要求	2020 评分方法	对照解读
一、设备与指标(15分)	矿灯	在用矿灯完好率100%,使用合格的双光源矿灯。完好矿灯总数应多出常用矿灯人数的10%以上	1.5	查现场和资料。井下发现1盏红灯扣0.3分,1盏灭灯、不合格灯不得分,完好矿灯总数未满足要求不得分	未修改	查现场和资料。井下发现[1盏红灯扣0.3分,]1盏灭灯、不合格灯不得分,完好矿灯总数未满足要求不得分	避免重复,不合格矿灯即包括红灯,明确考核标准的一致性,另外矿灯目前普遍采用冷光灯(LED或节能灯泡),基本不出现白炽灯泡低电压时"红灯"现象
	机电事故率	机电事故率不高于1%	1	查资料。机电事故率达不到要求不得分	未修改	未修改	
	设备待修率	设备待修率不高于5%	1	查现场和资料。设备待修率每增加1个百分点扣0.5分	未修改	未修改	
	设备大修改造	设备更新改造按计划执行,设备大修计划应完成90%以上	1	查资料。无更新改造年度计划或未完成不得分;无大修计划或计划完成率全年低于90%,上半年低于30%不得分	未修改	查资料。无更新改造年度计划或未完成不得分;无大修计划[或]、计划完成率全年低于90%[,]或上半年低于30%不得分	叙述较为确切(句法订正)

表 8.5-1(续)

项目	项目内容	2017 基本要求	标准分值	2017 评分方法	2020 基本要求	2020 评分方法	对照解读
二、煤矿机械(20 分)	主要提升(立斜井绞车)系统	1. 提升系统能力满足矿井安全生产需要; 2. 各种安全保护装置符合《煤矿安全规程》规定; 3. 立井提升装置的过卷过放、提升容器和载荷等符合《煤矿安全规程》规定; 4. 提升装置、连接装置及提升钢丝绳符合《煤矿安全规程》规定; 5. 制动装置可靠,副井及负力提升的系统使用可靠的电气制动; 6. 立井井口及各水平阻车器、安全门、摇台等与提升信号闭锁;	5	查现场和资料。第 1～9 项提人绞车 1 处不符合要求“煤矿机械”大项不得分,其他绞车不符合要求 1 处扣 1 分,第 10、11 项不符合要求 1 处扣 0.5 分,其他项不符合要求 1 处扣 0.1 分	1. 提升系统能力满足矿井安全生产需要; 2. 各种安全保护装置符合《煤矿安全规程》规定; 3. 立井提升装置的过卷过放、提升容器和载荷等符合《煤矿安全规程》规定; 4. 提升装置、连接装置及提升钢丝绳符合《煤矿安全规程》规定; 5. 制动装置可靠,副井及负力提升的系统使用可靠的电气制动; 6. 立井井口及各水平阻车器、安全门、摇台等与提升信号闭锁;	查现场和资料。第 1～9 项提**升人员**绞车 1 处不符合要求“煤矿机械”大项不得分,其他绞车不符合要求 1 处扣 1 分,第 10、11 项不符合要求 1 处扣 0.5 分,其他项不符合要求 1 处扣 0.1 分	

表 8.5-1(续)

项目	项目内容	2017 基本要求	标准分值	2017 评分方法	2020 基本要求	2020 评分方法	对照解读
二、煤矿机械(20分)	主要提升(立斜井绞车)系统	7. 提升速度大于3 m/s的立井提升系统内,安设有防撞梁和缓冲托罐装装置;单绳缠绕式双滚筒绞车安设有地锁和离合器闭锁; 8. 斜井提升制动减速度达不到要求时应设二级制动装置; 9. 提升系统通信、信号装置完善,主副井绞车房有能与矿调度室直通电话; 10. 上、下井口及各水平安设有摄像头,机房有视频监视器; 11. 机房安设有应急照明装置;	5	查现场和资料。第1～9项提人绞车1处不符合要求"煤矿机械"大项不得分,其他绞车不符合要求1处扣1分,第10、11项不符合要求1处扣0.5分,其他项不符合要求1处扣0.1分	7. 提升速度大于3 m/s的立井提升系统内,安设有防撞梁和缓冲托罐装置;单绳缠绕式双滚筒绞车安设有地锁和离合器闭锁; 8. 斜井提升制动减速度达不到要求时应设二级制动装置; 9. 提升系统通信、信号装置完善,主副井绞车房有能与矿调度室**有**直通电话; 10. 上、下井口及各水平安设有摄像头,机房有视频监视器; 11. **地面**机房安设有应急照明装置;	查现场和资料。第1～9项提**升人员**绞车1处不符合要求"煤矿机械"大项不得分,其他绞车不符合要求1处扣1分,第10、11项不符合要求1处扣0.5分,其他项不符合要求1处扣0.1分	第9项修改句法订正,叙述精练、准确。 第11项修改符合实际,仅地面需要

表 8.5-1(续)

项目	项目内容	2017 基本要求	标准分值	2017 评分方法	2020 基本要求	2020 评分方法	对照解读
二、煤矿机械(20分)	主要提升(立斜井绞车)系统	12. 使用低耗、先进、可靠的电控装置； 13. 主井提升宜采用集中远程监控，可不配司机值守，但应设图像监视，并定时巡检	5	查现场和资料。第1～9项提人绞车1处不符合要求"煤矿机械"大项不得分，其他绞车不符合要求1处扣1分，第10、11项不符合要求1处扣0.5分，其他项不符合要求1处扣0.1分	12. 使用低耗、先进、可靠的电控装置，**有电动机及主要轴承温度和振动监测；** 13. 主井提升宜采用集中远程监控，可不配司机值守，但应设图像监视，并定时巡检	查现场和资料。第1～9项提**升人员**绞车1处不符合要求"煤矿机械"大项不得分，其他绞车不符合要求1处扣1分，第10、11项不符合要求1处扣0.5分，其他项不符合要求1处扣0.1分	第12项修改完善大型固定设备关键部位运行状态的在线监测，保障提升机运行安全
	主要提升(带式输送机)系统	1. 钢丝绳牵引带式输送机： (1) 运输能力满足矿井、采区安全生产需要，人货不混乘，不超速运人； (2) 各种保护装置符合《煤矿安全规程》规定；	4	查现场和资料。第(1)～(5)项提人带式输送机1处不符合要求扣4分，其他带式输送机1处不符合要求扣1分，第(6)、(7)项1处不符合要求扣0.5分，其他项1处不符合要求扣0.1分	1. 钢丝绳牵引带式输送机： (1) **提升**运输能力满足矿井、采区安全生产需要，人货不混乘，不超速运人； (2) 各种保护装置符合《煤矿安全规程》规定；	查现场和资料。 第(1)～(5)项提人带式输送机1处不符合要求扣4分，其他带式输送机1处不符合要求扣1分，第(6)、(7)项1处不符合要求扣0.5分，其他项1处不符合要求**1项**扣0.1分	完善大型固定设备关键部位运行状态的在线监测，保障输送机运行安全，体现新技术要求

表 8.5-1(续)

项目	项目内容	2017 基本要求	标准分值	2017 评分方法	2020 基本要求	2020 评分方法	对照解读
二、煤矿机械(20分)	主要提升(带式输送机)系统	(3) 在输送机全长任何地点装设便于搭乘人员或其他人员操作的紧急停车装置; (4) 上、下人地点设声光信号、语音提示和自动停车装置,卸煤口及终点下人处设有防止人员坠入及进入机尾的安全设施和保护; (5) 上、下人和装、卸载处装设有摄像头,机房有视频监视器; (6) 输送带、滚筒、托辊等材质符合规定,滚筒、托辊转动灵活,带面无损坏、漏钢丝等现象; (7) 机房安设有与矿调度室直通电话;	4	查现场和资料。第(1)～(5)项提人带式输送机1处不符合要求扣4分,其他带式输送机1处不符合要求扣1分,第(6)、(7)项1处不符合要求扣0.5分,其他项1处不符合要求扣0.1分	(3) 在输送机全长任何地点装设便于搭乘人员或其他人员操作的紧急停车装置; (4) 上、下人地点设声光信号、语音提示和自动停车装置,卸煤口及终点下人处设有防止人员坠入及进入机尾的安全设施和保护; (5) 上、下人和装、卸载处装设有摄像头,机房有视频监视器 (6) 输送带、滚筒、托辊等材质符合规定,滚筒、托辊转动灵活,带面无损坏、漏钢丝等现象; (7) 机房安设有与矿调度室直通电话;	查现场和资料。 第(1)～(5)项提人带式输送机1处不符合要求扣4分,其他带式输送机1处不符合要求扣1分,第(6)、(7)项1处不符合要求扣0.5分,其他项1处不符合要求**1项**扣0.1分	

表 8.5-1(续)

项目	项目内容	2017 基本要求	标准分值	2017 评分方法	2020 基本要求	2020 评分方法	对照解读
二、煤矿机械(20 分)	主要提升(带式输送机)系统	(8) 使用低耗、先进、可靠的电控装置; (9) 采用集中远程监控,实现无人值守	4		(8) 使用低耗、先进、可靠的电控装置,**有电动机及主要轴承温度和振动监测;** (9) **宜**采用集中远程监控,实现无人值守		
		2. 滚筒驱动带式输送机: (1) 运输能力满足矿井、采区安全生产需要; (2) 电动机保护齐全可靠; (3) 装设有防滑、防跑偏、防堆煤、防撕裂和输送带张紧力下降保护装置,以及温度、烟雾监测和自动洒水装置; (4) 上运运输机装设防逆转和制动装置,下运运输机装设有软制动装置且装设防超速装置;		查现场和资料。第(1)~(8)项不符合要求 1 处扣 1 分,第(9)~(11)项不符合要求 1 处扣 0.5 分,其他项不符合要求 1 处扣 0.1 分	2. 滚筒驱动带式输送机: (1) **提升**运输能力满足矿井、采区安全生产需要; (2) 电动机保护齐全可靠; (3) 装设有防滑、防跑偏、防堆煤、防撕裂和输送带张紧力下降保护装置,以及温度、烟雾监测和自动洒水装置; (4) 上运运输机装设防逆转和制动装置,下运运输机装设有软制动装置且装设防超速装置;	查现场和资料。第(1)~(8)项不符合要求 1 处扣 1 分,第(9)~~~(11)~~(**12**)项不符合要求 1 处扣0.5分,其他项不符合要求 1 ~~处~~**项**扣 0.1 分	离心式联轴器摩擦产生高热可能引发火灾,曾发生过涉险事故。 根据《煤矿安全规程》第三百七十四条第(一)款、第(六)款要求,补充完善了基本要求。 增加在线监测,保障安全

表 8.5-1(续)

项目	项目内容	2017 基本要求	标准分值	2017 评分方法	2020 基本要求	2020 评分方法	对照解读
二、煤矿机械(20分)	主要提升(带式输送机)系统	(5) 减速器与电动机采用软连接或采用软启动控制，液力偶合器不使用可燃性传动介质(调速型液力偶合器不受此限)； (6) 输送带、滚筒、托辊等材质符合规定，滚筒、托辊转动灵活，带面无损坏、漏钢丝等现象； (7) 倾斜井巷使用的钢丝绳芯输送机有钢丝绳芯及接头状态检测装备；	4	查现场和资料。第(1)～(8)项不符合要求1处扣1分，第(9)～(11)项不符合要求1处扣0.5分，其他项不符合要求1处扣0.1分	(5) 减速器与电动机采用软连接或采用软启动控制，**不应使用离心式联轴器**，液力偶合器不使用可燃性传动介质(调速型液力偶合器不受此限)； (6) 输送带、滚筒、托辊等材质符合规定，**采用非金属聚合物制造的输送带、托辊和滚筒包胶材料的阻燃性能和抗静电性能符合有关标准的规定**；滚筒、托辊转动灵活，带面无损坏、漏钢丝等现象； (7) 倾斜井巷使用的钢丝绳芯输送机有钢丝绳芯及接头状态检测装备；	查现场和资料。第(1)～(8)项不符合要求1处扣1分，第(9)～(11)(**12**)项不符合要求1处扣0.5分，其他项不符合要求1处**项**扣0.1分	离心式联轴器摩擦产生高热可能引发火灾，曾发生过涉险事故。 根据《煤矿安全规程》第三百七十四条第(一)款、第(六)款要求，补充完善了基本要求。 增加在线监测，保障安全

表 8.5-1(续)

项目	项目内容	2017 基本要求	标准分值	2017 评分方法	2020 基本要求	2020 评分方法	对照解读
二、煤矿机械(20 分)	主要提升(带式输送机)系统	(8) 钢丝绳芯输送机设有沿线紧急停车、闭锁装置,装、卸载处设有摄像头; (9) 机头、机尾及搭接处设有照明,转动部位设有防护栏和警示牌,行人跨越处设有过桥; (10) 连续运输系统安设有连锁、闭锁控制装置,沿线安设有通信和信号装置; (11) 集中控制硐室安设有与矿调度室直通电话; (12) 使用低耗、先进、可靠的电控装置; (13) 采用集中远程监控,实现无人值守	4	查现场和资料。第(1)～(8)项不符合要求 1 处扣 1 分,第(9)～(11)项不符合要求 1 处扣 0.5 分,其他项不符合要求 1 处扣 0.1 分	(8) 钢丝绳芯输送机设有沿线紧急停车、闭锁装置,装、卸载处设有摄像头; (9) 机头、机尾及搭接处设有照明,转动部位设有防护栏和警示牌,行人跨越处设有过桥; **(10) 在大于 16°的倾斜井巷中应当设置防护网,并采取防止物料下滑、滚落等安全措施;** ~~(10)~~ **(11)** 连续运输系统安设有连锁、闭锁控制装置,沿线安设有通信和信号装置; ~~(11)~~ **(12)** 集中控制硐室安设有与矿调度室直通电话; ~~(12)~~ **(13)** 使用低耗、先进、可靠的电控装置,**有电动机及主要轴承温度和振动监测;** ~~(13)~~ **(14) 宜**采用集中远程监控,实现无人值守	查现场和资料。第(1)～(8)项不符合要求 1 处扣 1 分,第(9)～~~(11)~~ **(12)** 项不符合要求 1 处扣0.5 分,其他项不符合要求 1 ~~处~~ **项**扣 0.1 分	离心式联轴器摩擦产生高热可能引发火灾,曾发生过涉险事故。 根据《煤矿安全规程》第三百七十四条第(一)款、第(六)款要求,补充完善了基本要求。 增加在线监测,保障安全

表 8.5-1(续)

项目	项目内容	2017 基本要求	标准分值	2017 评分方法	2020 基本要求	2020 评分方法	对照解读
二、煤矿机械(20分)	主通风机系统	1. 主要通风机性能满足矿井通风安全需要； 2. 电动机保护齐全、可靠； 3. 使用在线监测装置，并且具备通风机轴承、电动机轴承、电动机定子绕组温度检测和超温报警功能，具备振动监测及报警功能； 4. 每月倒机、检查1次； 5. 安设有与矿调度室直通的电话； 6. 机房设有水柱计、电流表、电压表等仪表，并定期校准； 7. 机房安设应急照明装置； 8. 使用低耗、先进、可靠的电控装置	2	查现场和资料。第1～6项不符合要求1处扣1分，第7项不符合要求扣0.5分，其他项不符合要求1处扣0.1分	1. 主要通风机性能满足矿井通风安全需要； 2. 电动机保护齐全、可靠； 3. 使用在线监测装置，并且具备通风机轴承、电动机轴承、电动机定子绕组温度检测和超温报警功能，具备振动监测及报警功能； 4. 每月倒机、检查1次； 5. 安设有与矿调度室直通的电话； 6. 机房设有水柱计、电流表、电压表~~等~~仪表，并定期校准； 7. 机房安设应急照明装置； 8. 使用低耗、先进、可靠的电控装置	查现场和资料。第1～6项不符合要求1处扣1分，第7项不符合要求扣0.5分，其他项不符合要求1~~处~~**项**扣0.1分	评分办法的“处”改“项”，放宽扣分要求，按项考核，不按处重复扣分

表 8.5-1(续)

项目	项目内容	2017 基本要求	标准分值	2017 评分方法	2020 基本要求	2020 评分方法	对照解读
二、煤矿机械(20分)	压风系统	1. 供风能力满足矿井安全生产需要; 2. 压缩机、储气罐及管路设置符合《煤矿安全规程》和《特种设备安全法》等规定; 3. 电动机保护齐全可靠; 4. 压力表、安全阀、释压阀设置齐全有效,定期校准; 5. 油质符合规定,有可靠的断油保护; 6. 水冷压缩机水质符合要求,有可靠断水保护;	2	查现场和资料。第 1～9 项不符合要求 1 处扣 1 分,第 10 项不符合要求 1 处扣 0.5 分,其他项不符合要求 1 处扣 0.1 分	1. 供风能力满足矿井安全生产需要; 2. 压缩机、储气罐及管路设置符合《煤矿安全规程》和《特种设备安全法》等规定; 3. 电动机保护齐全可靠; 4. 压力表、安全阀、释压阀设置齐全有效,定期校准; 5. 油质符合规定,有可靠**的**断油保护; 6. 水冷压缩机水质符合要求,有可靠的断水保护;	查现场和资料。第 1～9 项不符合要求 1 处扣 1 分,第 10 项不符合要求 1 扣 0.5 分,其他项不符合要求 1 处**项**扣 0.1 分	增加在线监测,保障设备安全,体现推广而不是强制。 评分办法的"处"改"项",扣分要求放宽,简化考核

表 8.5-1(续)

项目	项目内容	2017 基本要求	标准分值	2017 评分方法	2020 基本要求	2020 评分方法	对照解读
二、煤矿机械(20分)	压风系统	7. 风冷压缩机冷却系统及环境符合规定； 8. 温度保护齐全、可靠，定值准确； 9. 井下压缩机运转时有人监护； 10. 机房安设有应急照明装置； 11. 使用低耗、先进、可靠的电控装置； 12. 地面压缩机采用集中远程监控，实现无人值守	2	查现场和资料。第1～9项不符合要求1处扣1分，第10项不符合要求1处扣0.5分，其他项不符合要求1处扣0.1分	7. 风冷压缩机冷却系统及环境符合规定； 8. 温度保护齐全、可靠，定值准确； 9. 井下压缩机运转时有人监护； 10. 机房安设有应急照明装置； 11. 使用低耗、先进、可靠的电控装置，**有电动机及主要轴承温度和振动监测；** 12. 地面压缩机**宜**采用集中远程监控，实现无人值守	查现场和资料。第1～9项不符合要求1处扣1分，第10项不符合要求1扣0.5分，其他项不符合要求1 处 **项**扣0.1分	增加在线监测，保障设备安全，体现推广而不是强制。 评分办法的“处”改“项”，扣分要求放宽，简化考核

表 8.5-1(续)

项目	项目内容	2017 基本要求	标准分值	2017 评分方法	2020 基本要求	2020 评分方法	对照解读
二、煤矿机械(20分)	排水系统	1. 矿井及采区主排水系统: (1) 排水能力满足矿井、采区安全生产需要; (2) 泵房及出口,水泵、管路及配电、控制设备,水仓蓄水能力等符合《煤矿安全规程》规定; (3) 有可靠的引水装置; (4) 设有高、低水位声光报警装置; (5) 电动机保护装置齐全、可靠; (6) 排水设施、水泵联合试运转、水仓清理等符合《煤矿安全规程》规定;	4	查现场和资料。第1项中的第(1)～(7)小项不符合要求1处扣1分,其他项不符合要求1处扣0.1分;第2项中的第(1)～(3)项不符合要求1处扣0.5分,第(4)项不符合要求扣0.1分	1. 矿井及采区主排水系统: (1) 排水能力满足矿井、采区安全生产需要; (2) 泵房及出口,水泵、管路及配电、控制设备,水仓蓄水能力[等]符合《煤矿安全规程》规定; (3) 有可靠的引水装置; (4) 设有**水位观测及**高、低水位声光报警装置; (5) 电动机保护装置齐全、可靠; (6) 排水设施、水泵联合[试运转]**排水试验**、水仓清理等符合《煤矿安全规程》规定;	查现场和资料。第1项中的第(1)～[(7)]**(8)**[小]项不符合要求1处扣1分,其他项不符合要求1[处]**项**扣0.1分;第2项中的第(1)～(3)项不符合要求1处扣0.5分,第(4)项不符合要求扣0.1分	水位观测装置直观、方便,也是现场管理的需要,也可与水位报警装置进行比对。按照《煤矿安全规程》三百一十四条要求修订。 增加在线监测,保障设备安全,体现新技术要求

表 8.5-1(续)

项目	项目内容	2017 基本要求	标准分值	2017 评分方法	2020 基本要求	2020 评分方法	对照解读
二、煤矿机械(20分)	排水系统	(7) 水泵房安设有与矿调度室直通电话; (8) 各种仪表齐全,及时校准; (9) 使用低耗、先进、可靠的电控装置; (10) 采用集中远程监控,实现无人值守; 2. 其他排水地点: (1) 排水设备及管路符合规定要求; (2) 设备完好,保护齐全、可靠; (3) 排水能力满足安全生产需要; (4) 使用小型自动排水装置	4	查现场和资料。第1项中的第(1)~(7)小项不符合要求1处扣1分,其他项不符合要求1处扣0.1分;第2项中的第(1)~(3)项不符合要求1处扣0.5分,第(4)项不符合要求扣0.1分	(7) 水泵房安设有与矿调度室直通电话; (8) 各种仪表齐全,及时校准; (9) 使用低耗、先进、可靠的电控装置,**有电动机及主要轴承温度和振动监测;** (10) **宜**采用集中远程监控,实现无人值守。 2. 其他排水地点: (1) 排水设备及管路符合规定要求; (2) 设备完好,保护齐全、可靠; (3) 排水能力满足安全生产需要; (4) 使用小型自动排水装置	查现场和资料。第1项中的第(1)~(7)**(8)**小项不符合要求1处扣1分,其他项不符合要求1处**项**扣0.1分;第2项中的第(1)~(3)项不符合要求1处扣0.5分,第(4)项不符合要求扣0.1分	评分办法"处"改为"项",放宽扣分要求,简化考核

表 8.5-1(续)

项目	项目内容	2017 基本要求	标准分值	2017 评分方法	2020 基本要求	2020 评分方法	对照解读
二、煤矿机械(20 分)	瓦斯抽采及发电系统	1. 抽采泵出气侧管路系统装设防回火、防回气、防爆炸的安全装置; 2. 根据输送方式的不同,设置甲烷、流量、压力、温度、一氧化碳等各种监测传感器; 3. 超温、断水等保护齐全、可靠; 4. 压力表、水位计、温度表等仪器仪表齐全、有效; 5. 机房安设有应急照明; 6. 电气设备防爆性能符合要求,保护齐全可靠; 7. 阀门装置灵活; 8. 机房有防烟火、防静电、防雷电措施	1.5	查现场,不符合要求 1 处扣 0.5分	未修改	未修改	增加瓦斯抽采设备的考核

表 8.5-1(续)

项目	项目内容	2017 基本要求	标准分值	2017 评分方法	2020 基本要求	2020 评分方法	对照解读
二、煤矿机械(20分)	地面供热降温系统	1. 热水锅炉： (1) 安设有温度计、安全阀、压力表、排污阀； (2) 按规定安设可靠的超温报警和自动补水装置； (3) 系统中有减压阀,热水循环系统定压措施和循环水膨胀装置可靠,有高低压报警和连锁保护； (4) 停电保护、电动机及其他各种保护灵敏可靠； (5) 有特种设备使用登记证和年检报告；	1.5	查现场和资料。不符合要求 1 处扣 0.5 分	1. 热水锅炉： (1) 安设有温度计、安全阀、压力表、排污阀； (2) 按规定安设可靠的超温报警和自动补水装置； (3) 系统中有减压阀,热水循环系统定压措施和循环水膨胀装置可靠,有高低压报警和连锁保护； (4) 停电保护、电动机及其他各种保护灵敏可靠； (5) 有特种设备使用登记证和年检报告； (6) 安全阀、仪器仪表按规定检验,有检验报告； (7) 水质合格,有检验报告。	未修改	

表 8.5-1(续)

项目	项目内容	2017 基本要求	标准分值	2017 评分方法	2020 基本要求	2020 评分方法	对照解读
二、煤矿机械(20分)	地面供热降温系统	(6) 安全阀、仪器仪表按规定检验，有检验报告； (7) 水质合格，有检验报告 2. 蒸汽锅炉： (1) 安设有双色水位计或两个独立的水位表； (2) 按规定安设可靠的高低水位报警和自动补水装置； (3) 按规定安设压力表、安全阀、排污阀； (4) 按规定安设可靠的超压报警器和连锁保护装置；	1.5	查现场和资料。不符合要求 1 处扣 0.5 分	2. 蒸汽锅炉： (1) 安设有双色水位计或两个独立的水位表； (2) 按规定安设可靠的高低水位报警和自动补水装置； (3) 按规定安设压力表、安全阀、排污阀； (4) 按规定安设可靠的超压报警器和连锁保护装置；	未修改	

表 8.5-1(续)

项目	项目内容	2017 基本要求	标准分值	2017 评分方法	2020 基本要求	2020 评分方法	对照解读
二、煤矿机械(20分)	地面供热降温系统	(5) 温度保护、熄火保护、停电自锁保护以及电动机和其他各种保护灵敏、可靠; (6) 有特种设备使用登记证和年检报告; (7) 安全阀、仪器仪表按规定检验,有检验报告; (8) 水质合格,有检验报告 3. 热风炉: (1) 安设有防火门和栅栏,有防烟、防火、超温安全连锁保护装置,有 CO 检测和洒水装置;	1.5	查现场和资料。不符合要求 1 处扣 0.5 分	(5) 温度保护、熄火保护、停电自锁保护以及电动机和其他各种保护灵敏、可靠; (6) 有特种设备使用登记证和年检报告; (7) 安全阀、仪器仪表按规定检验,有检验报告; (8) 水质合格,有检验报告。 3. 热风炉: (1) 安设有防火门和栅栏,有防烟、防火、超温安全连锁保护装置,有 CO **一氧化碳**检测和洒水装置;	未修改	

表 8.5-1(续)

项目	项目内容	2017 基本要求	标准分值	2017 评分方法	2020 基本要求	2020 评分方法	对照解读
二、煤矿机械(20分)	地面供热降温系统	(2) 电动机及其他各种保护灵敏、可靠； (3) 出风口处电缆有防护措施； (4) 锅炉距离入风井口不少于 20 m； (5) 有国家或者当地煤炭安全监察部门颁发的安全性能合格证 4. 地面降温系统： (1) 设备完好； (2) 各类保护齐全可靠； (3) 各种阀门、安全阀灵活可靠； (4) 仪表正常，有检验报告； (5) 水质合格，有化验记录	1.5	查现场和资料。不符合要求 1 处扣 0.5 分	(2) 电动机及其他各种保护灵敏、可靠； (3) 出风口处电缆有防护措施； (4) 锅炉距离入风井口不少于 20 m； (5) 有国家或者当地煤炭安全监察**主管**部门颁发的安全性能合格证 4. 地面降温系统： (1) 设备完好； (2) 各类保护齐全、可靠； (3) 各种阀门、安全阀灵活可靠； (4) 仪表正常，有检验报告； (5) 水质合格，有化验记录	未修改	

表 8.5-1(续)

项目	项目内容	2017 基本要求	标准分值	2017 评分方法	2020 基本要求	2020 评分方法	对照解读
三、煤矿电气(30分)	地面供电系统	1. 有供电设计及供电系统图,供电能力满足矿井安全生产需要; 2. 矿井供电主变压器运行方式符合规定; 3. 主要通风机、提升人员的绞车、抽采瓦斯泵、压风机以及地面安全监控中心等主要设备供电符合《煤矿安全规程》规定; 4. 各种保护设置齐全、定值准确、动作灵敏可靠,高压配出侧装设有选择性的接地保护;	5	查现场和资料。第1项1处不符合要求不得分,第2、3项不符合要求1项扣3分,第4~10项不符合要求1处扣1分,第11~15项不符合要求1处扣0.5分	1. 有**矿井**供电设计及供电系统图,供电能力满足矿井安全生产需要; 2. 矿井供电主变压器运行方式符合规定; 3. 主要通风机、提升人员的绞车、抽采瓦斯泵、压风机以及地面安全监控中心等主要设备供电符合《煤矿安全规程》规定; 4. 各种保护设置齐全、定值~~准确~~**合理**、动作灵敏可靠,高压配出侧装设有选择性的接地保护;	未修改	即指矿井供电既要求实际整定值与整定计算书一致,又要求计算正确、取值合理。

表 8.5-1(续)

项目	项目内容	2017 基本要求	标准分值	2017 评分方法	2020 基本要求	2020 评分方法	对照解读
三、煤矿电气(30分)	地面供电系统	5. 变电所有可靠的操作电源； 6. 直供电机开关或带有电容器的开关有欠压保护； 7. 高压开关柜具有防止带电合闸、防止带接地合闸、防止误入带电间隔、防止带电合接地线、防止带负荷拉刀闸和通信功能； 8. 反送电开关柜加锁且有明显标志； 9. 矿井 6 000 V 及以上电网单相接地电容电流符合《煤矿安全规程》规定；	5	查现场和资料。第 1 项 1 处不符合要求不得分，第 2、3 项不符合要求 1 项扣 3 分，第 4～10 项不符合要求 1 处扣 1 分，第 11～15 项不符合要求 1 处扣 0.5分	5. 变电所有可靠的操作电源； 6. 直供电机开关或带有电容器的开关有欠压保护； 7. 高压开关柜具有防止带电合闸、防止带接地合闸、防止误入带电间隔、防止带电合接地线、防止带负荷拉刀闸**防止误分合断路器、防止带负荷分合隔离开关、防止带电挂(合)接地线(接地开关)、防止带接地线(接地开关)合断路器(隔离开关)、防止误入带电间隔**和通信功能； 8. 反送电开关柜加锁且有明显标志； 9. 矿井 6 000 V 及以上电网单相接地电容电流符合《煤矿安全规程》规定；	未修改	准确描述，便于理解掌握

表 8.5-1(续)

项目	项目内容	2017 基本要求	标准分值	2017 评分方法	2020 基本要求	2020 评分方法	对照解读
三、煤矿电气(30分)	地面供电系统	10. 电气工作票、操作票符合《电力安全工作规程》的要求； 11. 防雷设施齐全、可靠； 12. 供电电压、功率因数、谐波参数符合规定； 13. 矿井主要变电所实现综合自动化保护和控制，实现无人值守； 14. 变电所有应急照明装置； 15. 矿井变电所安设有与电力调度及矿调度室直通电话，并有录音功能	5	查现场和资料。第1项1处不符合要求不得分，第2、3项不符合要求1项扣3分，第4～10项不符合要求1处扣1分，第11～15项不符合要求1处扣0.5分	10. 电气工作票、操作票符合《电力安全工作规程》的要求； 11. 防雷设施齐全、可靠； 12. 供电电压、功率因数、谐波参数符合规定； 13. 矿井主要变电所实现综合自动化保护和控制，实现无人值守； 14. 变电所有应急照明装置； 15. 矿井变电所安设有与电力调度及矿调度室直通电话，并有录音功能	未修改	

表 8.5-1(续)

项目	项目内容	2017 基本要求	标准分值	2017 评分方法	2020 基本要求	2020 评分方法	对照解读
三、煤矿电气(30分)	井下供电系统	1. 井下供配电网络： (1) 各水平中央变电所、采区变电所、主排水泵房和下山开采的采区泵房供电线路符合《煤矿安全规程》规定，运行方式合理； (2) 各级变电所运行管理符合规定； (3) 矿井、采区及采掘工作面等供电地点均有合格的供电系统设计，符合现场实际；	4	查现场和资料。第(1)项1处不符合要求不得分，第(2)～(12)不符合要求1处扣0.5分，其他项不符合要求1处扣0.1分	1. 井下供配电网络： (1) 各水平中央变电所、采区变电所、主排水泵房和下山开采的采区泵房供电线路符合《煤矿安全规程》规定，运行方式合理； (2) 各级变电所运行管理符合规定； (3) 矿井、采区及采掘工作面等供电地点均有合格的供电系统设计，符合现场实际；	未修改	检查考核范围扩大，不局限于井下中央变电所。 根据《煤矿安全规程》第五百零七条、第四百三十九条修订

表 8.5-1(续)

项目	项目内容	2017 基本要求	标准分值	2017 评分方法	2020 基本要求	2020 评分方法	对照解读
三、煤矿电气(30分)	井下供电系统	(4)按规定进行继电保护核算、检查和整定； (5)中央变电所安装有选择性接地保护装置； (6)配电网路开关分断能力、可靠动作系数和动、热稳定性以及电缆的热稳定性符合规定； (7)实行停送电审批和工作票制度； (8)井下变电所、配电点悬挂与实际相符的供电系统图； (9)调度室、变电所有停送电记录；	4	查现场和资料。第(1)项1处不符合要求不得分，第(2)～(12)不符合要求1处扣0.5分，其他项不符合要求1处扣0.1分	(4)按规定进行继电保护核算、检查和整定； (5)中央 **井下变电所高压馈电线上**安装有选择性接地保护装置； (6)配电网路开关分断能力、可靠动作系数和动、热稳定性以及电缆的热稳定性符合规定； (7)实行停送电审批和工作票制度； (8)井下变电所、配电点悬挂与实际相符的供电系统图； (9)调度室、变电所有停送电记录；	未修改	检查考核范围扩大，不局限于井下中央变电所。 根据《煤矿安全规程》第五百零七条、第四百三十九条修订。

表 8.5-1(续)

项目	项目内容	2017 基本要求	标准分值	2017 评分方法	2020 基本要求	2020 评分方法	对照解读
三、煤矿电气(30分)	井下供电系统	(10) 变电所及高压配电点设有与矿调度室直通电话； (11) 变电所设置符合《煤矿安全规程》规定； (12) 采区变电所专人值班或关门加锁并定期巡检； (13) 采用集中远程监控，实现无人值守	4	查现场和资料。第(1)项 1 处不符合要求不得分，第(2)～(12)不符合要求 1 处扣 0.5 分，其他项不符合要求 1 处扣0.1分	(10) 变电所及高压配电点设有与矿调度室直通电话； (11) 变电所设置符合《煤矿安全规程》规定； (12) 采区变电所**应有**专人值班或关门加锁并定期巡检； (13) **宜**采用集中远程监控，实现无人值守	未修改	“宜”字体现推广而不是强制
		2. 防爆电气设备及小型电器防爆合格率 100%	4	查现场和资料。高瓦斯、突出矿井中，以及低瓦斯矿井主要进风巷以外区域出现 1 处失爆“煤矿电气”大项不得分，其他区域发现 1 处失爆扣 4 分	2. 防爆电气设备及小型电器防爆合格率 100% **无失爆**	未修改	叙述精练，便于考核

表 8.5-1(续)

项目	项目内容	2017 基本要求	标准分值	2017 评分方法	2020 基本要求	2020 评分方法	对照解读
三、煤矿电气(30分)	井下供电系统	3. 采掘工作面供电： (1) 配电点设置符合《煤矿安全规程》规定； (2) 掘进工作面“三专两闭锁”设置齐全、灵敏可靠； (3) 采煤工作面瓦斯电闭锁设置齐全、灵敏可靠； (4) 按要求试验，有试验记录	2	查现场和资料。第(1)～(3)项1处不符合要求不得分；第(4)项不符合要求1处扣0.5分	3. 采掘工作面供电： (1) 配电点设置符合《煤矿安全规程》规定； (2) 掘进工作面“三专两闭锁”设置齐全、灵敏可靠； (3) 采煤工作面 瓦斯 **甲烷**电闭锁设置齐全、灵敏可靠； (4) 按要求试验，有试验记录	未修改	规范用语
		4. 高压供电装备： (1) 高压控制设备装有短路、过负荷、接地和欠压释放保护；	2	查现场或资料。不符合要求1处扣0.5分	未修改	查现场或资料。第**(1)～(3)项1处不符合要求扣0.5分；第(4)项**不符合要求1处扣 0.5 **0.1** 分	对推广项目的评分要求有所放宽，降低设备投入要求

表 8.5-1(续)

项目	项目内容	2017 基本要求	标准分值	2017 评分方法	2020 基本要求	2020 评分方法	对照解读
三、煤矿电气(30分)	井下供电系统	(2)向移动变电站和高压电动机供电的馈电线上装有有选择性的动作于跳闸的单相接地保护; (3)真空高压隔爆开关装设有过电压保护; (4)推广设有通信功能的装备	2	查现场或资料。不符合要求 1 处扣 0.5 分	未修改	查现场或资料。**第(1)～(3)项 1 处不符合要求扣 0.5 分;第(4)项**不符合要求 1 处扣~~0.5~~ **0.1** 分	对推广项目的评分要求有所放宽,降低设备投入要求
		5. 低压供电装备: (1)采区变电所、移动变电站或者配电点引出的馈电线上有短路、过负荷和漏电保护;	3	查现场和资料。不符合要求 1 处扣 0.5 分	未修改	查现场或资料。**第(1)～(3)项 1 处不符合要求扣 0.5 分;第(4)项**不符合要求 1 处扣~~0.5~~ **0.1** 分	对推广项目的评分要求有放宽,降低设备投入要求

表 8.5-1(续)

项目	项目内容	2017 基本要求	标准分值	2017 评分方法	2020 基本要求	2020 评分方法	对照解读
三、煤矿电气(30分)	井下供电系统	(2) 有检漏或选择性的漏电保护; (3) 按要求试验,有试验记录; (4) 推广设有通信功能的装备	3	查现场和资料。不符合要求 1 处扣 0.5 分	未修改	查现场或资料。**第(1)~(3)项 1 处不符合要求扣 0.5 分;第(4)项**不符合要求 1 处扣[0.5] **0.1** 分	对推广项目的评分要求有所放宽,降低设备投入要求
		6. 变压器及电动机控制设备: (1) 40 kW 及以上电动机使用真空磁力启动器控制; (2) 干式变压器、移动变电站过负荷、短路等保护齐全可靠; (3) 低压电动机控制设备有短路、过负荷、单相断线、漏电闭锁保护及远程控制功能	3	查现场和资料。甩保护、铜铁保险、开关前盘带电 1 处扣 1 分,其他 1 处不符合要求扣0.5分	未修改	查现场和资料。甩保护、铜铁保险、开关前盘带电 1 处扣 1 分,其他[1 处]不符合要求 **1 处**扣 0.5 分	

表 8.5-1(续)

项目	项目内容	2017 基本要求	标准分值	2017 评分方法	2020 基本要求	2020 评分方法	对照解读
三、煤矿电气(30分)	井下供电系统	7. 保护接地符合《煤矿井下保护接地装置的安装、检查、测定工作细则》的要求	2	查现场或资料。不符合要求1处扣0.5分	7. 保护接地符合**《煤矿安全规程》和**《煤矿井下保护接地装置的安装、检查、测定工作细则》的要求	未修改	补充基本要求,依据更加充分、完善
		8. 信号照明系统: (1) 井下信号、照明等其他220 V单相供电系统使用综合保护装置; (2) 保护齐全、可靠	1	查现场或资料。不符合要求1处扣0.5分	8. 信号照明系统: (1) 井下信号、照明**和信号的配电装置**等其他220 V单相供电系统使用综合保护装置;(2)保护**功能**齐全、可靠	未修改	叙述更加准确
		9. 电缆及接线工艺: (1) 动力电缆和各种信号、监控监测电缆使用煤矿用电缆;	3	查现场和资料。高瓦斯、突出矿井井下全范围以及低瓦斯矿井采区石门以里出现1处动力电缆不符合要求"煤矿电气"	9. 电缆及接线工艺: (1) 动力电缆和各种**照明**、信号、监控监测电缆使用煤矿用电缆;	未修改	增加照明,更加全面

表 8.5-1(续)

项目	项目内容	2017 基本要求	标准分值	2017 评分方法	2020 基本要求	2020 评分方法	对照解读
三、煤矿电气(30分)	井下供电系统	(2)电缆接头及接线方式和工艺符合要求,无尾巴"、"鸡爪子"、明接头; (3)各种电缆按规定敷设(吊挂),合格率不低于95%; (4)各种电气设备接线工艺符合要求		大项不得分,其他区域发现1处不符合要求扣3分;36 V以上信号电缆不符合要求1处扣0.5分;本安电缆及电气设备接线工艺不符合要求1处扣0.2分;电缆合格率每降低1个百分点扣0.5分	(2)电缆接头及接线方式和工艺符合要求,无"羊尾巴"、"鸡爪子"、明接头; (3)各种电缆按规定敷设(吊挂),合格率不低于95%; (4)各种电气设备接线工艺符合要求	未修改	增加照明,更加全面
		10. 井上下防雷电装置符合《煤矿安全规程》规定	1	查现场和资料。不符合要求1处扣0.5分	未修改	未修改	

表 8.5-1(续)

项目	项目内容	2017 基本要求	标准分值	2017 评分方法	2020 基本要求	2020 评分方法	对照解读
四、基础管理(23 分)	组织保障	1. 有负责机电管理工作的职能机构,有负责供电、电缆、小型电器、防爆、设备、配件、油脂、输送带、钢丝绳等日常管理工作职能部门	1.5 0	查资料。无机构不得分,其他 1 处不符合要求扣 0.5 分			"组织保障"部分删除,放在第 3 部分"组织机构"中叙述
		2. 矿及生产区队配有机电管理和技术人员,责任、分工明确	1.5 0	查资料。未配备人员不得分,其他 1 处不符合要求扣 0.5 分			
	管理制度	1. 矿、专业管理部门建有以下制度(规程):岗位安全生产责任制,操作规程,停送电管理、设备定期检修、电气试验测试、干部上岗检查、设备管理、机电事故统计分析、	1.5 3	查资料。内容不全,每缺 1 种制度(规程)扣 0.5 分,制度(规程)执行不到位 1 处扣 0.5 分	1. 矿、专业管理部门建有以下制度(规程):岗位安全生产责任制,操作规程,停送电管理、设备定期检修、电气试验测试、干部上岗检查、设备管理、机电事故统计分析、防爆设备入井安装验	查资料。内容不全,每缺 1 种制度(规程)扣0.5分,制度(规程)执行不到位 1 处扣 0.5分	提高标准分值,强化管理制度重要性。 岗位安全生产责任制在第 4 部分"安全生产责任制及安全管理制度"中有叙述

表 8.5-1(续)

项目	项目内容	2017 基本要求	标准分值	2017 评分方法	2020 基本要求	2020 评分方法	对照解读
四、基础管理(23分)	管理制度	防爆设备入井安装验收、电缆管理、小型电器管理、油脂管理、配件管理、阻燃胶带管理、杂散电流管理以及钢丝绳管理等制度	1.5 **3**	查资料。内容不全，每缺1种制度(规程)扣0.5分，制度(规程)执行不到位1处扣0.5分	收、电缆管理、小型电器管理、油脂管理、配件管理、阻燃胶带管理、杂散电流管理以及钢丝绳管理等制度	查资料。内容不全，每缺1种制度(规程)扣0.5分，制度(规程)执行不到位1处扣0.5分	
		2. 机房、硐室有以下制度、图纸和记录： (1) 有操作规程，岗位责任、设备包机、交接班、巡回检查、保护试验、设备检修以及要害场所管理等制度； (2) 有设备技术特征、设备电气系统图、液压(制动)系统图、润滑系统图；	1.5 **3**	查现场和资料。内容不全，每缺1种扣0.5分，执行不到位1处扣0.5分	2. 机房、硐室有以下制度、图纸和记录： (1) 有操作规程，岗位责任、设备包机、交接班、巡回检查、保护试验、设备检修以及要害场所管理等制度，**变电所有停送电管理制度；** (2) 有设备技术特征、设备电气系统图、液压(制动)系统图、润滑系统图；	查现场和资料。内容不全，每缺1种扣0.5分，执行不到位1处扣0.5分	提高标准分值，强化其重要性。 加强变电所停送电管理，确保供电安全，避免无计划停电

表 8.5-1(续)

项目	项目内容	2017 基本要求	标准分值	2017 评分方法	2020 基本要求	2020 评分方法	对照解读
四、基础管理(23 分)	管理制度	(3) 有设备运转、检修、保护试验、干部上岗、交接班、事故、外来人员、钢丝绳检查(或其他专项检查)等记录	1.5 **3**	查现场和资料。内容不全,每缺 1 种扣 0.5 分,执行不到位 1 处扣 0.5分	(3) 有设备运转、检修、保护试验、干部上岗、交接班、事故、外来人员、钢丝绳检查(或其他专项检查)等记录,**变电所有停送电记录**	查现场和资料。内容不全,每缺 1 种扣 0.5 分,执行不到位 1 处扣 0.5 分	增设变电所停送电记录,确保停送电有章可循,有记录可查
	技术管理	1. 机电设备选型论证、购置、安装、使用、维护、检修、更新改造、报废等综合管理及程序符合相关规定,档案资料齐全	1	查现场和资料。不符合要求 1 处扣0.5分	未修改	未修改	
		2. 设备技术信息档案齐全,管理人员明确;主变压器、主要通风机、提升机、压风机、主排水泵、锅炉等大型主要设备做到一台一档	3	查资料。无电子档案或无具体人员管理档案不得分,其他 1 处不符合要求扣0.5分	未修改	未修改	

表 8.5-1(续)

项目	项目内容	2017 基本要求	标准分值	2017 评分方法	2020 基本要求	2020 评分方法	对照解读
四、基础管理(23分)	技术管理	3. 矿井主提升、排水、压风、供热、供水、通讯、井上下供电等系统和井下电气设备布置等图纸齐全,并及时更新	2	查资料。缺1种图不得分,图纸与实际不相符1处扣0.5分	3. 矿井[主]提升、排水、压风、供热、供水、通[讯]**信**、井上下供电等系统和井下电气设备布置等图纸齐全,**内容、图例、标注规范,**[并]及时更新	查资料。缺1种图纸不得分,图纸与实际不相符1处扣0.5分	叙述具体,语言精练
		4. 各岗位操作规程、措施及保护试验要求等与实际运行的设备相符	1	查现场和资料。不符合要求1处扣0.5分	未修改	未修改	
		5. 持续有效地开展全矿机电专业技术专项检查与分析工作	3	查资料。未开展工作不得分,工作开展效果不好1次扣1分	5. 持续有效地开展全矿机电专业技术**指导监督**、专项检查与**机电事故统计**分析**等全矿机电业务保安**工作	未修改	强化专业技术指导,要求更具体
	设备技术性能测试	1. 大型固定设备更新改造有设计,有验收测试结果和联合验收报告	1	查资料。没有或不符合要求不得分	未修改	未修改	

表 8.5-1(续)

项目	项目内容	2017 基本要求	标准分值	2017 评分方法	2020 基本要求	2020 评分方法	对照解读
四、基础管理(23分)	设备技术性能测试	2. 主提升设备、主排水泵、主要通风机、压风机及锅炉、瓦斯抽采泵等按《煤矿安全规程》检测;检测周期符合《煤矿在用安全设备检测检验目录(第一批)》或其他规定要求	2	查资料。不符合要求 1 处扣 0.5分	2. 主提升设备、主排水泵、主要通风机、压风机及锅炉、瓦斯抽采泵等按《煤矿安全规程》检测;检测周期符合《煤矿在用安全设备检测检验目录(第一批)》或其他规定要求	未修改	瓦斯抽采泵未列入《煤矿在用安全设备检测检验目录(第一批)》中,且目前无 AQ 检测规范,暂不作要求
		3. 主绞车的主轴、制动杆件、天轮轴、连接装置以及主要通风机的主轴、叶片等主要设备的关键零部件探伤符合规定	2	查资料。不符合要求 1 处扣 0.5分	未修改	未修改	
		4. 按规定进行防坠器试验、电气试验、防雷设施及接地电阻等测试	2	查资料。1 处不符合要求不得分	未修改	未修改	

表 8.5-1(续)

项目	项目内容	2017 基本要求	标准分值	2017 评分方法	2020 基本要求	2020 评分方法	对照解读
五、职工素质及岗位规范(5分)	专业技能 **管理技术人员**	1. 管理和技术人员掌握相关的岗位职责、规程、设计、措施； 2. 作业人员掌握本岗位相应的操作规程和安全措施	2 **1**	查资料和现场。不符合要求1处扣0.5分	1. **区(队)**管理和技术人员掌握相关的岗位职责、规程 **管理制度**、设计、**技术**措施； 2. 作业人员掌握本岗位相应的操作规程和安全措施	**查现场和资料** 和现场。不符合要求1处 **对照岗位职责、管理制度和技术措施，随机抽考1名管理或技术人员2个问题，1个问题回答错误**扣0.5分	将管理技术人员和岗位人员分开进行考核。 更加明确考核方法，便于考核，扣分分值修改为1个问题回答错误扣0.5分
	规范作业人员	1. 严格执行岗位安全生产责任制； 2. 无"三违"行为； 3. 作业前进行安全确认	3 **4**	查现场。发现"三违"不得分；不执行岗位责任制、未进行安全确认1人次扣1分	1 **2. 班组长及现场作业人员**严格执行**本**岗位安全生产责任制；**掌握本岗位相应的操作规程、安全措施；规范操作；** 2. 无"三违"行为； 3. 作业前进行**岗位安全风险辨识及**安全确认	查现场。发现"三违"不得分；**，对照岗位安全生产责任制、操作规程和安全措施随机抽考2名岗位人员各1个问题，1人回答错误扣0.5分；随机抽查2名特种作业人员或岗位人员现场实操，**不执行岗位责任制、**不规范操作或不**未进行**岗位安全风险辨识及**安全确认1人次扣1 **0.5**分	增加了班组长相关考核内容，更加符合《煤矿安全规程》第一百零四条规定。 增加了作业前进行岗位安全风险辨识要求，体现了安全生产关口前移，也符合新标准化管理体系要求。 评分方法更加明确考核方法和扣分细则，便于考核评分

表 8.5-1(续)

项目	项目内容	2017 基本要求	标准分值	2017 评分方法	2020 基本要求	2020 评分方法	对照解读
六、文明生产(7分)	设备设置	1. 井下移动电气设备上架,小型电器设置规范、可靠; 2. 标志牌内容齐全; 3. 防爆电气设备和小型防爆电器有防爆入井检查合格证; 4. 各种设备表面清洁,无锈蚀	1.5	查现场。不符合要求 1 处扣 0.2分	未修改	未修改	
	管网	1. 各种管路应每 100 m 设置标识,标明管路规格、用途、长度、管路编号等; 2. 管路敷设(吊挂)符合要求,稳固; 3. 无锈蚀,无跑、冒、滴、漏	2	查现场。不符合要求 1 处扣 0.5分	1. 各种管路应每 100 m 设置标识,标明管路规格、用途、长度、**载体、流向**、管路编号等; 2. 管路敷设(吊挂)符合要求,稳固; 3. 无锈蚀,无跑、冒、滴、漏	未修改	管路标识更完善,便于现场管理

表 8.5-1(续)

项目	项目内容	2017 基本要求	标准分值	2017 评分方法	2020 基本要求	2020 评分方法	对照解读
六、文明生产(7分)	机房卫生	1. 机房硐室、机道和电缆沟内外卫生清洁； 2. 无积水，无油垢，无杂物； 3. 电缆、管路排列整齐	1.5	查现场。卫生不好或电缆排列不整齐1处扣0.2分，其他1处不符合要求扣0.5分	未修改	查现场。卫生不好或电缆排列不整齐1处扣0.2分，其他1处不符合要求**1处**扣0.5分	语法调整
	照明	机房、硐室以及巷道等照明符合《煤矿安全规程》要求	1	查现场。不符合要求1处扣0.5分	未修改	未修改	
	器材工具	消防器材、电工操作绝缘用具齐全合格	1	查现场。消防器材、绝缘用具欠缺、失效或无合格证1处扣0.5分	未修改	未修改	

8.6　运　　输

表 8.6-0　运输旧、新标准工作要求对照解读

2017 煤矿安全生产标准化	2020 煤矿安全生产标准化管理体系	对照解读
一、工作要求(风险管控) 1. 运输巷道与硐室 (1) 满足运输设备安装、运行的空间要求; (2) 满足运输设备检修的空间要求; (3) 满足人员操作、行走的安全要求	未修改	
2. 运输线路 (1) 轨道线路轨型、轨道铺设质量符合标准要求; (2) 保证列车能按规定的速度安全、平稳运行	2. 运输线路 (1) 轨道线路轨型、轨道铺设质量符合标准要求; **(2) 无轨胶轮车行驶路面质量符合标准要求;** (2) **(3)** 保证 列车 **车辆** 能按规定的速度安全、平稳运行。; **(4) 改善运输方式,优化运输系统**	本专业评级办法中对无轨胶轮车运行路面有要求,且符合《煤矿安全规程》第三百九十二条规定。 条文(3)表述更加简洁明了。 本专业评级办法中对采用先进辅助运输装备、机械运人装置等改善运输条件有要求
3. 运输设备 (1) 在用设备完好率符合要求; (2) 保护装置齐全、灵敏、可靠; (3) 安装符合设计要求	3. 运输设备 (1) 在用设备完好率,符合要求; (2) **制动装置、信号装置及**保护装置齐全、灵敏、可靠; (3) 安装符合设计要求	修改条文(1)表述,定义更加明确。 本专业评级办法中对运输设备的制动装置、信号装置有要求

注:"□"表示新标准删除内容;加粗表示新标准增加内容。

表 8.6-0(续)

2017 煤矿安全生产标准化	2020 煤矿安全生产标准化管理体系	对照解读
4. 运输设施 安全设施齐全、可靠,安装规范,正常使用	4. 运输安全设施 (1) 安全设施、**连接装置**齐全、可靠,安装规范,**使用**正常使用。 **(2) 安全警示设施安装规范,使用正常;** **(3) 物料捆绑固定规范有效**	涵盖内容不全,本专业评级办法中对运输设备的连接装置、安全警示设施、物料捆绑固定有要求
5. 运输管理 (1) 管理机构健全,制度完善; (2) 设备设施定期检测检验。	5. 运输管理 (1) 管理机构健全,制度完善,**职责明确**; (2) 设备设施定期检测检验; **(3) 技术资料齐全,满足运输管理需要**	删除运输管理机构,本专业评级办法中对运输管理职责及技术资料有要求
6. 岗位规范 (1) 建立并执行本岗位安全生产责任制; (2) 管理人员、技术人员掌握作业规程,作业人员熟知本岗位操作规程、作业规程及安全技术措施; (3) 现场作业人员操作规范,无违章指挥、违章作业和违反劳动纪律(以下简称"三违")行为; (4) 作业前进行安全确认	6. **职工素质**及岗位规范 (1) 建立并**严格**执行本岗位安全生产责任制; (2) 管理人员、技术人员掌握**相关的**作业规程**岗位职责、管理制度、技术措施**,作业人员熟知**掌握**本岗位**相应的**操作规程、作业规程及安全技术措施; (3) 现场作业人员操作规范,无违章指挥、违章作业和违反劳动纪律(以下简称"三违")行为;(4),作业前进行**岗位安全风险辨识及**安全确认	同 8.3 中职工素质及岗位规范

表 8.6-0(续)

2017 煤矿安全生产标准化	2020 煤矿安全生产标准化管理体系	对照解读
7. 文明生产 (1) 作业场所卫生整洁； (2) 设备材料码放整齐，图牌板内容齐全、清晰准确	未修改	
二、重大事故隐患判定 本部分重大事故隐患： 1. 煤与瓦斯突出矿井使用架线式电机车的； 2. 未配备负责运输工作专业技术人员的		删除重大事故隐患判定，将其纳入总则部分考核

表 8.6-1　煤矿运输标准化评分表对照解读

项目	项目内容	2017 基本要求	标准分值	2017 评分方法	2020 基本要求	2020 评分方法	对照解读
一、巷道硐室(8分)	巷道车场	1. 巷道支护完整，巷道(包括管、线、电缆)与运输设备最突出部分之间的最小间距符合《煤矿安全规程》规定；	8	查现场。不符合要求 1 处扣 2 分	1. 巷道支护完整，巷道(包括管、线、电缆)与运输设备最突出部分之间的最小间距符合《煤矿安全规程》规定；	查现场。**巷道最小**间距不符合[要求]**规定** 1 处扣 2 分；**未设置信号硐室 1 处扣 1 分；其他不符合要求 1 处扣 0.5 分**	“车房”在硐室车房一项中有专项考核，且本项内容考核的是巷道和车场，不是车房，并入硐室车房一项考核，更加科学合理

注：“□”表示新标准删除内容；加粗表示新标准增加内容。

表 8.6-1(续)

项目	项目内容	2017 基本要求	标准分值	2017 评分方法	2020 基本要求	2020 评分方法	对照解读
	巷道车场	2. 车场、车房、巷道曲线半径、巷道连接方式、运输方式设计合理,符合《煤矿安全规程》及有关规定要求			2. 车场、车房、巷道曲线半径、巷道连接方式、运输方式设计合理,符合《煤矿安全规程》及有关规定要求		“车房”在硐室车房一项中有专项考核,且本项内容考核的是巷道和车场,不是车房,并入硐室车房一项考核,更加科学合理
一、巷道硐室(8分)	硐室车房	斜巷信号硐室、躲避硐、运输绞车车房、候车室、调度站、人车库、充电硐室、错车硐室、车辆检修硐室等符合《煤矿安全规程》及有关规定要求	8	查现场。不符合要求1处扣2分	斜巷信号硐室、躲避硐、运输绞车车房、候车室、调度站、人车库、充电硐室、错车硐室、车辆检修硐室等符合《煤矿安全规程》及有关规定要求	查现场。**巷道最小间距不符合**要求**规定**1处扣2分;**未设置信号硐室1处扣1分;其他不符合要求1处扣0.5分**	把“运输绞车车房”修改为“绞车房”,车房的含义和范围不变,用词更为简洁明了
	装卸载站	车辆装载站、卸载站和转载站符合《煤矿安全规程》及有关规定要求			未修改		评分方法修改,考虑旧标准部分考核扣分过大,不利于激发标准化创建工作开展的积极性

表 8.6-1(续)

项目	项目内容	2017 基本要求	标准分值	2017 评分方法	2020 基本要求	2020 评分方法	对照解读
二、运输线路(32 **29** 分)	轨道(道路)系统**线路**	1. 运行 7 t 及以上机车、3 t 及以上矿车,或者运送 15 t 及以上载荷的矿井主要水平运输大巷、车场、主要运输石门、采区主要上下山、地面运输系统轨道线路使用不小于 30 kg/m 的钢轨;其他线路使用不小于 18 kg/m 的钢轨	18**6**	查现场。1 处不符合要求扣 3 分,单项扣到 10 分为止	1. 运行 7 t 及以上机车、3 t 及以上矿车,或者运送 15 t 及以上载荷的矿井**井筒**、主要水平运输大巷、车场、主要运输石门、采区主要上下山、地面运输系统轨道线路使用不小于 30 kg/m 的钢轨;其他线路使用不小于 18 kg/m 的钢轨	查现场。1 处不符合要求扣 3 分,单项扣到 10 分为止	项目内容"轨道(道路)系统"改为"轨道线路",其含义和范围不变,用词更为简洁明了。 "运输线路"各部分分项考核,由于矿井辅助运输连续化的发展和鼓励要求,矿井辅助运输方式越来越简单,对于缺项按缺项考核比较合理,分项单独考核更加公平,便于操作
		2. 主要运输线路(主要运输大巷和主要运输石门、井底车场、主要绞车道,地面运煤、运矸干线和集中运载站车场的轨道)及行驶人车的轨道线路质量达到以下要求:		查现场。抽查 1～3 条巷道,接头平整度、轨距、水平不符合要求 1 处扣 0.5 分,其他 1 处不合格扣 0.2 分,单项扣到 10 分为止	2. 主要运输线路(主要运输大巷和主要运输石门、井底车场、主要绞车道,地面运煤、运矸干线和集中运载站车场的轨道)及行驶人车的轨道线路质量达到以下要求:	查现场。抽查 1～3**2** 条巷道,接头平整度、轨距、水平不符合要求 1 处扣 0.5**0.2** 分,其他 1 处不合格扣 0.2**0.1** 分,单项扣至 10 分为止	"轨枕露出高度不小于 50 mm",进一步强调轨枕的铺设质量,目的是便于检查和整修,提高轨道铺设、运行质量

表 8.6-1(续)

项目	项目内容	2017 基本要求	标准分值	2017 评分方法	2020 基本要求	2020 评分方法	对照解读
二、运输线路(32 **29**分)	轨道(道路)系统**线路**	(1) 接头平整度:轨面高低和内侧错差不大于 2 mm; (2) 轨距:直线段和加宽后的曲线段允许偏差为 −2～5 mm; (3) 水平:直线段及曲线段加高后两股钢轨偏差不大于 5 mm; (4) 轨缝不大于 5 mm; (5) 扣件齐全、牢固,与轨型相符; (6) 轨枕规格及数量应符合标准要求,间距偏差不超过 50 mm; (7) 道碴粒度及铺设厚度符合标准要求,轨枕下应捣实; (8) 曲线段设置轨距拉杆	18 **6**	查现场。抽查 1～3 条巷道,接头平整度、轨距、水平不符合要求 1 处扣 0.5 分,其他 1 处不合格扣 0.2 分,单项扣到 10 分为止	(1) 接头平整度:轨面高低和内侧错差不大于 2 mm; (2) 轨距:直线段和加宽后的曲线段允许偏差为 −2～5 mm; (3) 水平:直线段及曲线段加高后两股钢轨偏差不大于 5 mm; (4) 轨缝不大于 5 mm; (5) 扣件齐全、牢固,与轨型相符; (6) 轨枕规格及数量应符合标准要求,间距偏差不超过 50 mm; (7) 道碴粒度及铺设厚度符合标准要求,轨枕下应捣实,**轨枕露出高度不小于 50 mm**; (8) 曲线段设置轨距拉杆	查现场。抽查 1～3**2** 条巷道,接头平整度、轨距、水平不符合要求 1 处扣 0.5 **0.2** 分,其他 1 处不合格扣 0.2**0.1** 分,单项扣至 10 分为止	由于目前煤矿主运输巷道轨道质量比一般线路相对要好,适当降低分值是比较合理的,把考核重点放在一般线路,有利于全面提升轨道质量

表 8.6-1(续)

项目	项目内容	2017 基本要求	标准分值	2017 评分方法	2020 基本要求	2020 评分方法	对照解读
二、运输线路(32 **29**分)	轨道(道路)系统**线路**	3. 其他轨道线路不得有杂拌道(异型轨道长度小于 50 m 为杂拌道),质量应达到以下要求: (1) 接头平整度:轨面高低和内侧错差不大于 2 mm; (2) 轨距:直线段和加宽后的曲线段允许偏差为 −2～6 mm; (3) 水平:直线段及曲线段加高后两股钢轨偏差不大于 8 mm; (4) 轨缝不大于 5 mm; (5) 扣件齐全、牢固,与轨型相符; (6) 轨枕规格及数量符合标准要求,间距偏差不超过 50 mm; (7) 道碴粒度及铺设厚度符合标准要求,轨枕下应捣实	18 **6**	查现场。抽查 1～3 条巷道,接头平整度、轨距、水平不符合要求 1 处扣 0.3 分,其他 1 处不合格扣 0.1 分,单项扣到 7 分为止	3. 其他轨道线路不得有杂拌道(异型轨道长度小于 50 m 为杂拌道),质量应达到以下要求: (1) 接头平整度:轨面高低和内侧错差不大于 2 mm; (2) 轨距:直线段和加宽后的曲线段允许偏差为 −2～6 mm; (3) 水平:直线段及曲线段加高后两股钢轨偏差不大于 8 mm; (4) 轨缝不大于 5 mm; (5) 扣件齐全、牢固,与轨型相符; (6) 轨枕规格及数量符合标准要求,间距偏差不超过 50 mm; (7) 道碴粒度及铺设厚度符合标准要求,轨枕下应捣实	查现场。**有杂拌道 1 处扣 1 分**;抽查 1～3 条巷道,接头平整度、轨距、水平不符合要求 1 处扣 0.3 分,其他 1 处不合格扣 0.1 分,单项扣到 7 **3** 分为止	明确杂拌道的考核评分

表 8.6-1(续)

项目	项目内容	2017 基本要求	标准分值	2017 评分方法	2020 基本要求	2020 评分方法	对照解读
二、运输线路(32 **29**分)	轨道(道路)系统**线路**	4. 异型轨道线路、齿轨线路质量符合设计及说明书要求	18 **6**	查现场。不符合要求 1 处扣 1 分,单项扣到 5 分为止	未修改	查现场。不符合要求 1 处扣 1 分,单项扣到 5 分为止 **抽查 1～2 条巷道,1 处不符合要求扣0.2分**	明确抽查巷道数量,降低扣分分值,有利于提高煤矿标准化创建工作的积极性
	单轨吊线路	5. 单轨吊车线路达到以下要求: (1) 下轨面接头间隙直线段不大于 3 mm;	18 **3**	查现场。轨端阻车器不符合要求扣 3 分,其他 1 处不符合要求扣 0.5 分,单项扣到 5 分为止	5. 单轨吊车线路达到以下要求: (1) 下轨面接头间隙直线段不大于 3 mm;	查现场。**抽查 1～2 条巷道**,轨端阻车器不符合要求扣 3 **0.3** 分,其他 1 处 不符合要求 **1 处**扣 0.5 **0.2**分,单项扣至 5 分为止	考核分值降低,有利于提高煤矿创建标准化工作的积极性

表 8.6-1(续)

项目	项目内容	2017 基本要求	标准分值	2017 评分方法	2020 基本要求	2020 评分方法	对照解读
二、运输线路(32 **29** 分)	单轨吊线路	(2) 接头高低和左右允许偏差分别为 2 mm 和 1 mm； (3) 接头摆角垂直不大于 7°，水平不大于 3°； (4) 水平弯轨曲率半径不小于 4 m，垂直弯轨曲率半径不小于 10 m； (5) 起始端、终止端设置轨端阻车器	18 **3**	查现场。轨端阻车器不符合要求扣 3 分，其他 1 处不符合要求扣 0.5 分，单项扣到 5 分为止	(2) 接头高低和左右允许偏差分别为2 mm和 1 mm； (3) 接头摆角垂直不大于 7°，水平不大于 3°； (4) 水平弯轨曲率半径不小于 4 m，垂直弯轨曲率半径不小于 10 m； (5) 起始端、终止端设置轨端阻车器	查现场。**抽查 1～2 条巷道，**轨端阻车器不符合要求扣 3 **0.3** 分，其他 1 处 不符合要求 **1 处**扣 0.5 **0.2** 分，单项扣至 5 分为止	考核分值降低，有利于提高煤矿创建标准化工作的积极性
	无轨胶轮车道路	6. 无轨胶轮车主要道路采用混凝土、铺钢板等方式硬化	18 **5**	查现场。不符合要求 1 处扣 1 分，单项扣到 5 分为止	6. 无轨胶轮车主要道路采用混凝土、铺钢板等方式硬化	查现场。**抽查 1～3 条主要巷道，**不符合要求 1 处**未硬化**扣 1 分，单项扣到 5 分为止	评分方法更加简洁、不啰唆

表 8.6-1(续)

项目	项目内容	2017 基本要求	标准分值	2017 评分方法	2020 基本要求	2020 评分方法	对照解读
二、运输线路(32 **29**分)	道岔	1. 道岔轨型不低于线路轨型,无非标准道岔,道岔质量达到以下要求: (1) 轨距按标准加宽后及辙岔前后轨距偏差不大于+3 mm; (2) 水平偏差不大于5 mm; (3) 接头平整度:轨面高低及内侧错差不大于2 mm; (4) 尖轨尖端与基本轨密贴,间隙不大于2 mm,无跳动,尖轨损伤长度不超过100 mm,在尖轨顶面宽20 mm处与基本轨高低差不大于2 mm;	5	查现场。轨距、水平、接头平整度、尖轨、心轨和护轨工作边间距不符合要求1处扣1分,其他1处不符合要求扣0.5分	未修改	查现场,**抽查1～3组**,轨距、水平、接头平整度、尖轨、心轨和护轨工作边间距不符合要求1处扣 1 **0.2** 分,其他 1处 不符合要求**1处**扣 0.5 **0.1**分;**1组道岔最高扣1分;1组非标准道岔或道岔轨型低于线路轨型扣1分**	道岔考核细化,对非标准道岔或道岔轨型低于线路轨型的考核有依据

表 8.6-1(续)

项目	项目内容	2017 基本要求	标准分值	2017 评分方法	2020 基本要求	2020 评分方法	对照解读
二、运输线路(32 **29分**)	道岔	(5) 心轨和护轨工作边间距按标准轨距减小 28 mm 后,偏差+2 mm; (6) 扣件齐全、牢固,与轨型相符; (7) 轨枕规格及数量符合标准要求,间距偏差不超过 50 mm,轨枕下应捣实	5	查现场。轨距、水平、接头平整度、尖轨、心轨和护轨工作边间距不符合要求 1 处扣 1 分,其他 1 处不符合要求扣 0.5分	未修改	查现场,**抽查 1～3 组**,轨距、水平、接头平整度、尖轨、心轨和护轨工作边间距不符合要求 1 处扣 1 **0.2** 分,其他 1 处不符合要求**1 处**扣 0.5 **0.1**分;**1 组道岔最高扣 1 分;1 组非标准道岔或道岔轨型低于线路轨型扣 1 分**	道岔考核细化,对非标准道岔或道岔轨型低于线路轨型的考核有依据
		2. 单轨吊道岔达到以下要求: (1) 道岔框架 4 个悬挂点的受力应均匀,固定点数均匀分布不少于 7 处; (2) 下轨面接头轨缝不大于 3 mm; (3) 轨道无变形,活动轨动作灵敏,准确到位; (4) 机械闭锁可靠; (5) 连接轨断开处设有轨端阻车器		查现场。机械闭锁、轨端阻车器不符合要求 1 处扣 3 分,其他 1 处不符合要求扣 1 分	未修改	查现场,**抽查 1～3 组**,机械闭锁、轨端阻车器不符合要求 1 处扣 3 **1** 分,其他 1 处不符合要求**1 处**扣 1 **0.5**分	考核分值降低,有利于提高煤矿创建标准化工作的积极性

表 8.6-1(续)

项目	项目内容	2017 基本要求	标准分值	2017 评分方法	2020 基本要求	2020 评分方法	对照解读
二、运输线路(32 **29** 分)	窄轨架线电机车牵引网络	1. 敷设质量达到以下要求: (1) 架空线悬挂高度:自轨面算起,架空线悬挂高度在行人的巷道内、车场内以及人行道与运输巷道交叉的地方不小于 2 m;在不行人的巷道内不小于 1.9 m;在井底车场内,从井底到乘车场不小于 2.2 m;在地面或工业场地内,不与其他道路交叉的地方不小于 2.2 m; (2) 架空线与巷道顶或棚梁之间的距离不小于 0.2 m;悬吊绝缘子距架空线的距离,每侧不超过 0.25 m;	4 **6**	查现场。架空线悬挂高度、架空线与巷道顶或棚梁之间的距离、悬吊绝缘子距架空线的距离、架空线悬挂点间距、架空线直流电压绝缘点不符合要求 1 处扣 2 分。其他 1 处不符合要求扣 0.5 分。架空线巷道乘人车场未装备有架空线自动停送电开关的不得分	1. 敷设质量达到以下要求: (1) 架空线悬挂高度:自轨面算起,架空线悬挂高度在行人的巷道内、车场内以及人行道与运输巷道交叉的地方不小于 2 m;在不行人的巷道内不小于 1.9 m;在井底车场内,从井底到乘车场不小于 2.2 m;在地面或工业场地内,不与其他道路交叉的地方不小于 2.2 m; (2) 架空线与巷道顶或棚梁之间的距离不小于 0.2 m;悬吊绝缘子距架空线的距离,每侧不超过 0.25 m;	查现场。架空线悬挂高度、架空线与巷道顶或棚梁之间的距离、悬吊绝缘子距架空线的距离、架空线悬挂点间距、架空线直流电压、绝缘点不符合要求 1 处扣 2 **0.3** 分;其他 1 处 不符合要求 **1 处**扣 0.5 **0.1** 分;架空线巷道乘人车场未装备有架空线自动停送电开关 的不得分 **1 处扣 1 分;已装备但不可靠 1 处扣 0.3 分;井下使用钢铝线扣 1 分**	《煤矿窄轨铁道维修质量标准及检查评级办法》和《窄轨架线电机车牵引网路维护及运行规程》(〔83〕煤生字第 892 号)文中要求:井下钢铝电车线应逐步淘汰

表 8.6-1(续)

项目	项目内容	2017 基本要求	标准分值	2017 评分方法	2020 基本要求	2020 评分方法	对照解读
二、运输线路(32 **29分**)	窄轨架线电机车牵引网络	(3) 架空线悬挂点的间距,直线段内不超过 5 m,曲线段内符合规定; (4) 架空线直流电压不超过 600 V; (5) 两平行钢轨之间每隔 50 m 连接1根断面不小于 50 mm² 的铜线或者其他具有等效电阻的导线。线路上所有钢轨接缝处,用导线或者采用轨缝焊接工艺加以连接。连接后每个接缝处的电阻符合要求; (6) 不回电的轨道与架线电机车回电轨道之间,应加以绝缘。第一绝缘点设在2种轨道的连接处;第二	4**6**	查现场。架空线悬挂高度、架空线与巷道顶或棚梁之间的距离、悬吊绝缘子距架空线的距离、架空线悬挂点间距、架空线直流电压绝缘点不符合要求 1 处扣 2 分。其他 1 处不符合要求扣 0.5 分。架空线巷道乘人车场未装备有架空线自动停送电开关的不得分	(3) 架空线悬挂点的间距,直线段内不超过 5 m,曲线段内符合规定; (4) 架空线直流电压不超过 600 V; (5) 两平行钢轨之间每隔 50 m 连接 1 根断面不小于 50 mm² 的铜线或者其他具有等效电阻的导线。线路上所有钢轨接缝处,用导线或者采用轨缝焊接工艺加以连接。连接后每个接缝处的电阻符合要求; (6) 不回电的轨道与架线电机车回电轨道之间,应加以绝缘。;第一绝缘点设在 2 种轨道的连接处;第二绝缘点设在不回电的轨道上,其与第一绝缘点之间的距离应大于 1 列车的长度。在与架线电机车线路相连通的轨道	查现场。架空线悬挂高度、架空线与巷道顶或棚梁之间的距离、悬吊绝缘子距架空线的距离、架空线悬挂点间距、架空线直流电压、绝缘点不符合要求 1 处扣 2**0.3** 分;其他 1 处不符合要求**1 处**扣 0.5**0.1**分;架空线巷道乘人车场未装备有架空线自动停送电开关的不得分 **1 处扣 1 分;已装备但不可靠 1 处扣 0.3 分;井下使用钢铝线扣 1 分**	《煤矿窄轨铁道维修质量标准及检查评级办法》和《窄轨架线电机车牵引网路维护及运行规程》(见〔83〕煤生字第 892 号)文中要求:井下钢铝电车线应逐步淘汰

表 8.6-1(续)

项目	项目内容	2017 基本要求	标准分值	2017 评分方法	2020 基本要求	2020 评分方法	对照解读
二、运输线路([32] **29** 分)	窄轨架线电机车牵引网络	绝缘点设在不回电的轨道上,其与第一绝缘点之间的距离应大于1列车的长度。在与架线电机车线路相连通的轨道上有钢丝绳跨越时,钢丝绳不得与轨道相接触; (7) 绝缘点应经常检查维护,保持可靠绝缘; 2. 电机车架空线巷道乘人车场装备有架空线自动停送电开关	[4]**6**	查现场。架空线悬挂高度、架空线与巷道顶或棚梁之间的距离、悬吊绝缘子距架空线的距离、架空线悬挂点间距、架空线直流电压绝缘点不符合要求1处扣2分。其他1处不符合要求扣0.5分。架空线巷道乘人车场未装备有架空线自动停送电开关的不得分	上有钢丝绳跨越时,钢丝绳不得与轨道相接触; (7) 绝缘点应经常检查维护,保持可靠绝缘; 2. 电机车架空线巷道乘人车场装备有架空线自动停送电开关; **3. 井下不得使用钢铝线**	查现场。架空线悬挂高度、架空线与巷道顶或棚梁之间的距离、悬吊绝缘子距架空线的距离、架空线悬挂点间距、架空线直流电压、绝缘点不符合要求1处扣[2]**0.3**分;其他[1处]不符合要求**1处**扣[0.5]**0.1**分;架空线巷道乘人车场未装备有架空线自动停送电开关[的不得分] **1处扣1分;已装备但不可靠1处扣0.3分;井下使用钢铝线扣1分**	《煤矿窄轨铁道维修质量标准及检查评级办法》和《窄轨架线电机车牵引网路维护及运行规程》(见〔83〕煤生字第892号)文中要求:井下钢铝电车线应逐步淘汰
	运输方式改善	1. 长度超过1.5 km的主要运输平巷或者高差超过50 m的人员上下的主要倾斜井巷,应采用机械方式运送人员	[5]**4**	查现场。1处不符合要求扣5分	未修改	查现场。1处不符合要求[扣5]**不得分**	

表 8.6-1(续)

项目	项目内容	2017 基本要求	标准分值	2017 评分方法	2020 基本要求	2020 评分方法	对照解读
二、运输线路(32 **29** 分)	运输方式改善	2. 逐步淘汰斜巷(井)人车提升,采用其他方式运送人员; 3. 水平单翼距离超过 4 000 m 时,有缩短运输距离的有效措施; 4. 采用其他运输方式替代多级、多段运输		查现场。不符合要求 1 处扣 0.1分	2. 逐步淘汰斜巷(井)人车提升,采用其他方式运送人员; 3. 水平单翼距离超过 4 000 m 时,有缩短人员和物料运输距离的有效措施; 4**3. 采用**其他**先进的**运输方式替代多级、多段运输; **4. 矿井逐步取消调度绞车;** **5. 矿井实现辅助运输连续化**	未修改	斜巷(井)人车正在逐步淘汰,生产矿井在用的普通轨斜巷(井)人车系统放置在运输设备一项中考核。 在此考核已经没有实际意义。 明确有效措施的特定对象和物体,措施更加具体。 明确辅助运输方式的先进性和发展方向。 优化运输系统,简化运输方式,采用先进的连续化辅助运输,实现安全高效运输
三、运输设备(22 **26** 分)	设备管理	1. 在用运输设备综合完好率不低于 90%;矿车、专用车完好率不低于 85%;运送人员设备完好率 100%	5**0**	查现场。完好率每降低 1 个百分点扣 0.2 分。综合完好率低于 70%扣 5 分,矿车、专用车完好率低于 60%扣 5 分。运送人员设备 1 台不完好扣2.5分			删除该条。已在机电专业、运输专业其他部分有规定

表 8.6-1(续)

项目	项目内容	2017 基本要求	标准分值	2017 评分方法	2020 基本要求	2020 评分方法	对照解读
三、运输设备（22 **26**分）	设备管理	2. 人行车、架空乘人装置、机车、调度绞车、无极绳连续牵引车、绳牵引卡轨车、绳牵引单轨吊车、单轨吊车、齿轨车、无轨胶轮车、矿车、专用车等运输设备编号管理	5 **0**	查现场。不符合要求 1 处扣 0.5分			删除该条，移至技术资料部分
	普通轨斜巷(井)人车	1. 制动装置齐全、灵敏、可靠； 2. 装备有跟车工在运行途中任何地点都能发送紧急停车信号的装置，并具有通话和信号发送、接收功能，灵敏可靠	17 **5**	查现场。1 处不符合要求"运输设备"大项不得分	未修改	未修改	"运输设备"各部分分项考核，对于缺项按缺项考核比较合理，分项单独考核更加公平，便于操作

表 8.6-1(续)

项目	项目内容	2017 基本要求	标准分值	2017 评分方法	2020 基本要求	2020 评分方法	对照解读
三、运输设备(22 **26** 分)	架空乘人装置	1. 架空乘人装置正常运行。每日至少对整个装置进行 1 次检查; 2. 工作制动装置和安全制动装置齐全、可靠;	17 **4**	查现场和资料。未按规定装设有关装置扣 2 分,其他 1 处不符合要求扣 1 分,单项扣到 10 分为止	1. 架空乘人装置正常运行。;每日至少对整个装置进行 1 次检查; 2. 工作制动装置和安全制动装置齐全、可靠; **2. 双向同时运送人员时钢丝绳间距不得小于 0.8 m,固定抱索器的钢丝绳间距不得小于 1.0 m;乘人吊椅距底板的高度不得小于 0.2 m,在上下人站处不大于 0.5 m;乘坐间距不应小于牵引钢丝绳 5 s 的运行距离,且不得小于6 m;各乘人站设上下人平台,平台处钢丝绳距巷道壁不小于 1 m,路面应当进行防滑处理,上、下人员地点前方应装置人员到达语音提醒装置;**	查现场和资料。未按规定装设有关装置扣 2 分,其他 1 处不符合要求 **1 处**扣 1 分,单项扣至 10 分为止	《煤矿安全规程》第三百八十三条规定。 《煤矿井下辅助运输设计规范》(GB 50533—2009)规定。 《煤矿用架空乘人装置安全检验规范》(AQ 1038—2007)要求。 《煤矿用架空乘人装置》(MT/T 1117—2011)要求。 《煤矿固定抱索器架空乘人装置技术条件》(MT/T 873—2000)要求

表 8.6-1(续)

项目	项目内容	2017 基本要求	标准分值	2017 评分方法	2020 基本要求	2020 评分方法	对照解读
三、运输设备（22 **26**分）	架空乘人装置	3. 运行坡度、运行速度不得超过《煤矿安全规程》规定； 4. 装设超速、打滑、全程急停、防脱绳、变坡点防掉绳、张紧力下降、越位等保护装置，并达到齐全、灵敏、可靠； 5. 有断轴保护措施； 6. 各上下人地点装备通信信号装置，具备通话和信号发送接收功能，灵敏、可靠；	17**4**	查现场和资料。未按规定装设有关装置扣 2 分，其他 1 处不符合要求扣 1 分，单项扣到 10 分为止	3. 运行坡度、运行速度不得超过《煤矿安全规程》规定； **4. 驱动系统必须设置失效安全型工作制动装置和安全制动装置，安全制动装置必须设置在驱动轮上；** 4**5**. 装设超速、打滑、全程急停、防脱绳、变坡点防掉绳、张紧力下降、越位等保护装置，并达到齐全、灵敏、可靠；**安全保护装置发生保护动作后，需经人工复位，方可重新启动；** 5. 有断轴保护措施； 6. 各上下人地点装备通信信号装置，具备通话和信号发送接收功能，灵敏、可靠；	查现场和资料。未按规定装设有关装置扣 2 分，其他 1 处不符合要求 **1 处**扣 1 分，单项扣至 10 分为止	《煤矿安全规程》第三百八十三条规定。 《煤矿井下辅助运输设计规范》（GB 50533—2009）规定。 《煤矿用架空乘人装置安全检验规范》（AQ 1038—2007）要求。 《煤矿用架空乘人装置》（MT/T 1117—2011）要求。 《煤矿固定抱索器架空乘人装置技术条件》（MT/T 873—2000）要求

表 8.6-1(续)

项目	项目内容	2017 基本要求	标准分值	2017 评分方法	2020 基本要求	2020 评分方法	对照解读
三、运输设备(22 **26** 分)	架空乘人装置	7. 沿线设有延时启动声光预警信号及便于人员操作的紧急停车装置; 8. 减速器应设置油温检测装置,当油温异常时能发出报警信号; 9. 钢丝绳安全系数、插接长度、断丝面积、直径减小量、锈蚀程度符合《煤矿安全规程》规定	17 **4**	查现场和资料。未按规定装设有关装置扣 2 分,其他 1 处不符合要求扣 1 分,单项扣到 10 分为止	7 **6.** 沿线设有延时启动声光预警信号及便于人员操作的紧急停车装置; **7. 各上下人地点装备通信信号装置,具备通话和信号发送接收功能;** **8. 除采用固定抱索器的架空乘人装置外,应当设置乘人间距提示或者保护装置;** 8 **9.** 减速器应设置油温检测装置,当油温异常时能发出报警信号; **10. 有断轴保护措施;** 9 **11.** 钢丝绳安全系数、插接长度、断丝面积、直径减小量、锈蚀程度符合《煤矿安全规程》规定;	查现场和资料。未按规定装设有关装置扣 2 分,其他 1 处不符合要求 **1 处**扣 1 分,单项扣至 10 分为止	《煤矿安全规程》第三百八十三条规定。 《煤矿井下辅助运输设计规范》(GB 50533—2009)规定。 《煤矿用架空乘人装置安全检验规范》(AQ 1038—2007)要求。 《煤矿用架空乘人装置》(MT/T 1117—2011)要求。 《煤矿固定抱索器架空乘人装置技术条件》(MT/T 873—2000)要求

表 8.6-1(续)

项目	项目内容	2017 基本要求	标准分值	2017 评分方法	2020 基本要求	2020 评分方法	对照解读
三、运输设备(22 **26**分)	架空乘人装置		17 **4**	查现场和资料。未按规定装设有关装置扣2分,其他1处不符合要求扣1分,单项扣到10分为止	**12. 倾斜巷道中架空乘人装置与轨道提升系统同巷布置时,必须设置电气闭锁,2种设备不得同时运行;倾斜巷道中架空乘人装置与带式输送机同巷布置时,必须采取可靠的隔离措施;** **13. 巷道应当设置照明**	查现场和资料。未按规定装设有关装置扣2分,其他1处不符合要求**1处**扣1分,单项扣至10分为止	
	机车、平巷人车、矿车、专用车辆	1. 制动装置符合规定,齐全、可靠; 2. 列车或者单独机车前有照明、后有红灯; 3. 警铃(喇叭)、连接装置和撒砂装置完好; 4. 同一水平行驶5台及以上机车时,装备机车运输集中信号控制系统及机车通信	17 **5**		1. 制动装置符合规定,齐全、可靠; 2. 列车或者单独机车前有照明、后有红灯; 3. 警铃(喇叭)、连接装置和撒砂装置完好; 4. 同一水平行驶5台及以上机车时,装备机车运输集中信号控制系统及机车通信设备;同一水平行驶7台及以上机车时,装备机车运输监控系统;	查现场和资料。**机车**未按规定装设有关装置**1处**扣2 **1**分,其他1处不符合要求**1处**扣1 **0.2**分,单项扣至10分为止	明确考核时间,便于操作。 从旧标准运输设备一项移至本部分。 考核分值降低,有利于提高煤矿创建标准化工作的积极性

表 8.6-1(续)

项目	项目内容	2017 基本要求	标准分值	2017 评分方法	2020 基本要求	2020 评分方法	对照解读
三、运输设备(22 **26** 分)	机车、**平巷人车、矿车、专用车辆**	设备;同一水平行驶 7 台及以上机车时,装备机车运输监控系统; 5. 新建投产的大型矿井的井底车场和运输大巷,装备机车运输监控系统或者运输集中信号控制系统; 6. 防爆蓄电池机车或者防爆柴油机动力机车装备甲烷断电仪或者便携式甲烷检测报警仪; 7. 防爆柴油机动力机车装备自动保护装置和防灭火装置	17 **5**	查现场和资料。未按规定装设有关装置扣 2 分,其他 1 处不符合要求扣 1 分,单项扣到 10 分为止	5. 新建 **2016 年 10 月 1 日后**投产的大型矿井的井底车场和运输大巷,装备机车运输监控系统或者运输集中信号控制系统; 6. 防爆蓄电池机车或者防爆柴油机动力机车装备甲烷断电仪或者便携式甲烷检测报警仪; 7. 防爆柴油机动力机车装备自动保护装置和防灭火装置; **8. 机车、平巷人车、矿车、专用车辆完好**	查现场和资料。**机车**未按规定装设有关装置 **1 处**扣 2 **1**分,其他 1 处 不符合要求 **1 处**扣 1 **0.2**分,单项扣至 10 分为止	明确考核时间,便于操作。 从旧标准运输设备一项移至本部分。 考核分值降低,有利于提高煤矿创建标准化工作的积极性

表 8.6-1(续)

项目	项目内容	2017 基本要求	标准分值	2017 评分方法	2020 基本要求	2020 评分方法	对照解读
三、运输设备(22 **26** 分)	调度绞车	1. 安装符合设计要求,固定可靠; 2. 制动装置符合规定,齐全、可靠; 3. 钢丝绳安全系数、断丝面积、直径减小量、锈蚀程度以及滑头、保险绳插接长度符合《煤矿安全规程》规定; 4. 声光信号齐全、完好	17**4**	查现场和资料。未按规定装设有关装置扣 2 分,其他 1 处不符合要求扣 1 分,单项扣到 10 分为止	**1. 调度绞车:** 1.(**1**) 安装符合设计要求,固定可靠; 2.(**2**) 制动装置符合规定,齐全、可靠; 3.(**3**) 钢丝绳安全系数、断丝面积、直径减小量、锈蚀程度以及滑头、保险绳插接长度符合《煤矿安全规程》规定; 4.(**4**) 声光信号齐全、完好; **(5) 滚筒钢丝绳排列整齐,绞车有钢丝绳伤人防护措施**	查现场和资料**和现场**。未按规定装设有关装置扣 2 **1** 分,其他 1 处不符合要求 **1 处**扣 0.5 **1** 分,单项扣至 10 分为至	解决调度绞车运行时钢丝绳伤人事故的问题;对于滚筒钢丝绳要求排列整齐,目的是防止钢丝绳在滚筒上盘绳乱导致钢丝绳挤压、扭曲、弯曲和断丝等现象,降低钢丝绳强度,影响调度绞车安全运行

表 8.6-1(续)

项目	项目内容	2017 基本要求	标准分值	2017 评分方法	2020 基本要求	2020 评分方法	对照解读
三、运输设备(22 **26** 分)	**调度绞车、卡轨车、**无极绳连续牵引车、绳牵引卡轨车、绳牵引单轨吊车	1. 闸灵敏可靠,使用正常; 2. 装备越位、超速、张紧力下降等安全保护装置,并正常使用; 3. 设置司机与相关岗位工之间的信号联络装置;设有跟车工时,应设置跟车工与牵引绞车司机联络用的信号和通信装置; 4. 驱动部、各车场设置行车报警和信号装置; 5. 钢丝绳安全系数、插接长度、断丝面积、直径减小量、锈蚀程度符合《煤矿安全规程》规定	17 **4**	查现场和资料。未按规定装设有关装置扣 2 分,其他 1 处不符合要求扣 1 分,单项扣到 10 分为止	**2. 卡轨车、无极绳连续牵引车、绳牵引卡轨车、绳牵引单轨吊车:** 1. **(1)驱动部和牵引车制动闸齐全**、灵敏可靠、使用正常; 2. **(2)** 装备越位、超速、张紧力下降等安全保护装置,并正常使用; 3. **(3)** 设置司机与相关岗位工之间的信号联络装置;设有跟车工时,应设置跟车工与牵引绞车司机联络用的信号和通信装置; 4. **(4)** 驱动部、各车场设置行车报警和信号装置; 5. **(5)** 钢丝绳安全系数、插接长度、断丝面积、直径减小量、锈蚀程度符合《煤矿安全规程》规定	查 现场和 资料**和现场**。未按规定装设有关装置扣 2 **1** 分,其他 1 处 不符合要求 1 处扣 0.5 **1** 分 ,单项扣至 10 分为至	明确制动闸的类型和安装部位,驱动部和牵引车的制动闸都要齐全

表 8.6-1(续)

项目	项目内容	2017 基本要求	标准分值	2017 评分方法	2020 基本要求	2020 评分方法	对照解读
三、运输设备(22 **26**分)	单轨吊车	1. 具备2路以上相对独立回油的制动系统; 2. 设置既可手动又能自动的安全闸,并正常使用; 3. 超速保护、甲烷断电仪、防灭火设备等装置齐全、可靠; 4. 机车设置车灯和喇叭,列车的尾部设置红灯; 5. 柴油单轨吊车的发动机排气超温、冷却水超温、尾气水箱水位、润滑油压力等保护装置灵敏、可靠; 6. 蓄电池单轨吊车装备蓄电池容量指示器及漏电监测保护装置,且齐全、可靠	17 **3**	查现场和资料。未按规定装设有关装置扣2分,其他1处不符合要求扣1分,单项扣到10分为止	未修改	查现场和资料**和现场**。未按规定装设有关装置扣2 **1**分,其他1处不符合要求1处扣0.5 **1**分,单项扣至10分为至	考核分值降低,有利于提高煤矿创建标准化工作的积极性

表 8.6-1(续)

项目	项目内容	2017 基本要求	标准分值	2017 评分方法	2020 基本要求	2020 评分方法	对照解读
三、运输设备（22 **26** 分）	无轨胶轮车	1. 车辆转向系统、制动系统、照明系统、警示装置等完好可靠，车辆自带防止停车自溜的设施或工具； 2. 装备自动保护装置、便携式甲烷检测报警仪、防灭火设备等安全保护装置； 3. 行驶 5 台及以上无轨胶轮车时，装备车辆位置监测系统； 4. 装备有通信设备； 5. 运送人员应使用专用人车； 6. 载人或载货数量在额定范围内； 7. 运行速度，运人时不超过 25 km/h，运送物料时不超过 40 km/h，车辆不空挡滑行	17 **5**	查现场和资料。未按规定装设有关装置扣 2 分；其他 1 处不符合要求扣 1 分，单项扣至 10 分为止	1. 车辆转向系统、制动系统、照明系统、警示装置等完好可靠，车辆自带防止停车自溜的设施或工具； 2. 装备自动保护装置、便携式甲烷检测报警仪、防灭火设备等安全保护装置； 3. 行驶 5 台及以上无轨胶轮车时，装备车辆位置监测系统； 4. 装备有通信设备； 5. 运送人员应使用专用人车； 6. 载人或载货数量在额定范围内； 7. 运行速度，运人时不超过 25 km/h，运送物料时不超过 40 km/h，车辆不空挡滑行； **8. 井下无轨胶轮车应符合排气标准规定**	查现场和资料。未按规定装设有关装置扣 2 **1 分；抽查 3 辆无轨胶轮车，排气标准不符合规定 1 辆扣 1 分；** 其他 1 处 不符合要求 **1 处扣** 1 **0.5** 分 ，单项 扣至 10 分为止	《国家煤矿安监局关于发布禁止井工煤矿使用的设备及工艺目录（第四批）的通知》（煤安监技装〔2018〕39 号）

表 8.6-1(续)

项目	项目内容	2017 基本要求	标准分值	2017 评分方法	2020 基本要求	2020 评分方法	对照解读
四、运输安全设施(20 **14**分)	挡车装置和跑车防护装置	挡车装置和跑车防护装置齐全、可靠,并正常使用	5	查现场。1处不符合要求不得分	**1. 轨道斜巷**挡车装置和跑车防护装置**符合《煤矿安全规程》规定要求,安装**齐全、可靠,并正常使用; **2. 无轨胶轮车运行的长坡段巷道内必须采取车辆失速安全措施,巷道转弯处设置防撞装置**	查现场。1处不符合要求不得分。**未按规定装设1处扣2分,其他不符合要求1处扣0.5分**	《煤矿安全规程》第三百九十二条规定
	安全警示	1. 斜巷各车场及中间通道口装备有声光行车报警装置,并使用正常; 2. 斜巷双钩提升装备错码信号; 3. 弯道、井底车场、其他人员密集的地点、顶车作业区装备有声光预警信号装置,关键部位道岔装备有道岔位置指示器;	10 **6**	查现场。未按规定装设1处扣1分,装设但不符合要求1处扣0.5分	未修改	未修改	

表 8.6-1（续）

项目	项目内容	2017 基本要求	标准分值	2017 评分方法	2020 基本要求	2020 评分方法	对照解读
四、运输安全设施（20 **14** 分）	安全警示	5. 斜巷车场悬挂最大提升车辆数及最大提升载荷数的明确标识； 6. 无轨胶轮车运输巷道各岔口、错车点、弯道、车场等处设有行车指示等安全标志和信号； 7. 有轨运输与无轨运输交叉处、有轨运输行人通行处等危险路段设置有限速和警示装置	10 **6**	查现场。未按规定装设 1 处扣 1 分，装设但不符合要求 1 处扣 0.5分	未修改	未修改	
	物料捆绑	捆绑固定牢固可靠，有防跑防滑措施	5 **3**	查现场。1 处不符合要求不得分	未修改	查现场。1 处不符合要求不得分 **扣 1 分**	
	连接装置	保险链（绳）、连接环（链）、连接杆、插销、滑头及其连接方式符合规定			保险链（绳）、连接环（链）、连接杆、插销、滑头 **连接钩头**及其连接方式符合规定		“滑头”是区域性的地方土语，不是专业技术术语

表 8.6-1(续)

项目	项目内容	2017 基本要求	标准分值	2017 评分方法	2020 基本要求	2020 评分方法	对照解读
五、运输管理（10**15**分）	组织保障	有负责运输管理工作的机构	3**0**	查资料。不符合要求 1 处扣 2 分			去除组织保障部分内容
	制度保障	包含以下内容： 1. 岗位安全生产责任制度； 2. 运输设备运行、检修、检测等管理规定； 3. 运输安全设施检查、试验等管理规定； 4. 轨道线路检查、维修等管理规定； 5. 辅助运输安全事故汇报管理规定等	3**6**	查资料。每缺 1 种或每 1 处不符合要求扣0.5分	**1. 完善各岗位各工种的操作规程，内容符合现场实际，并认真执行；** 包含以下内容： **2. 制定以下规定：** 1. 岗位安全生产责任制度； 2. **(1)** 运输设备运行、检修、检测等管理规定； 3. **(2)** 运输安全设施检查、试验等管理规定； 4. **(3)** 轨道线路检查、维修等管理规定； 5. **(4)** 辅助运输安全事故汇报管理规定等	查**现场**和资料。每缺 1 **项制度**种或第 1 处不符合要求 扣 0.5 分。**;内容不符合要求 1 项扣 0.2 分;1 项制度不执行扣 1 分**	《煤矿安全规程》第四条要求。 岗位安全生产责任制的要求在新标准的“岗位规范”的“规范作业”一项中有要求，重复考核不合理

表 8.6-1(续)

项目	项目内容	2017 基本要求	标准分值	2017 评分方法	2020 基本要求	2020 评分方法	对照解读
五、运输管理(10**15** 分)	技术资料	1. 有运输设备、设施、线路的图纸、技术档案、维修记录； 2. 施工作业规程、技术措施符合有关规定； 3. 运输系统、设备选型和能力计算资料齐全	7**6**	查资料。每缺1种或每1处不符合要求扣0.5分	1. 有运输设备、设施、线路的图纸、技术档案，有维**检**修记录； 2. 施工作业规程、技术措施符合有关规定； 3. 运输系统、设备选型和能力计算资料齐全； **4. 架空乘人装置有专项设计；** **5. 人行车、架空乘人装置、机车、调度绞车、无极绳连续牵引车、卡轨车、绳牵引单轨吊车、单轨吊车、齿轨车、无轨胶轮车、矿车、专用车等运输设备编号管理**	查资料。每缺1种**扣1分，**或每1处不符合要求扣0.5分；**运输设备未编号管理1处扣0.1分**	按照《煤矿安全规程》第三百八十三条要求修改。 从旧标准运输设备项移至本部分
	检测检验	1. 更新或大修及使用中的斜巷(井)人车，有完整的重载全速脱钩测试报告及连接装置的探伤报告	7**3**	查资料。不符合要求扣7分	未修改	查资料。不符合要求扣7**3**分	

表 8.6-1(续)

项目	项目内容	2017 基本要求	标准分值	2017 评分方法	2020 基本要求	2020 评分方法	对照解读
五、运输管理(10 **15**分)	检测检验	2. 新投用机车应测定制动距离,之后每年测定1次,有完整的制动距离测试报告; 3. 斜巷提升连接装置每年进行1次2倍于其最大静荷重的拉力试验,有完整的拉力试验报告; 4. 架空乘人装置、单轨吊车、无轨胶轮车、齿轨车、卡轨车、无极绳连续牵引车等	7 **3**	查资料。不符合要求1处扣1分	**2. 按规定对架空乘人装置、窄轨车辆连接链、窄轨车辆连接插销、斜井人车进行检测检验,有完整的试验、检测检验报告;** **3. 按规定对无轨胶轮车、单轨吊车进行试验、检测检验,有完整的试验、检测检验报告;** 2**4**. 新投用机车应测定制动距离,之后每年测定1次,有完整的制动距离测试报告; 3. 斜巷提升连接装置每年进行1次2倍于其最大静荷重的拉力试验,有完整的拉力试验报告; 4. 架空乘人装置、单轨吊车、无轨胶轮车、齿轨车、卡轨车、无极绳连续牵引车等	未修改	分类考核,按不同设备和检测类型分项进行要求,检测更加明确;需要资质机构进行检测的或由矿井自行试验的,比较明了,便于矿井操作

表 8.6-1(续)

项目	项目内容	2017 基本要求	标准分值	2017 评分方法	2020 基本要求	2020 评分方法	对照解读
五、运输管理(10 **15** 分)	检测检验	按《煤矿安全规程》或相关规范要求进行检测、检验、试验,有完整的检测、检验、试验报告	7 **3**	查资料。不符合要求 1 处扣 1 分	按《煤矿安全规程》或相关规范要求进行检测、检验、试验,有完整的检测、检验、试验报告 **5. 无极绳连续运输车、卡轨车、齿轨车、异型轨卡轨车、防跑车装置等根据产品使用说明书要求,由矿定期对相关安全性能进行试验,并有试验记录**	未修改	分类考核,按不同设备和检测类型分项进行要求,检测更加明确;需要资质机构进行检测的或由矿井自行试验的,比较明了,便于矿井操作
六、**职工素质及岗位规范(5 分)**	专业技能**管理技术人员**	1. 管理和技术人员掌握相关的规程、规范等有关内容; 2. 作业人员掌握本岗位操作规程、安全措施	5 **1**	查资料和现场。不符合要求 1 处扣 0.5 分	1. **区(队)**管理和技术人员掌握相关的规程、规范等有关内容; 2. 作业人员掌握本岗位**职责、管理制度、技术**操作规程、安全措施	查**现场和资料**和现场。不符合要求 1 处**对照岗位职责、管理制度和技术措施,随机抽考 1 名管理或技术人员 2 个问题,1 个问题回答错误扣** 0.5 分	将管理技术人员和岗位人员分开进行考核。评分方法更加明确考核方法,便于考核,扣分分值修改为 1 个问题回答错误扣 0.5分

表 8.6-1(续)

项目	项目内容	2017 基本要求	标准分值	2017 评分方法	2020 基本要求	2020 评分方法	对照解读
六、**职工素质及岗位规范(5分)**	规范作业**人员**	1. 严格执行岗位安全生产责任制； 2. 无“三违”行为； 3. 作业前进行安全确认	5**4**	查现场。发现1人“三违”扣5分；其他不符合要求1处扣1分	1 **2. 班组长及现场作业人员**严格执行本岗位安全生产责任制； 2. **掌握本岗位相应的操作规程、安全措施；规范操作**，无“三违”行为； 3. 作业前进行**岗位安全风险辨识及**安全确认	查现场。发现1人“三违”扣5**不得分**；其他不符合要求1处扣1分，**对照岗位安全生产责任制、操作规程和安全措施随机抽考2名岗位人员各1个问题，1人回答错误扣0.5分；随机抽查2名特种作业人员或岗位人员现场实操，不执行岗位责任制、不规范操作或不进行岗位安全风险辨识及安全确认1人扣0.5分**	增加了班组长相关考核内容，更加符合《煤矿安全规程》第一百零四条规定。 增加了作业前进行岗位安全风险辨识要求，体现了安全生产关口前移，也符合新标准化管理体系要求。 评分方法更加明确考核方法和扣分细则，便于考核评分

表 8.6-1(续)

<table>
<tr><th>项目</th><th>项目内容</th><th>2017
基本要求</th><th>标准分值</th><th>2017
评分方法</th><th>2020
基本要求</th><th>2020
评分方法</th><th>对照解读</th></tr>
<tr><td rowspan="2">七、文明生产(3分)</td><td rowspan="2">作业场所</td><td>1. 运输线路、设备硐室、车间等卫生整洁,设备清洁,材料分类、集中码放整齐</td><td rowspan="2">3</td><td rowspan="2">查现场。不符合要求 1 处扣 0.2分</td><td>未修改</td><td>未修改</td><td></td></tr>
<tr><td>2. 主要运输线路水沟畅通,巷道无淤泥、积水。水沟侧作为人行道时,盖板齐全、稳固</td><td>2. 主要运输线路水沟畅通,巷道无淤泥、积水。;水沟侧作为人行道时,盖板齐全、稳固</td><td>未修改</td><td></td></tr>
</table>

8.7 露天煤矿

表 8.7-0 露天煤矿旧、新标准工作要求对照解读

2017 煤矿安全生产标准化	2020 煤矿安全生产标准化管理体系	对照解读
一、工作要求(风险管控) 1. 采矿作业 (1) 采剥符合生产规模和设计要求,保证合理的采剥关系; (2) 科学组织生产,采剥、运输、排土系统匹配合理。 2. 工艺与设备 采用符合要求的先进设备和工艺,配置合理。 3. 生产现场管理和生产过程控制 加强对生产现场的安全管理和对生产过程的控制,并对生产过程及物料、设备设施、器材、通道、作业环境等存在的安全风险进行分析和控制,对隐患进行排查治理。 4. 技术保障 (1) 有健全的技术管理体系和完善的工作制度; (2) 按规定设置机构,配备技术人员; (3) 各种规程和安全生产技术措施审批手续完备,贯彻、考核和签字记录齐全; (4) 在生产组织等方面开展技术创新	未修改	

注:"□"表示新标准删除内容;加粗表示新标准增加内容。

表 8.7-0(续)

2017 煤矿安全生产标准化	2020 煤矿安全生产标准化管理体系	对照解读
5. 岗位规范 (1) 建立并执行本岗位安全生产责任制; (2) 管理人员熟悉采矿技术,技术人员掌握专业理论知识,具有实践经验; (3) 作业人员掌握《煤矿安全规程》、操作规程及作业规程; (4) 现场作业人员操作规范,无违章指挥、违章作业、违反劳动纪律(以下简称“三违”)的行为; (5) 开展岗前安全确认	5. **职工素质及**岗位规范 (1) 建立并**严格**执行本岗位安全生产责任制; (2) 管理人员熟悉采矿技术,技术人员掌握专业理论知识,具有实践经验; (3) 作业人员掌握《煤矿安全规程》、操作规程及作业规程; (4) 现场作业人员操作规范,无违章指挥、违章作业、违反劳动纪律(以下简称“三违”)的行为;(5) 开展岗前**,作业前进行岗位安全风险辨识及**安全确认	同 8.3 中职工素质及岗位规范
6. 文明生产 作业环境满足要求,设备状态良好。 7. 工程质量 到界排土平盘按计划复垦绿化,工程质量除符合本标准外,还符合国家现行有关标准的规定。	未修改	

表 8.7-0(续)

2017 煤矿安全生产标准化	2020 煤矿安全生产标准化管理体系	对照解读
二、重大事故隐患判定 本部分重大事故隐患: 1. 矿全年原煤产量超过矿核定生产能力110%的,或者矿月产量超过矿核定生产能力10%的; 2. 超出采矿许可证规定开采煤层层位或者标高而进行开采的; 3. 超出采矿许可证载明的坐标控制范围而开采的		删除重大事故隐患,将其纳入总则部分考核

表 8.7-1 露天煤矿钻孔标准化评分表对照解读

项目	项目内容	2017 基本要求	标准分值	2017 评分方法	2020 基本要求	2020 评分方法	对照解读
一、技术管理(19分)	设计	有钻孔设计并按设计布孔	7	查资料和现场。无钻孔设计不得分,不按设计布孔1处扣1分	未修改	未修改	

注:"□"表示新标准删除内容;加粗表示新标准增加内容。

表 8.7-1(续)

项目	项目内容	2017 基本要求	标准分值	2017 评分方法	2020 基本要求	2020 评分方法	对照解读
一、技术管理(19分)	钻孔位置及出入口	钻孔位置有明显标识,1个钻孔区留设的出入口不多于2个	5	查现场。不符合要求1处扣1分	未修改	未修改	
	验收资料	有完整的钻孔验收资料	5	查资料。无验收资料不得分,资料不齐全1处扣1分	未修改	未修改	
	合格率	钻孔合格率不小于95%	2	查资料。钻孔合格率小于95%不得分	未修改	未修改	
二、钻孔参数管理(32分)	单斗挖掘机 孔深	与设计误差不超过0.5 m	4	查现场。不符合要求1处扣1分	未修改	查现场。不符合要求1处扣1 **2**分	由原标准1处扣1分修改为1处扣2分,加大了考核力度,突出其重要性

表 8.7-1(续)

项目	项目内容		2017 基本要求	标准分值	2017 评分方法	2020 基本要求	2020 评分方法	对照解读
二、钻孔参数管理(32分)	单斗挖掘机	孔距	与设计误差不超过 0.3 m	4	查现场。不符合要求1处扣1分	未修改	查现场。不符合要求1处扣1**2**分	同上
		行距	与设计误差不超过 0.3 m	4	查现场。不符合要求1处扣1分	未修改	查现场。不符合要求1处扣1**2**分	同上
		坡顶距	钻孔距坡顶线距离与设计误差不超过 0.3 m	5	查现场。不符合要求1处扣1分	未修改	查现场。不符合要求1处扣1**2**分	同上
	吊斗挖掘机**拉斗铲**	孔深	与设计误差不超过 0.5 m	3	查现场。不符合要求1处扣1分	未修改	查现场。不符合要求1处扣1**2**分	同上
		孔距	与设计误差不超过 0.2 m	3	查现场。不符合要求1处扣1分	未修改	查现场。不符合要求1处扣1**2**分	同上
		行距	与设计误差不超过 0.2 m	3	查现场。不符合要求1处扣1分	未修改	查现场。不符合要求1处扣1**2**分	同上
		坡顶距	钻孔距坡顶线距离与设计误差不超过 0.2 m	4	查现场。不符合要求1处扣1分	未修改	查现场。不符合要求1处扣1**2**分	同上
		方向、角度	符合设计	2	查现场。与设计不一致1处扣1分	未修改	查现场。不符合要求1处扣1**2**分	同上

表 8.7-1(续)

项目	项目内容	2017 基本要求	标准分值	2017 评分方法	2020 基本要求	2020 评分方法	对照解读
三、钻孔操作管理(20 分)	护孔	钻机在钻孔完毕后进行护孔	4	查现场。未护孔 1 处扣 1 分	未修改	未修改	
	调钻	钻机在调动时不压孔	6	查现场。压孔 1 处扣 2 分	未修改	未修改	
	预裂孔线	与设计误差不超过 0.2 m	5	查现场。不符合要求 1 处扣 1 分	未修改	未修改	
	钻机	正常作业	5	查现场。发现带病作业不得分	未修改	未修改	
四、钻机安全管理(12 分)	边孔	钻机在打边排孔时,距坡顶的距离不小于设计,要垂直于坡顶线或夹角不小于 45°	4	查现场。安全距离不足、不垂直或夹角小于 45°,1 处扣 2 分	未修改	未修改	
	调平	钻孔时钻机稳固并调平后方可作业	2	查现场。未调平 1 处扣 1 分	未修改	查现场。未调平1 处扣 1 分**不得分**	加大考核力度,突出其重要性
	除尘	钻孔时无扬尘,有扬尘时钻机配备除尘设施	4	查现场。有扬尘不得分,除尘设施不完好 1 处扣 2 分	未修改	未修改	
	行走**行**	钻机在行走时符合《煤矿安全规程》规定	2	查现场。不符合要求不得分	钻机在行走**行**时符合《煤矿安全规程》规定		未修改

表 8.7-1(续)

项目	项目内容	2017 基本要求	标准分值	2017 评分方法	2020 基本要求	2020 评分方法	对照解读
五、特殊作业管理(7分)	特殊条件作业	钻机在采空区、自然发火的高温火区和水淹区等危险地段作业时，制定安全技术措施	4	查资料和现场。无安全技术措施不得分	未修改	查现场和资料和现场。无安全技术措施不得分	
	补孔	在装有炸药的炮孔边补钻孔时，制定安全技术措施并严格执行，新钻孔与原装药孔的距离不小于10倍的炮孔直径，并保持两孔平行	3	查资料和现场。无安全技术措施及炮孔距离不足不得分	未修改	查现场和资料和现场。无安全技术措施及炮孔距离不足不得分	

表 8.7-1(续)

项目	项目内容	2017 基本要求	标准分值	2017 评分方法	2020 基本要求	2020 评分方法	对照解读
六、**职工素质及**岗位规范(5 分)	专业技能及规范作业	1. 建立并执行本岗位安全生产责任制; 2. 掌握本岗位操作规程、作业规程; 3. 按操作规程作业,无“三违”行为; 4. 作业前进行安全确认	5	查资料和现场。岗位安全生产责任制不全,每缺 1 个岗位扣 3 分,发现 1 人“三违”不得分,其他 1 处不符合要求扣 1 分	1. 建立并**严格**执行本岗位安全生产责任制; 2. 掌握本岗位操作规程、作业规程; 3. 按操作规程作业,无“三违”行为; 4. 作业前进行**岗位安全风险辨识及**安全确认	**查现场和资料**和现场。岗位安全生产责任制**操作规程**不全,每缺 1 个岗位扣 3 分,**无作业规程不得分**;发现 1 人“三违”不得分,;**对照岗位安全生产责任制、操作规程和作业规程随机抽考 2 名作业人员各 1 个问题,1 人回答错误扣 0.5 分;随机抽查 2 名特种作业人员或作业人员现场实操,不符合要求 1 人扣 1 分**;其他 1 处不符合要求 **1 处**扣 1 分	明确提高职工整体素质是开展标准化工作的基础。增加了作业前进行岗位安全风险辨识要求,体现了安全生产关口前移,也符合新标准化管理体系要求。 评分方法更加明确考核方法和扣分细则,便于考核评分

表 8.7-1(续)

项目	项目内容	2017 基本要求	标准分值	2017 评分方法	2020 基本要求	2020 评分方法	对照解读
七、文明生产(5分)	作业环境	1. 驾驶室干净整洁,室内各设施保持完好; 2. 各类物资摆放规整; 3. 各种记录规范,页面整洁	5	查现场和资料。不符合要求1项扣1分	1. **钻机**驾驶室干净整洁**无杂物**,[室内各设施保持完好]**门窗玻璃干净**; 2. 各类物资摆放规整; 3. 各种记录[规范,]页面整洁	未修改	"室内各设施保持完好"具体要求放在表8.7-11机电标准化部分(以下各部分对照解读相同)

表 8.7-2 露天煤矿爆破标准化评分表对照解读

项目	项目内容	2017 基本要求	标准分值	2017 评分方法	2020 基本要求	2020 评分方法	对照解读
一、技术管理(14分)	设计	有爆破设计并按设计爆破	6	查资料。不符合要求不得分	有爆破设计并按设计爆破,**抛掷爆破有爆破效果分析总结**	未修改	突出爆破效果分析总结的重要性

注:"□"表示新标准删除内容;加粗表示新标准增加内容。

表 8.7-2(续)

项目	项目内容	2017 基本要求	标准分值	2017 评分方法	2020 基本要求	2020 评分方法	对照解读
一、技术管理(14 分)	爆破区域清理	爆破区域外围设置警示标志,且设专人检查和管理;爆破区域内障碍物及时清理	4	查现场。不符合要求 1 处扣 2 分	未修改	未修改	
	安全技术措施	有安全技术措施并严格执行	4	查资料和现场。无安全技术措施不得分,执行不到位 1 处扣 1 分	未修改	**查现场和**资料[和现场]。无安全技术措施不得分,执行不到位 1 处扣 1 分	
二、爆破质量(42 分)	单斗挖掘机 爆堆高度	不超过挖掘设备最大挖掘高度的 1.1～1.2 倍	[3]**4**	查现场。不符合要求 1 处扣 1 分	未修改	查现场。不符合要求 1 处扣[1]**2** 分	由原标准 1 处扣 1 分修改为 1 处扣 2 分,加大了考核力度,突出其重要性
	单斗挖掘机 爆堆沉降及伸出	爆堆沉降度和伸出宽度符合爆破设计和采装设备要求	3	查现场。不符合要求 1 处扣 1 分	未修改	查现场。不符合要求 1 处扣[1]**2** 分	同上

表 8.7-2(续)

项目	项目内容		2017 基本要求	标准分值	2017 评分方法	2020 基本要求	2020 评分方法	对照解读
二、爆破质量(42分)	单斗挖掘机	拉底	采后平盘不出现高 1 m、长 8 m 及以上的硬块	4**5**	查现场。不符合要求 1 处扣 1 分	未修改	查现场。不符合要求 1 处扣 1**2** 分	同上
		大块	爆破后大块每万立方米不超过 3 块	4**5**	查现场。每超 1 块扣 1 分	未修改	查现场。不符合要求 1 处扣 1**2** 分	同上
		硬帮	坡面上不残留长 5 m、突出 2 m 及以上的硬帮	3**4**	查现场。不符合要求 1 处扣 1 分	未修改	查现场。不符合要求 1 处扣 1**2** 分	同上
		伞檐	采过的坡顶不出现 0.5 m 及以上的大块	4**0**	查现场。不符合要求 1 处扣 1 分			与采装考核项重复，所以删除

表 8.7-2(续)

项目	项目内容		2017 基本要求	标准分值	2017 评分方法	2020 基本要求	2020 评分方法	对照解读
二、爆破质量(42 分)	吊斗挖掘机拉斗铲	爆堆沉降	沉降高度符合爆破设计	7	查现场。不符合设计要求 1 次扣 2 分	未修改	查现场。不符合设计要求 1 次**处**扣 2 分	修改表述方法,使之更加通顺
		抛掷率	有效抛掷率符合设计	7	查资料和现场。未达到设计要求 1 次扣 2 分	未修改	查资料和现场。未达到**不符合**设计要求 1 次扣 2**3** 分	由原标准 1 次扣 2 分修改为 1 次扣 3 分,加大了考核力度,并突出现场的重要性
		爆堆形状	爆破后,爆堆形状利于推土机作业	7	查资料和现场。不符合设计要求 1 次扣 2 分	未修改	查资料和现场。不符合设计要求 1 次扣 2**3** 分	同上
三、爆破操作管理(14 分)	装药充填		按设计要求装药,充填高度按设计施工	4	查资料和现场。不符合要求 1 处扣 2 分	未修改	查**现场和**资料和现场。不符合要求 1 处扣 2 分	

表 8.7-2(续)

项目	项目内容	2017 基本要求	标准分值	2017 评分方法	2020 基本要求	2020 评分方法	对照解读
三、爆破操作管理(14分)	连线起爆	按设计施工	4	查资料和现场。不符合要求1处扣2分	未修改	查现场和资料~~和现场~~。不符合要求1处扣2分	
	警戒距离	爆破安全警戒距离设置符合《煤矿安全规程》	4	查现场。小于规定距离不得分	未修改	未修改	
	爆破飞散物	爆破飞散物安全距离符合爆破设计要求	2	查现场。不符合要求不得分	未修改	未修改	
四、爆破安全管理(9分)	时间要求	爆破作业在白天进行,不能在雷雨时进行	3	查资料和现场。不符合要求不得分	未修改	未修改	
	特殊条件作业	在采空区和火区爆破时,按爆破设计施工并制定安全措施	2	查资料和现场。无设计或安全措施不得分	在采空区和火区爆破时,按爆破设计施工并制定安全措施,**有爆破效果分析总结**	查现场和资料~~和现场~~。无设计或安全措施不得分;**分析总结不到位1处扣1分**	突出爆破效果分析总结的重要性

表 8.7-2(续)

项目	项目内容	2017 基本要求	标准分值	2017 评分方法	2020 基本要求	2020 评分方法	对照解读
四、爆破安全管理(9分)	爆破后检查	爆破后,对爆破区进行现场检查,发现有断爆、拒爆时,立即采取安全措施处理,并向调度室和有关部门汇报	2	查资料和现场。无安全措施或没有汇报不得分	未修改	**查现场和资料**~~和现场~~。无安全措施或没有汇报不得分	
	预裂爆破	岩石最终边帮需进行预裂爆破时,按设计施工	2	查现场。不符合要求 1 处扣 1 分	未修改	未修改	
五、爆炸物品管理(11分)	运输管理	专人专车负责爆炸物品的运输,并符合《民用爆炸物品安全管理条例》和 GB 6722	4	查现场。不符合要求不得分	未修改	未修改	
	领退管理	爆炸物品的领取、使用、清退,严格执行账、卡、物一致的管理制度,数量吻合,账目清楚	4	查资料和现场。账、卡、物不相吻合不得分	未修改	**查现场和资料**~~和现场~~。账、卡、物不相吻合不得分	

表 8.7-2(续)

项目	项目内容	2017 基本要求	标准分值	2017 评分方法	2020 基本要求	2020 评分方法	对照解读
五、爆炸物品管理(11分)	运送车辆	运送爆炸物品的车辆要完好、安全机件齐全、整洁	3	查现场。发现运输车辆有故障或安全机件不全不得分	未修改	未修改	
六、**职工素质及岗位规范**(5分)	专业技能及规范作业	1. 建立并执行本岗位安全生产责任制; 2. 掌握本岗位操作规程、作业规程; 3. 按操作规程作业，无“三违”行为; 4. 作业前进行安全确认	5	查资料和现场。岗位安全生产责任制不全，每缺1个岗位扣3分，发现1人“三违”不得分，其他1处不符合要求扣1分	1. 建立并 **严格**执行本岗位安全生产责任制; 2. 掌握本岗位操作规程、作业规程; 3. 按操作规程作业，无“三违”行为; 4. 作业前进行**岗位安全风险辨识及安全确认**	**查现场和资料** 和现场。岗位安全生产责任制 **操作规程**不全，每 缺1个岗位扣3分，**无作业规程不得分**;发现1人“三违”不得分，;**对照岗位安全生产责任制、操作规程和作业规程随机抽考2名作业人员各1个问题，1人回答错误扣0.5分;随机抽查3名特种作业人员或作业人员现场实操，不符合要求1人扣1分**;其他 1处 不符合要求**1处**扣1分	明确提高职工整体素质是开展标准化工作的基础。增加了作业前进行岗位安全风险辨识要求，体现了安全生产关口前移，也符合新标准化管理体系要求。 评分方法更加明确考核方法和扣分细则，便于考核评分

表 8.7-2(续)

项目	项目内容	2017 基本要求	标准分值	2017 评分方法	2020 基本要求	2020 评分方法	对照解读
七、文明生产(5分)	作业环境	1. 驾驶室干净整洁,室内各设施保持完好; 2. 各类物资摆放规整; 3. 各种记录规范,页面整洁	5	查现场和资料。不符合要求 1 项扣 1 分	1. 驾驶室干净整洁,室内各设施保持完好 **现场作业人员劳保用品佩戴齐全,着装统一,符合 GB 6722 要求;** 2. 各类物资摆放规整 **现场标示齐全完整;** 3. 各种记录规范,页面整洁 **及时清理场地杂物**	未修改	修改表述,符合实际,用词更加准确

表 8.7-3　露天煤矿单斗挖掘机采装标准化评分表对照解读

项目	项目内容	2017 基本要求	标准分值	2017 评分方法	2020 基本要求	2020 评分方法	对照解读
一、技术管理(10分)	设计	有采矿设计并按设计作业,设计中有对安全和质量的要求	6	查资料。不符合要求不得分	未修改	查资料。不符合要求不得分,**无采矿设计总结扣 3 分,设计内容不全 1 处扣 2 分**	进一步细化了评分方法,便于检查考核

注:“□”表示新标准删除内容;加粗表示新标准增加内容。

表 8.7-3(续)

项目	项目内容	2017 基本要求	标准分值	2017 评分方法	2020 基本要求	2020 评分方法	对照解读
一、技术管理(10分)	规格参数	符合采矿设计、技术规范	4	查资料。无测量验收资料不得分,不符合设计、规范1项扣1分	未修改	查资料。无测量验收资料(**平面图、各平盘剖面图或规格参数统计报表**)不得分,不符合设计、规范1项扣1分	
二、采装工作面(27分)	台阶高度	符合设计,不大于挖掘机最大挖掘高度	8	查现场。超过规定高度1处扣2分	未修改	未修改	
	坡面角	符合设计	8	查现场。不符合设计要求1处扣2分	未修改	未修改	
	平盘宽度	采装最小工作平盘宽度,满足采装、运输、钻孔设备安全运行和供电通讯线路、供排水系统、安全挡墙等的正常布置	8	查现场。以100 m为1个检查区,工作面平盘宽度小于设计1处扣2分	采装最小工作平盘宽度,满足采装、运输、钻孔设备安全运行和供电通讯**信**线路、供排水系统、安全挡墙等的正常布置	未修改	
	作业面整洁度	及时清理,保持平整、干净	3	查现场。不符合要求1处扣1分	未修改	未修改	

表 8.7-3(续)

项目	项目内容	2017 基本要求	标准分值	2017 评分方法	2020 基本要求	2020 评分方法	对照解读
三、采装平盘工作面(22 分)	帮面	齐整,在 30 m 之内误差不超过 2 m	7	查现场。不符合要求 1 处扣 2 分	未修改	未修改	
	底面	平整,在 30 m 之内,需爆破的岩石平盘误差不超过 1.0 m,其他平盘误差不超过 0.5 m	10	查现场。不符合要求 1 处扣 2 分	未修改	未修改	
	伞檐	工作面坡顶不出现 0.5 m 及以上的伞檐	5	查现场。不符合要求 1 处扣 1 分	未修改	未修改	
四、采装设备操作管理(19 分)	联合作业	当挖掘机、前装机、卡车、推土机联合作业时,制定联合作业措施,并有可靠的联络信号	5	查资料和现场。无联合作业措施以及有效联络信号不得分	未修改	查**现场和**资料和现场。无联合作业措施以及有效联络信号不得分	

表 8.7-3(续)

项目	项目内容	2017 基本要求	标准分值	2017 评分方法	2020 基本要求	2020 评分方法	对照解读
四、采装设备操作管理(19分)	装车质量	以月末测量验收为准,装车统计量与验收量之间的误差在5%之内	2	查资料。误差超过5%不得分	未修改	未修改	
	装车标准	采装设备在装车时,不装偏车,不刮、撞、砸设备	4	查现场。不符合要求1处扣2分	未修改	未修改	
	作业标准	挖掘机作业时,履带板不悬空作业。挖掘机扭转方向角满足设备技术要求,不强行扭角调方向	4	查现场。不符合要求1处扣2分	未修改	未修改	
	工作面	采装工作面电缆摆放整齐,平盘无积水	4	查现场。不符合要求1处扣1分	未修改	未修改	

表 8.7-3(续)

项目	项目内容	2017 基本要求	标准分值	2017 评分方法	2020 基本要求	2020 评分方法	对照解读
五、采装安全管理(12分)	特殊条件作业处理	在挖掘过程中发现台阶崩落或有滑动迹象,工作面有伞檐或大块物料,遇有未爆炸药包或雷管、有塌陷危险的采空区或自然发火区、有松软岩层可能造成挖掘机下沉,以及发现不明地下管线或其他不明障碍物等危险时,立即停止作业,撤到安全地点,并报告调度室	6	查资料和现场。不符合要求不得分	未修改	**查现场和资料**~~和现场~~。不符合要求不得分	
	坡度限制	挖掘机不在大于规定的坡度上作业	3	查资料和现场。不符合要求 1 处扣 2 分	挖掘机不在大于规定的坡度上**行走**、作业	**查现场和资料**~~和现场~~。不符合要求 1 处扣 2 分	

表 8.7-3(续)

项目	项目内容	2017 基本要求	标准分值	2017 评分方法	2020 基本要求	2020 评分方法	对照解读
五、采装安全管理(12分)	采掘安全	挖掘机不能挖炮孔和安全挡墙	3	查现场。不符合要求不得分	未修改	未修改	
六、**职工素质及岗位规范**(5分)	专业技能及作业规范	1. 建立并执行本岗位安全生产责任制; 2. 掌握本岗位操作规程、作业规程; 3. 按操作规程作业,无“三违”行为; 4. 作业前进行安全确认	5	查资料和现场。岗位安全生产责任制不全,每缺1个岗位扣3分,发现1人“三违”不得分,其他1处不符合要求扣1分	1. 建立并**严格**执行本岗位安全生产责任制; 2. 掌握本岗位操作规程、作业规程; 3. 按操作规程作业,无“三违”行为; 4. 作业前进行**岗位安全风险辨识及**安全确认	**查现场和资料**和现场。岗位安全生产责任制**操作规程**不全,每缺1个岗位扣3分,**无作业规程不得分**;发现1人“三违”不得分,;**对照岗位安全生产责任制、操作规程和作业规程随机抽考2名作业人员各1个问题,1人回答错误扣0.5分;随机抽查2名作业人员现场实操,不符合要求1人扣1分**;其他1处不符合要求**1处**扣1分	明确提高职工整体素质是开展标准化工作的基础。增加了作业前进行岗位安全风险辨识要求,体现了安全生产关口前移,也符合新标准化管理体系要求。 评分方法更加明确考核方法和扣分细则,便于考核评分

表 8.7-3(续)

项目	项目内容	2017 基本要求	标准分值	2017 评分方法	2020 基本要求	2020 评分方法	对照解读
七、文明生产(5分)	作业环境	1. 驾驶室干净整洁,室内各设施保持完好; 2. 各类物资摆放规整; 3. 各种记录规范,页面整洁	5	查现场和资料。不符合要求 1 项扣 1 分	1. 驾驶室 **操作室、配电室、行走平台及过道**干净整洁**无杂物,门窗玻璃干净**,室内各设施保持完好 2. 各类物资摆放规整 **各种标识牌齐全完整;** 3. 各种记录规范,页面整洁		

表 8.7-4　露天煤矿轮斗挖掘机采装标准化评分表对照解读

项目	项目内容	2017 基本要求	标准分值	2017 评分方法	2020 基本要求	2020 评分方法	对照解读
一、技术管理(7分)	设计	有采矿设计并按设计作业,设计中有对安全和质量的要求	7	查资料。不符合要求不得分	未修改	未修改	

注:“□”表示新标准删除内容;加粗表示新标准增加内容。

表 8.7-4(续)

项目	项目内容	2017 基本要求	标准分值	2017 评分方法	2020 基本要求	2020 评分方法	对照解读
二、采装工作面(18分)	开采高度	符合设计,不大于轮斗挖掘机最大挖掘高度	4	查现场。不符合要求 1 处扣 2 分	未修改	未修改	
	采掘带宽度	符合设计	4	查现场。不符合要求 1 处扣 2 分	未修改	未修改	
	侧坡面角	符合设计	4	查现场。不符合要求 1 处扣 2 分	未修改	未修改	
	工作面	1. 工作平盘标高与设计误差不超过 0.5 m; 2. 工作平盘宽度与设计误差不超过 1.0 m; 3. 台阶坡顶线平直度在 30 m 内误差不超过 1.0 m; 4. 工作平盘平整度符合设计	6	查现场。不符合要求 1 处扣 1 分	未修改	未修改	

表 8.7-4(续)

项目	项目内容	2017 基本要求	标准分值	2017 评分方法	2020 基本要求	2020 评分方法	对照解读
三、设备操作管理(35分)	联合作业	当轮斗挖掘机、胶带机、排土机联合作业时,制定联合作业措施,并有可靠的联络信号	5	查资料和现场。不符合要求不得分	未修改	未修改	
	作业管理	1. 工作面的开切方法、作业方式、切割方式、开采参数以及台阶组合形式按设计施工; 2. 开机后注意地表,观察工作表面情况,地面要有专人指挥; 3. 设备作业时,人员不进入作业区域和上下设备,在危及人身安全的作业范围内,人员和设备不能停留或者通过;	30	查资料和现场。第 3 项和第 5 项不符合要求不得分,其他不符合要求 1 处扣 3 分	未修改	**查现场和资料**和现场。第 3 项和第 5 项不符合要求不得分,其他不符合要求 1 处扣 3 分	

表 8.7-4(续)

项目	项目内容	2017 基本要求	标准分值	2017 评分方法	2020 基本要求	2020 评分方法	对照解读
三、设备操作管理(35分)	作业管理	4. 设备作业时，司机注意监视仪表显示及其他信号，并观察采掘工作面情况，发现异常及时采取措施； 5. 斗轮工作装置不带负荷启动； 6. 消防器材齐全有效	30	查资料和现场。第3项和第5项不符合要求不得分，其他不符合要求1处扣3分	未修改	**查现场和**资料[和现场]。第3项和第5项不符合要求不得分，其他不符合要求1处扣3分	
四、安全管理(30分)	特殊作业	1. 工作面松软或者有含水沉陷危险，采取安全措施，防止设备陷落； 2. 风速达到20 m/s时不开机； 3. 长距离行走时，有专人指挥，斗轮体最下部距地表不小于3 m，斗臂朝向行走方向； 4. 作业时，如遇大石块，应采取措施	15	查资料和现场。不符合第1和2小项要求不得分，其他不符合要求1处扣2分	1. 工作面松软或者有含水沉陷危险，采取安全措施，防止设备陷落； 2. 风速达到20 m/s时不开机； 3. 长距离行走时，有专人指挥，斗轮体最下部距地表不小于3 m，斗臂朝向行走方向； 4. 作业时，如遇大[石]块**坚硬物料**，应采取措施	**查现场和**资料[和现场]。[不符合]第1[和]、2[小]项**不符合**要求不得分，其他不符合要求1处扣2分	

表 8.7-4(续)

项目	项目内容	2017 基本要求	标准分值	2017 评分方法	2020 基本要求	2020 评分方法	对照解读
四、安全管理(30 分)	坡度限制	行走和作业时,工作面坡度符合设计	7	查资料和现场。不符合要求 1 处扣 1 分	未修改	**查现场**和资料和现场。不符合要求 1 处扣 1 分	
	作业环境	夜间作业有足够照明	8	查现场。不符合要求 1 处扣 2 分	未修改	未修改	
五、**职工素质及**岗位规范(5 分)	专业技能及作业规范	1. 建立并执行本岗位安全生产责任制; 2. 掌握本岗位操作规程、作业规程; 3. 按操作规程作业,无“三违”行为; 4. 作业前进行安全确认	5	查资料和现场。岗位安全生产责任制不全,每缺 1 个岗位扣 3 分,发现 1 人“三违”不得分,其他 1 处不符合要求扣 1 分	1. 建立并**严格**执行本岗位安全生产责任制; 2. 掌握本岗位操作规程、作业规程; 3. 按操作规程作业,无“三违”行为; 4. 作业前进行**岗位安全风险辨识及**安全确认	**查现场和资料**和现场。岗位安全生产责任制**操作规程**不全,每缺 1 个岗位扣 3 分,**无作业规程不得分**;发现 1 人“三违”不得分,;**对照岗位安全生产责任制、操作规程和作业规程随机抽考 2 名作业人员各 1 个问题,1 人回答错误扣 0.5 分;随机抽查 2 名作业人员现场实操,不符合要求 1 人扣 1 分**;其他 1 处不符合要求 **1 处**扣 1 分	明确提高职工整体素质是开展标准化工作的基础。增加了作业前进行岗位安全风险辨识要求,体现了安全生产关口前移,也符合新标准化管理体系要求。 评分方法更加明确考核方法和扣分细则,便于考核评分

表 8.7-4(续)

项目	项目内容	2017 基本要求	标准分值	2017 评分方法	2020 基本要求	2020 评分方法	对照解读
六、文明生产(5分)	作业环境	1. 驾驶室干净整洁,室内各设施保持完好; 2. 各类物资摆放规整; 3. 各种记录规范,页面整洁	5	查现场和资料。不符合要求1处扣1分	1. 驾驶室、**电气室、液压间及各行走平台和过道**干净整洁,室内各设施保持完好**物品摆放规整,门窗玻璃干净;** 2. 各类物资摆放规整 **各种标示牌齐全完整;** 3. 各种记录规范,页面整洁	未修改	进一步明确了作业环境的范围。修改表述,符合实际,用词更加准确

表 8.7-5　露天煤矿拉斗铲采装标准化评分表对照解读

项目	项目内容	2017 基本要求	标准分值	2017 评分方法	2020 基本要求	2020 评分方法	对照解读
一、技术管理(7 分)	设计	有采矿设计并按设计作业,设计中有对安全和质量的要求	3	查资料。不符合要求不得分	未修改	未修改	
	规格参数	符合采矿设计、技术规范	4	查资料。无测量验收资料不得分,不符合设计、规范 1 处扣 1 分	未修改	未修改	
二、采装工作面(40 分)	台阶高度	符合设计	8	查现场。超过高度 1 处扣 2 分	未修改	未修改	
	坡面角	符合设计,坡面平整,坡顶无浮石、伞檐	10	查现场。不符合要求 1 处扣 4 分	未修改	未修改	

注:“□”表示新标准删除内容;加粗表示新标准增加内容。

表 8.7-5(续)

项目	项目内容	2017 基本要求	标准分值	2017 评分方法	2020 基本要求	2020 评分方法	对照解读
二、采装工作面(40分)	工作面平盘宽度	符合设计	8	查资料和现场。以 100 m 为 1 个检查区,工作面平盘宽度小于设计 1 处扣 2 分	未修改	查现场和资料和现场。以 100 m 为 1 个检查区,工作面平盘宽度小于设计 1 处扣 2 分	
	作业平盘	1. 作业平盘密实度、平整度符合设计,作业时横向坡度不大于 2%、纵向坡度不大于 3%	8	查现场。不符合要求 1 处扣 3 分	未修改	未修改	
		2. 及时清理,平整、干净,采装、维修、辅助设备安全运行,供排水系统等正常布置	6	查现场。不符合要求 1 处扣 2 分	未修改	未修改	

表 8.7-5(续)

项目	项目内容	2017 基本要求	标准分值	2017 评分方法	2020 基本要求	2020 评分方法	对照解读
三、操作管理(25 分)	联合作业	工程设备(如推土机、前装机)进入拉斗铲 150 m 作业范围内作业时,做好呼唤应答,将铲斗置于安全位置,制动系统处于制动状态,拉斗铲停稳后,方可通知工程设备进入	5	查现场。不符合要求不得分	未修改	未修改	
	作业管理	1. 作业时,行走靴外边缘距坡顶线的安全距离符合设计,底盘中心线与高台阶坡底线距离不小于 35 m,设备操作不过急倒逆; 2. 设备作业时,人员不能进入作业区域和上下设备,在危及人身安全的作业范围内,人员和设备不能停留或者通过;	15	查现场。1 处不符合要求不得分	1. 作业时,行走靴外边缘距坡顶线的安全距离符合设计,底盘中心线与高台阶坡底线距离不小于 35 m,设备操作不过急倒逆; 2. 设备作业时,人员不能进入作业区域和上下设备,在危及人身安全的作业范围内[,];人员和设备不能停留或者通过;	未修改	

表 8.7-5(续)

项目	项目内容	2017 基本要求	标准分值	2017 评分方法	2020 基本要求	2020 评分方法	对照解读
三、操作管理(25分)	作业管理	3. 回转时,铲斗不拖地回转,人员不上下设备,装有物料的铲斗不从未覆盖的电缆上方回转; 4. 作业时,不急回转、急提升、急下放、急回拉、急刹车,不强行挖掘爆破后未解体的大块; 5. 尾线摆放规范、电缆无破皮; 6. 各部滑轮、偏心轮、辊子完好,各部润滑点润滑良好	15	查现场。1处不符合要求不得分	3. 回转时,铲斗不拖地回转,人员不上下设备,装有物料的铲斗不从未覆盖的电缆上方回转; 4. 作业时,不急回转、急提升、急下放、急回拉、急刹车,不强行挖掘爆破后未解体的大块; 5. 尾线摆放规范、电缆无破皮; 6. 各部滑轮、偏心轮、辊子完好,各部润滑点润滑良好	未修改	
	工作面	采装工作面电缆摆放整齐,平盘无积水,扩展平台边缘无裂缝、下陷、滑落	5	查现场。1处不符合要求扣1分	未修改	未修改	

表 8.7-5(续)

项目	项目内容	2017 基本要求	标准分值	2017 评分方法	2020 基本要求	2020 评分方法	对照解读
四、安全管理(18 分)	特殊作业	1. 雨雪天地表湿滑、有积水时,处理后方可作业; 2. 避雷装置完好有效,雷雨天时不作业,人员不上下设备; 3. 遇大雾或扬沙天气时,做好呼唤应答,必要时停止作业	9	查现场和资料。1 处不符合要求不得分	未修改	未修改	
	坡度限制	走铲时横向坡度不大于 5%、纵向坡度不大于 10%	9	查现场。1 处不符合要求扣 2 分	未修改	未修改	

表 8.7-5(续)

项目	项目内容	2017 基本要求	标准分值	2017 评分方法	2020 基本要求	2020 评分方法	对照解读
五、**职工素质**及岗位规范(5分)	专业技能及作业规范	1. 建立并执行本岗位安全生产责任制； 2. 掌握本岗位操作规程、作业规程； 3. 按操作规程作业，无“三违”行为； 4. 作业前进行安全确认	5	查资料和现场。岗位安全生产责任制不全，每缺1个岗位扣3分，发现1人“三违”不得分，其他1处不符合要求扣1分	1. 建立并**严格**执行本岗位安全生产责任制； 2. 掌握本岗位操作规程、作业规程； 3. 按操作规程作业，无“三违”行为； 4. 作业前进行**岗位安全风险辨识及**安全确认	**查现场和资料**和现场。岗位安全生产责任制**操作规程**不全，每缺1个岗位扣3分，**无作业规程不得分**；发现1人“三违”不得分，；**对照岗位安全生产责任制、操作程和作业规程随机抽考2名作业人员各1个问题，1人回答错误扣0.5分；随机抽查2名作业人员现场实操，不符合要求1人扣1分；**其他1处不符合要求**1处**扣1分	明确提高职工整体素质是开展标准化工作的基础。增加了作业前进行岗位安全风险辨识要求，体现了安全生产关口前移，也符合新标准化管理体系要求。 评分方法更加明确考核方法和扣分细则，便于考核评分

表 8.7-5(续)

项目	项目内容	2017 基本要求	标准分值	2017 评分方法	2020 基本要求	2020 评分方法	对照解读
六、文明生产(5 分)	作业环境	1. 驾驶室干净整洁，室内各设施保持完好； 2. 各类物资摆放规整； 3. 各种记录规范，页面整洁； 4. 驾驶室内部各种标示牌齐全完整	5	查现场和资料。不符合要求 1 项扣 1 分	1. 驾驶室、**机械室、电气室、润滑室及各行走平台和过道**干净整洁，**物品摆放规整**，室内各设施保持完好，**门窗玻璃干净**； 2. 各类物资摆放规整 **机房外侧无油污**； 3. 各种记录规范，页面整洁； 4. 驾驶室内部各种标示牌齐全完整	未修改	进一步明确了作业环境的范围。修改表述，符合实际，用词更加准确

表 8.7-6　露天煤矿公路运输标准化评分表对照解读

项目	项目内容	2017 基本要求	标准分值	2017 评分方法	2020 基本要求	2020 评分方法	对照解读
一、运输道路规格及参数(28分)	路面宽度	符合设计	10	查资料和现场。不符合要求1处扣2分	未修改	查现场和资料和现场。不符合要求1处扣2分	
	路面坡度	符合设计	10	查资料和现场。不符合要求1处扣2分	未修改	**查现场和资料**~~和现场~~。不符合要求1处扣2分	
	交叉路口	设视线角	2	查现场。不符合要求1处扣1分	未修改	**查现场和资料**~~和现场~~。不符合要求1处扣1分	
	变坡点	道路凸凹变坡点设竖曲线	2	查资料和现场。不符合要求1处扣1分	未修改	**查现场和资料**~~和现场~~。不符合要求1处扣1分	
	干道路拱、路肩	符合设计	2	查资料和现场。不符合要求1处扣1分	未修改	**查现场和资料**~~和现场~~。不符合要求1处扣1分	
	最小曲线半径、超高及加宽	符合设计	2	查资料和现场。不符合要求1处扣1分	未修改	**查现场和资料**~~和现场~~。不符合要求1处扣1分	

注:“□”表示新标准删除内容;加粗表示新标准增加内容。

表 8.7-6(续)

项目	项目内容	2017 基本要求	标准分值	2017 评分方法	2020 基本要求	2020 评分方法	对照解读
二、运输道路质量管理(32 分)	道路平整度	1. 主干道路面起伏不超过设计的 0.2 m; 2. 半干线或移动线路路面起伏不超过设计的 0.3 m	12	查现场。不符合要求 1 处扣 2 分	未修改	未修改	
	道路排水	根据当地气象条件设置相应的排水系统	10	查资料和现场。不符合要求 1 处扣 2 分	未修改	查现场和资料和现场。不符合要求 1 处扣 2 分	
	道路整洁度	路面整洁,无散落物料	10	查现场。不符合要求 1 处扣 1 分	未修改	未修改	
三、运输道路安全管理(16 分)	安全挡墙	高度不低于矿用卡车轮胎直径的 2/5	6	查现场。不符合要求 1 处扣 1 分	未修改	未修改	
	洒水降尘	洒水抑制扬尘,冬季采用雾状喷洒、间隔分段喷洒或其他措施	4	查现场。扬尘未得到有效控制 1 处扣 1 分	未修改	未修改	

表 8.7-6(续)

项目	项目内容	2017 基本要求	标准分值	2017 评分方法	2020 基本要求	2020 评分方法	对照解读
三、运输道路安全管理(16分)	道路封堵	废弃路段及时封堵	2	查现场。未封堵不得分	未修改	未修改	
	车辆管理	进入矿坑的小型车辆配齐警示旗和警示灯	4	查现场。不符合要求1次扣1分	进入矿坑的小型车辆配齐警示旗**灯**和**或**警示灯**旗**	未修改	有些露天矿运输卡车规格较大,有盲区,只配备警示灯一旦进入盲区卡车司机看不到车辆,因此必须配置一定高度的警示旗。如卡车规格较小或进入矿坑的小型车辆,则配齐警示灯即可
四、道路标志与养护(14分)	反光标识	主要运输路段的转弯、交叉处有夜间能识别的反光标识	4	查现场。不符合要求1处扣1分	未修改	未修改	

表 8.7-6(续)

项目	项目内容	2017 基本要求	标准分值	2017 评分方法	2020 基本要求	2020 评分方法	对照解读
四、道路标志与养护(14分)	道路养护	配备必需的养路设备，定期进行养护	6	查现场。道路养护不到位或设备配备不满足要求1处扣1分	未修改	未修改	
	警示标志	根据具体情况设置警示标志	4	查现场。不符合要求1处扣1分	未修改	未修改	
五、**职工素质及**岗位规范(5分)	专业技能及作业规范	1. 建立并执行本岗位安全生产责任制； 2. 掌握本岗位操作规程、作业规程； 3. 按操作规程作业，无"三违"行为； 4. 作业前进行安全确认	5	查资料和现场。岗位安全生产责任制不全，每缺1个岗位扣3分，发现1人"三违"不得分，其他1处不符合要求扣1分	1. 建立并**严格**执行本岗位安全生产责任制； 2. 掌握本岗位操作规程、作业规程； 3. 按操作规程作业，无"三违"行为； 4. 作业前进行**岗位安全风险辨识及**安全确认	**查现场和资料**和现场。岗位安全生产责任制**操作规程**不全，每缺1个岗位扣3分，**无作业规程不得分**；发现1人"三违"不得分，；**对照岗位安全生产责任制、操作规程和作业规程随机抽考2名作业人员各1个问题，1人回答错误扣0.5分；随机抽查2名作业人员现场实操，不符合要求1人扣1分**；其他1处不符合要求**1处**扣1分	明确提高职工整体素质是开展标准化工作的基础。 增加了作业前进行岗位安全风险辨识要求，体现了安全生产关口前移，也符合新标准化管理体系要求。 评分方法更加明确考核方法和扣分细则，便于考核评分

表 8.7-6(续)

项目	项目内容	2017 基本要求	标准分值	2017 评分方法	2020 基本要求	2020 评分方法	对照解读
六、文明生产(5分)	作业环境	1. 驾驶室干净整洁，室内各设施保持完好； 2. 各类物资摆放规整； 3. 各种记录规范，页面整洁； 4. 休息室、工具室卫生清洁，物品摆放整齐，插头、插座无裸露破损	5	查现场和资料。1项不符合要求扣1分	1. **车辆**驾驶室**及平台**干净整洁**无杂物**，室内各设施保持完好**门窗玻璃干净**； 2. 各类物资摆放规整； 3 **2**. 各种记录规范，页面整洁； 4. 休息室、工具室卫生清洁，物品摆放整齐，插头、插座无裸露破损	未修改	进一步明确了作业环境的范围。修改表述，符合实际，用词更加准确

表 8.7-7　露天煤矿铁路运输标准化评分表对照解读

项目	项目内容	2017 基本要求	标准分值	2017 评分方法	2020 基本要求	2020 评分方法	对照解读
一、技术管理(21 分)	技术规划	1. 铁路运输系统重点工程有年度设计计划并按计划执行	7	查资料。不符合要求不得分	未修改	未修改	
		2. 有铁路运输系统平面图	7	查资料和现场。无平面图不得分,与现场不符 1 处扣 1 分	未修改	查**现场和**资料~~和现场~~。无平面图不得分,与现场不符 1 处扣 1 分	
	安全措施	遇临时或特殊工程,制定安全技术措施,并按程序进行审批	7	查资料。不符合要求不得分	未修改	未修改	
二、质量与标准(54 分)	铁道线路	1. 符合设计	3	查现场。无设计不得分	未修改	未修改	
		2. 损伤扣件及时补充、更换	3	查现场。不符合要求 1 处扣 0.5分	未修改	未修改	

注:“□”表示新标准删除内容;加粗表示新标准增加内容。

表 8.7-7(续)

项目	项目内容	2017 基本要求	标准分值	2017 评分方法	2020 基本要求	2020 评分方法	对照解读
二、质量与标准(54分)	铁道线路	3. 目视直线直顺,曲线圆顺	2	查现场。不符合要求1处扣0.5分	未修改	未修改	
		4. 空吊板不连续出现5块以上	3	查现场。不符合要求1处扣0.5分	未修改	未修改	
		5. 无连续3处以上瞎缝	3	查现场。不符合要求1处扣0.5分	未修改	未修改	
		6. 重伤钢轨有标记、有措施	3	查现场。不符合要求1处扣0.5分	未修改	未修改	
	架线	1. 接触网高度符合《煤炭工业铁路技术管理规定》	2	查现场。不符合要求不得分	1. 接触网高度符合《煤炭工业铁路技术管理规定》**要求**	未修改	

表 8.7-7(续)

项目	项目内容	2017 基本要求	标准分值	2017 评分方法	2020 基本要求	2020 评分方法	对照解读
二、质量与标准(54 分)	架线	2. 各种标志齐全完整、明显清晰	3	查现场。1 处不符合要求扣0.5分	未修改	未修改	
		3. 各部线夹安装适当、排列整齐	2	查现场。不符合要求 1 处扣0.5分	未修改	未修改	
		4. 角形避雷器间隙标准误差不超过 1 mm	3	查现场。不符合要求 1 处扣0.5分	未修改	未修改	
		5. 木质电柱坠线有绝缘装置	3	查现场。不符合要求 1 处扣0.5分	未修改	未修改	
		6. 维修、检查记录翔实	2	查资料。不符合要求 1 项扣0.5分	未修改	未修改	
	信号	1. 机械室管理制度、检测记录齐全翔实	3	查资料。不符合要求 1 项扣0.5分	未修改	未修改	

表 8.7-7(续)

项目	项目内容	2017 基本要求	标准分值	2017 评分方法	2020 基本要求	2020 评分方法	对照解读
二、质量与标准(54分)	信号	2. 信号显示距离符合标准	3	查现场。不符合要求不得分	未修改	未修改	
		3. 转辙装置各部螺丝紧固,绝缘件完好,道岔正常转换	3	查现场。不符合要求1处扣0.5分	未修改	未修改	
		4. 信号外线路铺设符合《煤炭工业铁路技术管理规定》	3	查现场。不符合要求1处扣0.5分	4. 信号外线路铺设符合~~《煤炭工业铁路技术管理规定》~~**要求**	未修改	
	车站	1. 有车站行车工作细则	3	查现场。不符合要求1处扣0.5分	未修改	查~~现场~~**资料**。不符合要求1处扣0.5分	
		2. 日志、图表等填写规范	3	查资料。不符合要求1项扣0.5分	未修改	未修改	
		3. 行车用语符合标准	2	查现场。不符合要求1处扣0.5分	未修改	查现场**和资料**。不符合要求1处扣0.5分	
		4. 安全设施齐全完好	2	查现场。不符合要求1处扣0.5分	未修改	未修改	

表 8.7-7(续)

项目	项目内容	2017 基本要求	标准分值	2017 评分方法	2020 基本要求	2020 评分方法	对照解读
三、设备管理(15分)	内业管理	有档案、台账,统计数字完整清晰	5	查资料。不符合要求 1 项扣 0.5分	未修改	未修改	
	设备状态	设备技术状态标准、安全装置齐全、灵活可靠	5	查现场。不符合要求 1 处扣 0.5分	未修改	未修改	
	设备使用	定人操作、定期保养	5	查现场和资料。不符合要求 1 处扣 0.5 分	未修改	未修改	
四、**职工素质**及岗位规范(5分)	专业技能及作业规范	1. 建立并执行本岗位安全生产责任制; 2. 掌握本岗位操作规程、作业规程; 3. 按操作规程作业,无“三违”行为;	5	查资料和现场。岗位安全生产责任制不全,每缺 1 个岗位扣 3 分,发现 1 人“三违”不得分,其他 1 处不符合要求扣 1 分	1. 建立并**严格**执行本岗位安全生产责任制; 2. 掌握本岗位操作规程、作业规程; 3. 按操作规程作业,无“三违”行为;	**查现场和资料**和现场。岗位安全生产责任制**操作规程**不全,每缺 1 个岗位扣 3 分,**无作业规程不得分**;发现 1 人“三违”不得分,;**对照岗位安全生产责任制、操作规程和作业规程随机抽考 2 名作业人员各 1 个问题,1 人回答错误**	明确提高职工整体素质是开展标准化工作的基础。 增加了作业前进行岗位安全风险辨识要求,体现了安全生产关口前移,也符合新标准化管理体系要求。

表 8.7-7(续)

项目	项目内容	2017 基本要求	标准分值	2017 评分方法	2020 基本要求	2020 评分方法	对照解读
四、职工素质及岗位规范(5分)	专业技能及作业规范	4. 作业前进行安全确认	5	查资料和现场。岗位安全生产责任制不全,每缺1个岗位扣3分,发现1人"三违"不得分,其他1处不符合要求扣1分	4. 作业前进行**岗位安全风险辨识及**安全确认	**扣0.5分;随机抽查3名作业人员现场实操,不符合要求1人扣1分;**其他[1处]不符合要求**1处**扣1分	评分方法更加明确考核方法和扣分细则,便于考核评分
五、文明生产(5分)	作业环境	1. 驾驶室干净整洁,室内各设施保持完好; 2. 各类物资摆放规整; 3. 各种记录规范,页面整洁	5	查现场和资料。1项不符合要求扣1分	1. **机车**驾驶室干净整洁**无杂物**,[室内各设施保持完好]**门窗玻璃干净**; 2. [各类物资]**铁道线路水沟畅通,线路两侧材料**摆放规整; 3. 各种记录[规范,]页面整洁	未修改	进一步明确了作业环境的范围。修改表述,符合实际,用词更加准确

表 8.7-8　露天煤矿带式输送机/破碎站运输标准化评分表对照解读

项目	项目内容		2017 基本要求	标准分值	2017 评分方法	2020 基本要求	2020 评分方法	对照解读
一、技术管理(20分)	设计		符合设计并按设计作业	10	查资料和现场。不符合要求不得分	未修改	查**现场和**资料[和现场]。不符合要求不得分	
	记录		设备运行、检修、维修和人员交接班记录翔实	10	查资料。不符合要求 1 项扣 1 分	未修改	未修改	
二、作业管理(35分)	巡视		定时检查设备运行状况，记录齐全	4	查资料。不符合要求 1 项扣 1 分	未修改	未修改	
	带式输送机	机头机尾排水	无积水	2	查现场。不符合要求 1 处扣 2 分	未修改	未修改	
		最大倾角	符合设计	2	查现场。不符合要求不得分	未修改	未修改	

注：“□”表示新标准删除内容；加粗表示新标准增加内容。

表 8.7-8(续)

项目	项目内容			2017 基本要求	标准分值	2017 评分方法	2020 基本要求	2020 评分方法	对照解读
二、作业管理(35分)	带式输送机	分流站		分流站伸缩头有集控调度指令方可操作，设备运转部位及其周围无人员和其他障碍物，不造成物料堆积洒落	4	查现场。不符合要求不得分	未修改	未修改	
		清料		沿线清料及时，无洒物，不影响行车、检修作业；结构架上积料及时清理，不磨损托辊、输送带或滚筒	2	查现场。不符合要求1处扣2分	未修改	未修改	
	破碎站	半固定式破碎站	清料	破碎站工作平台及其下面没有洒料	2	查现场。不符合要求1处扣1分	未修改	未修改	
			卸料口挡车器	挡车器高度达到运煤汽车轮胎直径的2/5以上	2	查现场。不符合要求1处扣1分	未修改	未修改	

表 8.7-8(续)

项目	项目内容			2017 基本要求	标准分值	2017 评分方法	2020 基本要求	2020 评分方法	对照解读
二、作业管理(35分)	破碎站	半固定式破碎站	减速机	各部减速机无渗、漏油现象	2	查现场和记录。不符合要求 1 处扣 1 分	未修改	未修改	
			板式给料机	链节、链板无变形,托轮无滞转	2	查现场和记录。不符合要求 1 处扣 1 分	未修改	未修改	
			润滑系统	管路、阀门、油泵运行可靠,无渗、漏油	2	查现场和记录。不符合要求 1 处扣 1 分	未修改	未修改	
		自移式破碎机	液压系统	液压管路、俯仰调节液压缸等无渗漏,液压泵及液压马达运行平稳、无噪音,液压系统各部运行温度正常	4	查现场。不符合要求 1 处扣 1 分	未修改	未修改	

表 8.7-8(续)

项目	项目内容		2017 基本要求	标准分值	2017 评分方法	2020 基本要求	2020 评分方法	对照解读
二、作业管理(35分)	破碎站	自移式破碎机 板式给料机	承载托轮无滞转,链节无裂纹,刮板无变形翘曲	4	查现场。不符合要求1处扣2分	未修改	未修改	
		自移式破碎机 减速机	破碎辊、大小回转减速机、板式给料机驱动减速机、行走减速机、排料胶带等各种减速机无渗漏	3	查现场。不符合要求1处扣1分	破碎辊**减速机**、大小回转减速机、板式给料机驱动减速机、行走减速机、排料胶带**减速机**等各种减速机无渗漏	未修改	
三、安全管理(35分)	启动间隔		2次启动间隔时间不少于5 min	4	查现场和资料。不符合要求不得分	未修改	未修改	
	启动要求		设备准备运转前,司机检查设备并确认无危及设备和人身安全的情况,向集控调度汇报后方可启动设备	4	查现场。不符合要求不得分	未修改	未修改	

表 8.7-8(续)

项目	项目内容	2017 基本要求	标准分值	2017 评分方法	2020 基本要求	2020 评分方法	对照解读
三、安全管理(35分)	消防设施	齐全有效,有检查记录	2	查资料和现场。不符合要求 1 处扣 1 分	未修改	**查现场和资料**和现场。不符合要求 1 处扣 1 分	
	带式输送机 安全保护装置	1. 设置防止输送带跑偏、驱动滚筒打滑、纵向撕裂和溜槽堵塞等保护装置;上行带式输送机设置防止输送带逆转保护装置,下行带式输送机设置防止超速保护装置; 2. 沿线设置紧急连锁停车装置; 3. 在驱动、传动和自动拉紧装置的旋转部件周围设置防护装置	9	查现场。不符合要求 1 处扣 1 分	未修改	未修改	

表 8.7-8(续)

项目	项目内容		2017 基本要求	标准分值	2017 评分方法	2020 基本要求	2020 评分方法	对照解读
三、安全管理(35分)	半固定式破碎站	除铁器	运行有效	4	查资料和现场。不符合要求不得分	未修改	查现场和资料和现场。不符合要求不得分	
		大块处理	处理料仓内的特大块物料时有安全技术措施。	4	查资料和现场。不符合要求不得分	未修改	查现场和资料和现场。不符合要求不得分	
	自移式破碎机	与挖掘设备距离	符合矿相关规定	4	查资料和现场。不符合要求不得分	未修改	查现场和资料和现场。不符合要求不得分	
		大块处理	处理料仓内的特大块物料时有安全技术措施。	4	查资料和现场。不符合要求不得分	未修改	查现场和资料和现场。不符合要求不得分	

表 8.7-8(续)

项目	项目内容	2017 基本要求	标准分值	2017 评分方法	2020 基本要求	2020 评分方法	对照解读
四、**职工素质及**岗位规范(5分)	专业技能及规范作业	1. 建立并执行本岗位安全生产责任制; 2. 掌握本岗位操作规程、作业规程; 3. 按操作规程作业,无"三违"行为; 4. 作业前进行安全确认	5	查资料和现场。岗位安全生产责任制不全,每缺1个岗位扣3分,发现1人"三违"不得分,其他1处不符合要求扣1分	1. 建立并**严格**执行本岗位安全生产责任制; 2. 掌握本岗位操作规程、作业规程; 3. 按操作规程作业,无"三违"行为; 4. 作业前进行**岗位安全风险辨识及**安全确认	查现场和资料和现场。岗位安全生产责任制**操作规程**不全,每缺1个岗位扣3分,**无作业规程不得分**;发现1人"三违"不得分,**;对照岗位安全生产责任制、操作规程和作业规程随机抽考2名作业人员各1个问题,1人回答错误扣0.5分;随机抽查3名作业人员现场实操,不符合要求1人扣1分**;其他1处不符合要求**1处**扣1分	明确提高职工整体素质是开展标准化工作的基础。 增加了作业前进行岗位安全风险辨识要求,体现了安全生产关口前移,也符合新标准化管理体系要求。评分方法更加明确考核方法和扣分细则,便于考核评分

表 8.7-8(续)

项目	项目内容	2017 基本要求	标准分值	2017 评分方法	2020 基本要求	2020 评分方法	对照解读
五、文明生产(5分)	作业环境	1. 驾驶室干净整洁,室内各设施保持完好; 2. 各类物资摆放规整; 3. 各种记录规范,页面整洁	5	查现场和资料。1项不符合要求扣1分	1. 驾驶 **操作** 室干净整洁,室内各设施保持完好; 2. 各类物资摆放规整; 3. 各种记录规范,页面整洁	未修改	进一步明确了作业环境的范围。修改表述,符合实际,用词更加准确

表 8.7-9　露天煤矿卡车/铁路排土场标准化评分表对照解读

项目	项目内容	2017 基本要求	标准分值	2017 评分方法	2020 基本要求	2020 评分方法	对照解读
一、技术管理(25分)	设计	有设计并按设计作业	5	查资料。不符合要求不得分	未修改	查资料。不符合要求不得分 **无设计不得分,无总结不得分,设计内容不全1处扣2分**	增加考核可操作性

注:“□”表示新标准删除内容;加粗表示新标准增加内容。

表 8.7-9(续)

项目	项目内容	2017 基本要求	标准分值	2017 评分方法	2020 基本要求	2020 评分方法	对照解读
一、技术管理(25分)	排土场控制**规格参数**	排弃后实测的各项技术数据符合设计	6	查资料。不符合要求 1 项扣 2 分	未修改	查资料。**无测量验收资料(平面图、各平盘剖面图或规格参数统计报表)不得分,**不符合要求**设计** 1 项扣 2 分	明确露天矿应准备的材料
	复垦、绿化	排弃到界的平盘按计划复垦、绿化	5	查现场。不符合要求 1 处扣 1 分	未修改	未修改	
	安全距离	内排土场最下一个台阶的坡底线与坑底采掘工作面之间的安全距离不小于设计	6	查资料和现场。不符合要求不得分	未修改	**查现场和**资料和现场。不符合要求不得分	
	巡视	定期对排土场巡视,记录齐全	3	查资料。无巡视记录不得分,不符合要求 1 处扣 1 分	未修改	未修改	

表 8.7-9(续)

项目	项目内容	2017 基本要求	标准分值	2017 评分方法	2020 基本要求	2020 评分方法	对照解读
二、排土工作面规格参数管理(30分)	台阶高度	1. 符合设计	4**3**	查现场。不符合要求1处扣2分	未修改	未修改	
		2. 特殊区段高段排弃时,制定安全技术措施	4**3**	查资料。不符合要求不得分	未修改	查资料**和现场**。不符合要求不得分,**安全技术措施不全1处扣1分,现场操作人员未掌握安全技术措施不得分**	
			3		**3. 排土最小工作平盘宽度符合设计**	**查现场。不符合要求1处扣2分**	新增要求
	工作面平整度	作业平盘平整,50 m范围内误差不超过0.5 m	4**3**	查现场。不符合要求1处扣2分	未修改	未修改	

表 8.7-9(续)

项目	项目内容		2017 基本要求	标准分值	2017 评分方法	2020 基本要求	2020 评分方法	对照解读
二、排土工作面规格参数管理(30 分)	卡车	排土线	排土线顶部边缘整齐,50 m 范围内误差不超过 2 m	3	查现场。不符合要求 1 处扣 1 分	未修改	未修改	
		反坡	排土工作面向坡顶线方向有 3%～5%的反坡	3	查现场。不符合要求 1 处扣 1 分	未修改	未修改	
		安全挡墙	排土工作面卸载区有连续的安全挡墙,车型小于 240 t 时安全挡墙高度不低于轮胎直径的 0.4 倍,车型大于 240 t 时安全挡墙高度不低于轮胎直径的 0.35 倍。不同车型在同一地点排土时,按最大车型的要求修筑安全挡墙	3	查现场。不符合要求 1 处扣 1 分	未修改	未修改	

表 8.7-9(续)

项目	项目内容		2017 基本要求	标准分值	2017 评分方法	2020 基本要求	2020 评分方法	对照解读
二、排土工作面规格参数管理(30分)	铁路	标志完整	排土线常用的信号标志齐全,位置明显	3	查现场。不符合要求1处扣1分	未修改	未修改	
		排土宽度	不小于22 m,不大于24 m	3	查现场。不符合要求1处扣1分	未修改	未修改	
		受土坑安全距离	线路中心至受土坑坡顶距离不小于1.5 m,雨季不小于1.9 m	3	查现场。不符合要求1处扣1分	未修改	未修改	
三、排土作业管理(25分)	照明		排土工作面夜间排弃时配有照明设备	3	查现场。无照明设备1处扣1分	未修改	未修改	

表 8.7-9(续)

项目	项目内容	2017 基本要求	标准分值	2017 评分方法	2020 基本要求	2020 评分方法	对照解读
三、排土作业管理(25 分)	排土安全	1. 风氧化煤、煤矸石、粉煤灰按设计排弃	3	查现场。1 处不符合要求扣 1 分	未修改	未修改	
		2. 当发现危险裂缝时立即停止作业,向调度室汇报,并制定安全措施	3	查资料和现场。不符合要求不得分	未修改	**查现场和资料**和现场。不符合要求不得分	
	卡车	(1) 卡车排土和推土机作业时,设备之间保持足够的安全距离	2	查现场。不符合要求 1 处扣 1 分	未修改	未修改	
		(2) 排土工作线至少保证 2 台卡车能同时排土作业	2	查现场。不符合要求 1 处扣 1 分	未修改	未修改	

表 8.7-9(续)

项目	项目内容		2017 基本要求	标准分值	2017 评分方法	2020 基本要求	2020 评分方法	对照解读
三、排土作业管理(25分)	排土安全	卡车	(3) 排土时卡车垂直排土工作线,不能高速倒车冲撞安全挡墙	2	查现场。冲撞安全挡墙不得分	未修改	未修改	
			(4) 推土机不平行于坡顶线方向推土	3	查现场。平行推土不得分	未修改	未修改	
		铁路	(1) 列车进入排土线翻车房以里线路,由排土人员指挥列车运行	3	查现场。不符合要求 1 处扣 1 分	未修改	未修改	
			(2) 翻车时两人操作,执行复唱制度	2	查现场。不符合要求 1 处扣 1 分	未修改	未修改	
			(3) 工作面整洁,各种材料堆放整齐	2	查现场。不符合要求 1 处扣 1 分	未修改	未修改	

表 8.7-9(续)

项目	项目内容	2017 基本要求	标准分值	2017 评分方法	2020 基本要求	2020 评分方法	对照解读
四、安全管理(10分)	安全挡墙	1. 上下平盘同时进行排土作业或下平盘有运输道路、联络道路时,在下平盘修筑安全挡墙	5	查现场。不符合要求 1 处扣 1 分	未修改	未修改	
		2. 最终边界的坡底沿征用土地的界线修筑 1 条安全挡墙	2	查现场。无挡墙不得分	未修改	未修改	
	到界平盘	最终边界到界前 100 m,采取措施提高边坡的稳定性	3	查现场。未采取措施不得分	未修改	未修改	

表 8.7-9(续)

项目	项目内容	2017 基本要求	标准分值	2017 评分方法	2020 基本要求	2020 评分方法	对照解读
五、**职工素质及**岗位规范(5分)	专业技能及规范作业	1. 建立并执行本岗位安全生产责任制; 2. 掌握本岗位操作规程、作业规程; 3. 按操作规程作业,无"三违"行为; 4. 作业前进行安全确认	5	查资料和现场。岗位安全生产责任制不全,每缺1个岗位扣3分,发现1人"三违"不得分,其他1处不符合要求扣1分	1. 建立并**严格**执行本岗位安全生产责任制; 2. 掌握本岗位操作规程、作业规程; 3. 按操作规程作业,无"三违"行为; 4. 作业前进行**岗位安全风险辨识及**安全确认	查**现场和**资料和现场。岗位安全生产责任制**操作规程**不全,每缺1个岗位扣3分,**无作业规程不得分**;发现1人"三违"不得分,**;对照岗位安全生产责任制、操作规程和作业规程随机抽考2名作业人员各1个问题,1人回答错误扣0.5分;随机抽查3名作业人员现场实操,不符合要求1人扣1分**;其他1处不符合要求**1处**扣1分	明确提高职工整体素质是开展标准化工作的基础。 增加了作业前进行岗位安全风险辨识要求,体现了安全生产关口前移,也符合新标准化管理体系要求。评分方法更加明确考核方法和扣分细则,便于考核评分

表 8.7-9(续)

项目	项目内容	2017 基本要求	标准分值	2017 评分方法	2020 基本要求	2020 评分方法	对照解读
六、文明生产(5分)	作业环境	1. 驾驶室干净整洁,室内各设施保持完好; 2. 各类物资摆放规整; 3. 各种记录规范,页面整洁	5	查现场和资料。不符合要求 1 处扣 1 分	1. **推土设备**驾驶室干净整洁**无杂物**,室内各设施保持完好**门窗玻璃干净;** 2. 各类物资摆放规整; 3 **2.** 各种记录规范,页面整洁	未修改	进一步明确了作业环境的范围。修改表述,符合实际,用词更加准确

表 8.7-10　露天煤矿排土机排土场标准化评分表对照解读

项目	项目内容	2017 基本要求	标准分值	2017 评分方法	2020 基本要求	2020 评分方法	对照解读
一、技术管理(30分)	设计	有设计并按设计作业	7	查资料。不符合要求不得分	未修改	查资料。不符合要求不得分,**无设计不得分,无总结不得分,设计内容不全 1 处扣 2 分**	进一步细化了评分方法,便于检查考核

注:"□"表示新标准删除内容;加粗表示新标准增加内容。

表 8.7-10(续)

项目	项目内容	2017 基本要求	标准分值	2017 评分方法	2020 基本要求	2020 评分方法	对照解读
一、技术管理(30分)	[排土场控制]**规格参数**	排弃后实测的各项技术数据符合设计	4	查资料。不符合要求1项扣1分	未修改	查资料。**无测量验收资料(平面图、各平盘剖面图或规格参数统计报表)不得分,**不符合[要求]**设计**1项扣[1]**2**分	
	复垦[、]绿化	排弃到界的平盘按计划复垦、绿化	3	查现场。不符合要求1处扣1分	未修改	未修改	
	安全距离	排土场最下一个台阶的坡底线与征地界线之间的安全距离符合设计	5	查资料和现场。不符合要求不得分	未修改	**查现场和资料**[和现场]。不符合要求不得分	
	巡视	定期对排土场巡视,记录齐全	3	查资料。无巡视记录不得分,不符合要求1处扣1分	未修改	未修改	

表 8.7-10(续)

项目	项目内容	2017 基本要求	标准分值	2017 评分方法	2020 基本要求	2020 评分方法	对照解读
一、技术管理(30分)	上排高度	符合设计	4	查资料和现场。不符合要求不得分	未修改	未修改	
	下排高度	符合设计,超高时制定安全措施	4	查现场和资料。不符合设计或无安全措施不得分	符合设计,超高时制定安全**技术**措施	查现场和资料。不符合设计或无安全**技术措施**不得分,**安全技术措施不全 1 处扣 1 分,现场操作人员未掌握安全技术措施不得分**	
二、工作面规格参数(25分)	台阶高度	1. 符合设计	5	查现场。不符合设计不得分	未修改	未修改	
		2. 特殊区段高段排弃时,制定安全技术措施	5	查资料。不符合要求不得分	未修改	未修改	
	排土线	沿上排坡底线、下排坡顶线方向 30 m 内误差不超过 1 m	5	查现场。不符合要求 1 处扣 2 分	未修改	未修改	

表 8.7-10(续)

项目	项目内容	2017 基本要求	标准分值	2017 评分方法	2020 基本要求	2020 评分方法	对照解读
二、工作面规格参数(25分)	工作面平整度	排土机工作面平顺,在 30 m 内误差不超过 0.3 m	5	查现场。不符合要求 1 处扣 2 分	未修改	未修改	
	安全挡墙	排土工作面到界结束后,距离检修道路近的地段在下排坡顶设有连续的安全挡墙	5	查现场。不符合要求 1 处扣 2 分	未修改	未修改	
三、排土作业管理(20分)	联合作业	推土机及时对排弃工作面进行平整,不在坡顶线平行推土	4	查现场。平行推土不得分	未修改	未修改	
	排土安全	1. 推土机对出现的沉降裂缝及时碾压补料	4	查现场。不符合要求 1 处扣 2 分	未修改	未修改	
		2. 排土时排土机距离下排坡顶的安全距离符合设计	4	查现场。不符合要求不得分	未修改	未修改	

表 8.7-10(续)

项目	项目内容	2017 基本要求	标准分值	2017 评分方法	2020 基本要求	2020 评分方法	对照解读
三、排土作业管理(20分)	照明	排土工作面夜间排弃时配有照明设备	4	查现场。不符合要求 1 处扣 2 分	未修改	未修改	
	气候影响	1. 雨季重点观察排土场有无滑坡迹象,有问题及时向有关部门汇报	2	查资料。不符合要求不得分	未修改	未修改	
		2. 雨天持续时间较长、雨量较大时,排土机停止作业,停放在安全地带	2	查现场。不符合要求不得分	未修改	未修改	
四、安全管理(15分)	安全挡墙	1. 上下平盘同时进行排土作业或下平盘有运输道路、联络道路时,下平盘有安全挡墙	8	查现场。不符合要求 1 处扣 2 分	未修改	未修改	

表 8.7-10(续)

项目	项目内容	2017 基本要求	标准分值	2017 评分方法	2020 基本要求	2020 评分方法	对照解读
四、安全管理(15分)	安全挡墙	2. 最终边界的坡底沿征用土地的界线修筑1条安全挡墙	3	查现场。无挡墙不得分	未修改	未修改	
	到界平盘	最终边界到界前100 m,采取措施,提高边坡的稳定性	4	查现场。未采取措施不得分	未修改	未修改	
五、**职工素质及**岗位规范(5分)	专业技能及作业规范	1. 建立并执行本岗位安全生产责任制; 2. 掌握本岗位操作规程、作业规程; 3. 按操作规程作业,无“三违”行为;	5	查资料和现场。岗位安全生产责任制不全,每缺1个岗位扣3分,发现1人“三违”不得分,其他1处不符合要求扣1分	1. 建立并 **严格**执行本岗位安全生产责任制; 2. 掌握本岗位操作规程、作业规程; 3. 按操作规程作业,无“三违”行为;	**查现场和资料**和现场。岗位安全生产责任制 **操作规程**不全,每缺1个岗位扣3分,**无作业规程不得分**;发现1人“三违”不得分,;**对照岗位安全生产责任制、操作规程和作业规程随机抽考2名作业人员各1个问题,1人回答错误**	明确提高职工整体素质是开展标准化工作的基础。 增加了作业前进行岗位安全风险辨识要求,体现了安全生产关口前移,也符合新标准化管理体系要求

表 8.7-10(续)

项目	项目内容	2017 基本要求	标准分值	2017 评分方法	2020 基本要求	2020 评分方法	对照解读
五、**职工素质及**岗位规范(5分)	专业技能及作业规范	4. 作业前进行安全确认	5	查资料和现场。岗位安全生产责任制不全,每缺 1 个岗位扣 3 分,发现 1 人"三违"不得分,其他 1 处不符合要求扣 1 分	4. 作业前进行**岗位安全风险辨识及**安全确认	**扣0.5分;随机抽查 3 名作业人员现场实操,不符合要求 1 人扣 1 分;**其他 1处 不符合要求**1 处**扣 1 分	评分方法更加明确考核方法和扣分细则,便于考核评分
六、文明生产(5分)	作业环境	1. 驾驶室干净整洁,室内各设施保持完好; 2. 各类物资摆放规整; 3. 各种记录规范,页面整洁	5	查现场和资料。1 项不符合要求扣 1 分	1. 驾驶室干净整洁**无杂物**,室内各设施保持完好**门窗玻璃干净;** 2. 各类物资摆放规整; 3 **2.** 各种记录规范,页面整洁	未修改	修改表述,使之更加通顺,用词更加准确

表 8.7-11　露天煤矿机电标准化评分表对照解读

项目	项目内容	2017 基本要求	标准分值	2017 评分方法	2020 基本要求	2020 评分方法	对照解读
一、设备管理(15分)	设备证标	机电设备有产品合格证,纳入安标管理的产品有煤矿矿用产品安全标志	3	查现场和资料。1台设备不符合要求不得分	机电设备有产品合格证**(进口设备有厂家出具的测试报告)**,纳入安标管理的产品有煤矿矿用产品安全标志		
	设备完好	机电设备综合完好率不低于90%	2	查资料。每低于1个百分点扣0.5分		查资料。**无统计报表不得分**,每低于1个百分点扣0.5分	完善考核细则
	管理制度	机电设备管理、机电设备事故管理制度	2	查资料。缺1项制度扣1分	**有**机电设备管理、机电设备事故管理制度	查资料。**无制度不得分**,[缺1项]制度**内容不全1处**扣1分	同上
	待修设备	设备待修率不高于5%	2	查资料。每增加1个百分点扣0.5分	未修改	查资料。**无统计报表不得分**,每增加1个百分点扣0.5分	同上

注:"□"表示新标准删除内容;加粗表示新标准增加内容。

表 8.7-11(续)

项目	项目内容	2017 基本要求	标准分值	2017 评分方法	2020 基本要求	2020 评分方法	对照解读
一、设备管理(15 分)	机电事故	机电事故率不高于 1%	2	查资料。超过 1%不得分	未修改	查资料。**无统计报表不得分，**超过 1% 不得分	同上
	设备大修改造	有设备更新大修计划并按计划执行	2	查资料。无计划或计划完成率全　年低于 90%、上半年低于 30%不得分	有**年度**设备更新大修计划并按计划执行	查资料。无计划或计划完成率全年低于 90%、上半年低于 30%不得分	增加可操作性
	设备档案	齐全完整	2	查资料。不齐全完整 1 项扣 1 分	未修改	未修改	
二、钻机(13 分)	技术要求	1. 机上设施、装置符合移交时的各项技术标准和要求； 2. 检修和运行记录完整翔实	3	查资料。不符合要求 1 处扣 1 分	1. 机上设施、装置符合移交时的各项技术标准和要求； 2. **设备交接班、启动前检查**、检修和运行记录完整翔实	未修改	

表 8.7-11(续)

项目	项目内容	2017 基本要求	标准分值	2017 评分方法	2020 基本要求	2020 评分方法	对照解读
二、钻机(13分)	电气部分	1. 供电电缆及接地完好,外皮无破损; 2. 行走时电缆远离履带; 3. 配电系统保护齐全,定时整定并有记录,机上保存最新记录; 4. 使用直流控制的操作系统,直流开关灭弧装置正常,开关性能良好; 5. 机上各电气开关标识明确,停开有明显标识; 6. 各照明设备性能良好,固定牢靠	5	查资料和现场。不符合要求1处扣1分	1. 供电电缆及接地完好,外皮无破损; 2. 行走时电缆远离履带; 3. 配电系统保护齐全,定时整定并有记录,机上保存最新记录,**配电柜上锁**; 4. 使用直流控制的操作系统,直流开关灭弧装置正常,开关性能良好; 5. 机上**各仪表完好**、各电气开关标识明确,停开有明显标识; 6. 各照明设备性能良好,固定牢靠	**查现场和**资料~~和现场~~。不符合要求1处扣1分	

表 8.7-11(续)

项目	项目内容	2017 基本要求	标准分值	2017 评分方法	2020 基本要求	2020 评分方法	对照解读
二、钻机(13分)	机械部分	1. 液压管保护完好，护套绑扎牢固，管路无破损、不漏油； 2. 钻塔起落装置、托架完好，连接件无松动、裂纹、开焊等； 3. 储杆装置完好，换杆系统灵活可靠； 4. 以内燃机为动力的钻机，三滤齐全，转速、液压、流量满足钻孔和行走要求，系统无渗漏，内燃机转速正常，启动、停车灵活可靠； 5. 液压系统用油符合说明书要求，按规定保养，工作时油温正常	3	查现场。不符合要求 1 处扣 1 分	未修改	未修改	

表 8.7-11(续)

项目	项目内容	2017 基本要求	标准分值	2017 评分方法	2020 基本要求	2020 评分方法	对照解读
二、钻机(13分)	辅助设施	1. 电热和正压通风设备运行良好； 2. 机上消防设施完好可靠	2	查现场。不符合要求1处扣1分	1. 电热和正压通风设备运行良好； 2. 机上消防设施完好可靠； **3. 驾驶室完好,空调完好**	未修改	
三、挖掘机(20分)	技术要求	1. 设施、装置符合移交时的各项技术标准和要求； 2. 检修、运行、交接班记录完整翔实	2	查资料。不符合要求1处扣2分	1. 设施、装置符合移交时的各项技术标准和要求； 2. **设备交接班、启动前检查**、检修[、]和运行[、交接班]记录完整翔实	未修改	
	电气部分	1. 电缆尾杆长度适当,以防转向和倒车时压伤电缆； 2. 配电系统的各项保护齐全,计算机和显示系统工作正常,诊断警报可靠；	8	查现场。不符合要求1处扣1分	未修改	未修改	

表 8.7-11(续)

项目	项目内容	2017 基本要求	标准分值	2017 评分方法	2020 基本要求	2020 评分方法	对照解读
三、挖掘机(20分)	电气部分	3. 配变电系统工作正常,机上电缆入槽,无过热,槽内清洁无杂物,保持通畅,盖板齐全,无松动; 4. 司机操作系统灵活可靠; 5. 电机不过热; 6. 维修所用连接电源安全可靠; 7. 大臂、司机室内外和机房照明正常可靠; 8. 各种电线、电缆连接可靠,绑扎固定; 9. 电器柜加锁,通风良好,无积尘	8	查现场。不符合要求 1 处扣 1 分	未修改	未修改	

表 8.7-11(续)

项目	项目内容	2017 基本要求	标准分值	2017 评分方法	2020 基本要求	2020 评分方法	对照解读
三、挖掘机(20分)	机械部分	1. 空气压缩系统工作正常,压缩机无漏油、跑风,气压正常,无杂音; 2. 提升(推压)钢丝绳无断股,绷绳断丝不超限,开门绳无扭结、无断股,各导绳绳轮转动良好; 3. 铲斗斗齿无缺损; 4. 铲斗插销、斗门开合自如,旋转时门缝不漏料; 5. 推压机构润滑正常,通道无积油; 6. 天轮润滑良好,无裂纹,磨损不超限;	7	查现场。不符合要求 1 处扣 1 分	未修改	未修改	

表 8.7-11(续)

项目	项目内容	2017 基本要求	标准分值	2017 评分方法	2020 基本要求	2020 评分方法	对照解读
三、挖掘机(20分)	机械部分	7. 推压齿条无缺牙断齿; 8. 回转齿圈和滚道润滑正常,无缺齿,磨损不超限; 9. 提升滚筒无裂纹; 10. 履带运行正常无断裂,张紧装置定位牢固可靠,张紧适度,辊轮转动灵活,滚道无损坏; 11. A 形架无裂纹; 12. 制动系统工作正常,不发生过卷; 13. 减速传动装置有安全罩,不漏油	7	查现场。不符合要求 1 处扣 1 分	未修改	未修改	

表 8.7-11(续)

项目	项目内容	2017 基本要求	标准分值	2017 评分方法	2020 基本要求	2020 评分方法	对照解读
三、挖掘机(20分)	辅助设施	1. 机顶人行道防滑垫完整、粘贴可靠,各种扶手、挡链连接可靠、使用方便; 2. 机房清洁无杂物,消防设施齐全,警报装置正常,润滑室通风正常; 3. 梯子抽动自如,信号准确; 4. 配重箱无破裂,配重量符合标准; 5. 机下和司机室联络信号灵活可靠	3	查现场。不符合要求1处扣1分	1. 机顶人行道防滑垫完整、粘贴可靠,各种扶手、挡链连接可靠、使用方便; 2. 机房清洁无杂物,消防设施齐全,警报装置正常,润滑室通风正常;**操作室完好,空调完好;** 3. 梯子**完好**,抽动自如,信号准确; 4. 配重箱无破裂,配重量符合标准; 5. 机下和司机室联络信号灵活可靠	未修改	

表 8.7-11(续)

项目	项目内容	2017 基本要求	标准分值	2017 评分方法	2020 基本要求	2020 评分方法	对照解读
四、矿用卡车(10分)	技术要求	1. 设施、装置符合移交验收时的要求； 2. 检修、运行和交接班记录翔实； 3. 移动检查装置(PTU)使用正常，有记录，定期存档	2	查资料和现场。不符合要求1处扣0.5分	1. 设施、装置符合移交验收时的要求； 2. **设备交接班、启动前检查**、检修[、]**和**运行[和交接班]记录翔实； 3. 移动检查装置(PTU)使用正常，有记录，定期存档； **4. 各种智能安全保护装置可靠**	未修改	
	动力设施	1. 风机等的传动皮带运转正常，无超限磨损； 2. 发动机冷却液温度正常，系统工作良好； 3. 发动机怠速声均匀无杂音； 4. 启动电池连接良好，无闪络(火花)痕迹；	3	查现场。1处不符合要求扣0.5分	未修改	未修改	

表 8.7-11(续)

项目	项目内容	2017 基本要求	标准分值	2017 评分方法	2020 基本要求	2020 评分方法	对照解读
四、矿用卡车(10分)	动力设施	5. 增压器接管无裂痕,固定牢靠,有防火布; 6. 排烟管无裂缝; 7. 发动机和发电机(液压马达)连接正常; 8. 发电机通风管道无漏风,软接头良好; 9. 电动轮通风正常; 10. 电拖动开关箱无变形,闭锁正常; 11. 电子监控系统显示正常; 12. 电子加速踏板(俗称油门踏板)工作正常;	3	查现场。1处不符合要求扣0.5分	未修改	未修改	

表 8.7-11(续)

项目	项目内容	2017 基本要求	标准分值	2017 评分方法	2020 基本要求	2020 评分方法	对照解读
四、矿用卡车(10分)	动力设施	13. 车辆上的插件无松动,工作正常; 14. 缓行减速工作正常;电阻栅不过热,无过热烧损痕迹,通风冷却正常; 15. 冷却通风及过热警告系统工作正常; 16. 各种仪表显示正常; 17. 电动轮无环火,换向器表面无烧蚀痕迹,碳刷压力和高度正常,刷架定位正常; 18. 照明和倒车信号指示正确,联动无误,灯光正常	3	查现场。1 处不符合要求扣0.5分	未修改	未修改	

表 8.7-11(续)

项目	项目内容	2017 基本要求	标准分值	2017 评分方法	2020 基本要求	2020 评分方法	对照解读
四、矿用卡车(10分)	机械部分	1. 制动系统可靠; 2. 悬挂装置完好,工作正常; 3. 关节联结,润滑良好; 4. 举升系统完好,工作正常; 5. 鼻锥连接正常,润滑良好; 6. 平衡杆无弯曲,连接点润滑良好; 7. 箱斗和机架间衬垫良好,无缺损,车架无裂痕; 8. 转向系统调整正常; 9. 轮胎与轮辋匹配,打石器完整,灵活无断裂; 10. 定期查验防滚架(ROPS)架构,螺丝紧固适当; 11. 油尺和油箱视窗保持完好; 12. 各种管线固定,接口完好	3	查现场和资料。不符合要求1处扣0.5分	未修改	未修改	

表 8.7-11(续)

项目	项目内容	2017 基本要求	标准分值	2017 评分方法	2020 基本要求	2020 评分方法	对照解读
四、矿用卡车(10分)	辅助部分	1. 集中润滑系统完好,各人工注油嘴保持通畅,按规定注油; 2. 司机室采暖设备、雨刷齐备完好; 3. 司机座位调整和方向盘调整适合司机操作; 4. 安全带、门锁、门窗使用灵活,玻璃完整; 5. 司机上下车梯子完整,固定可靠; 6. 消防设施完好; 7. 轮胎管理符合技术要求,定时换位,检查胎温、胎压、花纹及胎面,并作好记录、存档	2	查现场和资料。不符合要求 1 处扣 0.5 分	1. 集中润滑系统完好,各人工注油嘴保持通畅,按规定注油; 2. 司机**驾驶**室采暖设备**空调**、雨刷齐备**器**完好; 3. 司机座位调整和方向盘调整适合司机操作; 4. **驾驶室完好,**安全带、门锁、门窗使用灵活,玻璃完整; 5. 司机上下车梯子完整,固定可靠; 6. 消防设施完好; 7. 轮胎管理符合技术要求,定时换位,检查胎温、胎压、花纹及胎面,并作好记录、存档	未修改	

表 8.7-11(续)

项目	项目内容		2017 基本要求	标准分值	2017 评分方法	2020 基本要求	2020 评分方法	对照解读
五、连续工艺(10分)	轮斗挖掘机	技术要求	1. 设施、装置符合移交时的各项技术标准和要求； 2. 检修、运行、交接班记录完整翔实	0.5	查资料。不符合要求1处扣0.1分	1. 设施、装置符合移交时的各项技术标准和要求； 2. **设备交接班、启动前检查**、检修[、]和运行[、交接班]记录完整翔实	未修改	
		机械部分	1. 制动性能良好，制动部件完好； 2. 钢丝绳磨损和断丝不超限，滑轮无裂痕，紧固端无松动； 3. 减速器通气孔干净、畅通，减速器油位、油质合格； 4. 润滑部件完好、齐全； 5. 防倾翻安全钩间隙不超限； 6. 履带张紧适度，履带板无断裂；	1	查现场。不符合要求1处扣0.2分	1. 制动性能良好，制动部件完好； 2. 钢丝绳磨损和断丝不超限，滑轮无裂痕，紧固端无松动； 3. 减速器通气孔干净、畅通，减速器油位、油质合格； 4. 润滑部件完好、齐全； 5. 防倾翻安全钩间隙不超限； 6. 履带张紧适度，履带板无断裂；	未修改	

表 8.7-11(续)

项目	项目内容		2017 基本要求	标准分值	2017 评分方法	2020 基本要求	2020 评分方法	对照解读
五、连续工艺(10分)	轮斗挖掘机	机械部分	7. 斗轮体的锥体和圆弧导料板、斜溜料板、溜槽和挡板磨损不超限; 8. 变幅机构张力值不超限; 9. 钢结构无开焊、变形、断裂现象、防腐完好,各部连接螺栓紧固齐全; 10. 胶带机驱动滚筒及改向滚筒包胶磨损不超限; 11. 胶带损伤、磨损不超限; 12. 清扫器齐全有效; 13. 各转动部位防护罩、防护网齐全有效; 14. 消防设施齐全有效	1	查现场。不符合要求 1 处扣 0.2分	7. 斗轮体的锥体和圆弧导料板、斜溜料板、溜槽和挡板磨损不超限; 8. 变幅机构张力值不超限; 9. 钢结构无开焊、变形、断裂现象、防腐完好,各部连接螺栓紧固齐全; 10. 胶带机驱动滚筒及改向滚筒包胶磨损不超限; 11. 胶带损伤、磨损不超限; 12. 清扫器齐全有效; 13. 各转动部位防护罩、防护网齐全有效; 14. 消防设施齐全有效; **15. 驾驶室完好,空调完好**	未修改	

表 8.7-11(续)

项目	项目内容		2017 基本要求	标准分值	2017 评分方法	2020 基本要求	2020 评分方法	对照解读
五、连续工艺(10分)	轮斗挖掘机	电气部分	1. 各种安全保护装置齐全有效； 2. 机上固定电缆理顺、捆绑、入槽或挂钩固定、布置整齐，接线规范、无裸露接头； 3. 电器柜内无积尘，电气元器件齐全、无破损、标识明确，柜内布线整齐，按规定捆绑； 4. 配电室及时上锁； 5. 电机接线盒、风翅、风罩齐全、无破损； 6. 电气保护接地齐全、规范； 7. 室外电气控制箱、操作箱箱体完好，箱内元器件齐全、无破损、无积尘、及时上锁； 8. 室外照明灯具完好	1	查现场。不符合要求 1 处扣 0.2分	未修改	未修改	

表 8.7-11(续)

项目	项目内容		2017 基本要求	标准分值	2017 评分方法	2020 基本要求	2020 评分方法	对照解读
五、连续工艺(10分)	排土机	技术要求	1. 设施、装置符合移交时的各项技术标准和要求; 2. 检修、运行、交接班记录完整翔实	0.5	查现场和资料。不符合要求 1 处扣 0.1 分	1. 设施、装置符合移交时的各项技术标准和要求; 2. **设备交接班、启动前检查**、检修、和运行、交接班记录完整翔实	未修改	
		机械部分	1. 制动性能良好,制动部件完好; 2. 钢丝绳磨损和断丝不超限,滑轮无裂痕,紧固端无松动; 3. 减速器通气孔干净、畅通,减速器油位、油质合格; 4. 润滑部件完好、齐全; 5. 防倾翻安全钩间隙不超限; 6. 履带张紧适度,履带板无断裂; 7. 夹轨器状态正常;	1	查现场。不符合要求 1 处扣 0.2分	1. 制动性能良好,制动部件完好; 2. 钢丝绳磨损和断丝不超限,滑轮无裂痕,紧固端无松动; 3. 减速器通气孔干净、畅通,减速器油位、油质合格; 4. 润滑部件完好、齐全; 5. 防倾翻安全钩间隙不超限; 6. 履带张紧适度,履带板无断裂; 7. 夹轨器状态正常;	未修改	

表 8.7-11(续)

项目	项目内容		2017 基本要求	标准分值	2017 评分方法	2020 基本要求	2020 评分方法	对照解读
五、连续工艺(10分)	排土机	机械部分	8. 钢结构无开焊、变形、断裂现象,防腐有效,各部连接螺栓紧固齐全; 9. 胶带机驱动滚筒及改向滚筒包胶磨损不超限; 10. 胶带损伤、磨损不超限; 11. 清扫器齐全、有效; 12. 各转动部位防护罩、防护网齐全、有效; 13. 消防设施齐全、有效	1	查现场。不符合要求 1 处扣 0.2分	8. 钢结构无开焊、变形、断裂现象,防腐有效,各部连接螺栓紧固齐全; 9. 胶带机驱动滚筒及改向滚筒包胶磨损不超限; 10. 胶带损伤、磨损不超限; 11. 清扫器齐全、有效; 12. 各转动部位防护罩、防护网齐全、有效; 13. 消防设施齐全、有效; **14. 驾驶室完好,空调完好**	未修改	
		电气部分	1. 各种安全保护装置齐全有效; 2. 机上固定电缆理顺、捆绑、入槽或挂钩固定、布置整齐,接线规范、无裸露接头;	1	查现场。不符合要求 1 处扣 0.2分	未修改	未修改	

表 8.7-11(续)

项目	项目内容		2017 基本要求	标准分值	2017 评分方法	2020 基本要求	2020 评分方法	对照解读
五、连续工艺(10分)	排土机	电气部分	3. 电器柜内无积尘,电气元器件齐全、无破损、标识明确,柜内布线整齐,按规定捆绑; 4. 配电室及时上锁; 5. 电机接线盒、风翅、风罩齐全、无破损; 6. 电气保护接地齐全、规范; 7. 室外电气控制箱、操作箱箱体完好,箱内元器件齐全、无破损、无积尘、及时上锁; 8. 室外照明灯具完好	1	查现场。不符合要求 1 处扣 0.2分	未修改	未修改	
	带式输送机	技术要求	1. 机上设施、装置符合移交时的各项技术标准和要求; 2. 检修和运行记录完整翔实	0.5	查现场和资料。不符合要求 1 处扣 0.1 分	1. 机上设施、装置符合移交时的各项技术标准和要求; 2. **设备交接班、启动前检查**、检修和运行记录完整翔实	未修改	

表 8.7-11(续)

项目	项目内容		2017 基本要求	标准分值	2017 评分方法	2020 基本要求	2020 评分方法	对照解读
五、连续工艺(10分)	带式输送机	机械部分	1. 制动性能良好,制动部件完好; 2. 钢丝绳磨损和断丝不超限,滑轮无裂痕,紧固端无松动; 3. 减速器通气孔干净、畅通,减速器油位、油质合格; 4. 钢结构无开焊、变形、断裂现象,防腐有效,各部连接螺栓紧固齐全; 5. 受料槽圆钢、母板、耐磨板等各部位焊接牢固,磨损不过限,不伤及母板,挡料胶条夹板无变形,部件无损坏或不全,防冲击装置使用完好;	1	查现场。不符合要求 1 处扣 0.2分	未修改	未修改	

表 8.7-11(续)

项目	项目内容		2017 基本要求	标准分值	2017 评分方法	2020 基本要求	2020 评分方法	对照解读
五、连续工艺(10分)	带式输送机	机械部分	6. 托辊组部件完好; 7. 胶带损伤、磨损不超限; 8. 清扫器齐全有效; 9. 驱动滚筒及改向滚筒包胶磨损不超限; 10. 分流站伸缩头行走机构部件处于完好状态; 11. 各转动部位防护罩、防护网齐全、有效; 12. 消防设施齐全有效	1	查现场。不符合要求 1 处扣 0.2分	未修改	未修改	
		电气部分	1. 各种安全保护装置齐全有效,带式输送机检修时使用检修开关并上锁,启动预警时间不少于 20 s;	1	查现场。不符合要求 1 处扣 0.2分	未修改	未修改	

表 8.7-11(续)

项目	项目内容		2017 基本要求	标准分值	2017 评分方法	2020 基本要求	2020 评分方法	对照解读
五、连续工艺(10分)	带式输送机	电气部分	2. 机上固定电缆理顺、捆绑、入槽或挂钩固定、布置整齐，接线规范，无裸露接头； 3. 电器柜内无积尘，电气元器件齐全、无破损、标识明确，柜内布线整齐，按规定捆绑； 4. 配电室及时上锁； 5. 电机接线盒、风翅、风罩齐全、无破损； 6. 电气保护接地齐全、规范； 7. 室外电气控制箱、操作箱箱体完好，箱内元器件齐全、无破损、无积尘、及时上锁	1	查现场。不符合要求 1 处扣 0.2分	未修改	未修改	

表 8.7-11(续)

项目	项目内容		2017 基本要求	标准分值	2017 评分方法	2020 基本要求	2020 评分方法	对照解读
五、连续工艺(10分)	破碎站	技术要求	1. 设施、装置符合移交时的各项技术标准和要求; 2. 检修和运行记录完整翔实	0.5	查资料。不符合要求 1 处扣 0.1分	1. 设施、装置符合移交时的各项技术标准和要求; 2. **交接班**、检修和运行记录完整翔实	未修改	
		机械部分	1. 制动性能良好,制动部件完好; 2. 减速器通气孔干净、畅通,减速器油位、油质合格; 3. 钢结构无开焊、变形、断裂现象,防腐有效,各部连接螺栓紧固齐全; 4. 板式给料机链节、驱动轮磨损不过限,给料机链板不变形;	1	查现场。不符合要求 1 处扣 0.2分	1. 制动性能良好,制动部件完好; 2. 减速器通气孔干净、畅通,减速器油位、油质合格; 3. 钢结构无开焊、变形、断裂现象,防腐有效,各部连接螺栓紧固齐全; 4. 板式给料机链节、驱动轮磨损不过限,给料机链板不变形;	未修改	

表 8.7-11(续)

项目	项目内容		2017 基本要求	标准分值	2017 评分方法	2020 基本要求	2020 评分方法	对照解读
五、连续工艺(10分)	破碎站	机械部分	5. 破碎辊的破碎齿、边齿磨损不过限、不松动； 6. 受料槽圆钢、母板、耐磨板等各部位焊接牢固，磨损不过限，不伤及母板，挡料胶条夹板无变形，部件无损坏或不全，防冲击装置使用完好； 7. 胶带损伤、磨损不超限； 8. 驱动滚筒及改向滚筒包胶磨损不超限； 9. 各转动部位防护罩、防护网齐全有效； 10. 消防设施齐全有效	1	查现场。不符合要求 1 处扣 0.2分	5. 破碎辊的破碎齿、边齿磨损不过限、不松动； 6. 受料槽圆钢、母板、耐磨板等各部位焊接牢固，磨损不过限，不伤及母板，挡料胶条夹板无变形，部件无损坏或不全，防冲击装置使用完好； 7. 胶带损伤、磨损不超限； 8. 驱动滚筒及改向滚筒包胶磨损不超限； 9. 各转动部位防护罩、防护网齐全有效； 10. 消防设施齐全有效； **11. 操作室完好，空调完好**	未修改	

表 8.7-11(续)

项目	项目内容		2017 基本要求	标准分值	2017 评分方法	2020 基本要求	2020 评分方法	对照解读
五、连续工艺(10分)	破碎站	电气部分	1. 各种安全保护装置齐全有效； 2. 机上固定电缆理顺、捆绑、入槽或挂钩固定、布置整齐，接线规范、无裸露接头； 3. 电器柜内无积尘，电气元器件齐全、无破损、标识明确，柜内布线整齐，按规定捆绑； 4. 配电室上锁； 5. 电机接线盒、风翅、风罩齐全、无破损； 6. 电气保护接地齐全规范； 7. 室外电气控制箱、操作箱箱体完好，箱内元器件齐全、无破损、无积尘、上锁； 8. 室外照明灯具完好	1	查现场。1 处不符合要求扣 0.2分	未修改	未修改	

表 8.7-11(续)

项目	项目内容	2017 基本要求	标准分值	2017 评分方法	2020 基本要求	2020 评分方法	对照解读
六、电机车(单斗—铁路工艺)(10分)	技术要求	1. 设施、装置符合移交时的各项技术标准和要求； 2. 检修、运行及交接班记录完整翔实	2	查资料。不符合要求1处扣0.5分	1. 设施、装置符合移交时的各项技术标准和要求； 2. **设备交接班、运行前检查、检修**、**和运行**及交接班记录完整翔实	未修改	
	设施要求	1. 正旁弓子无裂纹、无折损，编组铜线烧损和折损率不大于15%，气筒不跑气； 2. 车棚盖不漏雨，避雷器完好，探照灯射程达80 m以上，主隔离开关无烧损，接触面积达75%以上；	4	查现场。不符合要求1处扣0.5分	未修改	未修改	

表 8.7-11(续)

项目	项目内容	2017 基本要求	标准分值	2017 评分方法	2020 基本要求	2020 评分方法	对照解读
六、电机车(单斗—铁路工艺)(10分)	设施要求	3. 主电阻室连接铜带无松弛和烧损,导线片间距离不小于原有的66%; 4. 高压室的导线绝缘无腐蚀老化,接线头无烧损、脱焊,连锁装置正常; 5. 蓄电池箱底无腐蚀,滑道无破损,零件完整; 6. 机械室内辅助电机的保护网完整、轴承不漏油、动作可靠; 7. 台车、联结器、轮轴、牵引电动机各零件紧固、无缺失,润滑良好	4	查现场。不符合要求1处扣0.5分	未修改	未修改	

表 8.7-11(续)

项目	项目内容	2017 基本要求	标准分值	2017 评分方法	2020 基本要求	2020 评分方法	对照解读
六、电机车(单斗—铁路工艺)(10分)	辅助设施	1. 司机室仪表齐全、完整、灵活,电热器完好,操作开关齐全完整、动作灵活; 2. 消防设施齐全有效	2	查现场。不符合要求1处扣0.5分	1. 司机**驾驶室完好,室内**仪表齐全、完整、灵活,电热器完好,操作开关齐全完整、动作灵活; 2. 消防设施齐全有效	未修改	
	机车自翻车	1. 各机件齐全完好、无松动、不漏油,磨损符合要求,制动灵活; 2. 转动装置、台车连接处润滑良好、不缺油	2	查现场。不符合要求1处扣0.5分	未修改	未修改	
七、辅助机械设备(10分)	技术要求	1. 设施、装置符合移交时的各项技术标准和要求; 2. 检修、运行及交接班记录完整翔实	2	查资料。不符合要求1处扣0.5分	1. 设施、装置符合移交时的各项技术标准和要求; 2. **设备交接班、启动前检查**、检修、**和**运行及交接班记录完整翔实	未修改	

表 8.7-11(续)

项目	项目内容	2017 基本要求	标准分值	2017 评分方法	2020 基本要求	2020 评分方法	对照解读
七、辅助机械设备(10分)	电气部分	1. 工作照明、各部仪表、蜂鸣器工作正常； 2. 控制装置、监控面板、报警装置工作正常，接线柱螺栓、各种保险开关不缺失； 3. 各种电线、电缆连接可靠，绑扎固定良好；各部插头联接紧固； 4. 发电机皮带、风扇皮带等运转正常，张紧度符合要求、无超限磨损； 5. 电瓶搭线连接良好，无闪络(火花)痕迹，可维护电瓶电解液液位满足使用要求	3	查现场。不符合要求 1 处扣 0.5分	未修改	未修改	

表 8.7-11(续)

项目	项目内容	2017 基本要求	标准分值	2017 评分方法	2020 基本要求	2020 评分方法	对照解读
七、辅助机械设备(10分)	机械部分	1.发动机冷却液温度正常,系统工作良好; 2.发动机怠速声均匀无杂音、排烟正常; 3.涡轮增压器歧管联接正常,无裂痕,固定牢固; 4.排烟管、消音器无裂纹; 5.机油、液压油、齿轮油油位、油质、温度、密封正常; 6.制动装置部件齐全完好,制动性能可靠; 7.传动装置工作正常,无漏油现象,各部分润滑良好; 8.液压元件工作正常,液压回路密封良好,无漏油现象,液压传动系统工作安全可靠;	3	查现场。不符合要求1处扣0.5分	未修改	未修改	

表 8.7-11(续)

项目	项目内容	2017 基本要求	标准分值	2017 评分方法	2020 基本要求	2020 评分方法	对照解读
七、辅助机械设备(10分)	机械部分	9. 钢结构件无开焊、变形或断裂现象，侧机架无漏油现象，铲刀、铲角、斗齿等磨损程度符合要求	3	查现场。不符合要求 1 处扣 0.5分	未修改	未修改	
	辅助设施	1. 驾驶室仪表齐全有效，电器完好，操作开关齐全完整、动作灵活，安全装置，工作可靠； 2. 司机室清洁无杂物，消防设施齐全有效	2	查现场。不符合要求 1 处扣 0.5分	1. 驾驶室**完好，室内**仪表齐全有效，、电器完好，、操作开关齐全完整、动作灵活**完好**，安全装置，工作可靠； 2. 司机室清洁无杂物，消防设施齐全有效	未修改	
八、供电管理(12分)	**技术管理**		**1**		**1. 供电设备设施档案齐全，有设备台账；** **2. 有全矿供电系统图；** **3. 有巡视制度，设备设施检修和运行记录完整翔实**	**查资料。无档案、台账、图纸或制度不得分；不齐全完整缺 1 项扣 0.5 分**	

表 8.7-11(续)

项目	项目内容	2017 基本要求	标准分值	2017 评分方法	2020 基本要求	2020 评分方法	对照解读
八、供电管理(12分)	断路器和互感器	1. 油位正常； 2. 本体及高压套管无渗漏	2 **1**	查现场。不符合要求不得分		查现场。不符合要求**1处**不得**扣0.5分**	
	开关柜	1. 内设断路器或负荷开关完好； 2. 内设电压、电流互感器完好； 3. 母线支撑瓶无损，连接螺栓无松动； 4. 开关柜各种保护完好	2	查现场。不符合要求不得分	1. 内设断路器或负荷开关完好； 2. 内设电压、电流互感器完好； 3. 母线支撑瓶无损，连接螺栓无松动； 4. 开关柜**柜体及**各种保护完好**、上锁**	查现场。不符合要求**1处**不得**扣1分**	
	变电站	有供电监控系统，35 kV、110 kV变电站2小时排查、巡视1次，检查隔离开关、引	2	查资料和现场。不符合要求1处扣0.5分	**1. 采场变电站有围栏和警示牌，箱体保护接地完好，上锁；** **2. 站内设备统一编号、有负荷名称、有停送电标识；** **3. 供电监控系统完好；**	查现场和资料和现场。不符合要求1处扣0.5分	根据《煤矿安全规程》增加有关内容

表 8.7-11(续)

项目	项目内容	2017 基本要求	标准分值	2017 评分方法	2020 基本要求	2020 评分方法	对照解读
八、供电管理(12 分)	变电站	线、设备卡有无发热、放电现象,记录齐全	2	查资料和现场。不符合要求 1 处扣 0.5 分	有供电监控系统,35 kV、110 kV 变电站 2 小时排查、巡视 1 次,检查; 4. 隔离开关、引线、设备卡有无发热、放电现象,; **5. 巡查**记录齐全	**查现场和**资料和现场。不符合要求 1 处扣 0.5 分	根据《煤矿安全规程》增加有关内容
	电力电缆防护区	1. 电力电缆防护区(两侧各 0.75 m)内不堆放垃圾、矿渣、易燃易爆及有害的化学物品; 2. 电缆线路标识符合《电力电缆工程技术导则》	2	查现场。不符合要求 1 处扣 0.5分	1. 电力电缆防护区(两侧各 0.75 m)内不堆放垃圾、矿渣、易燃易爆及有害的化学物品; 2. 电缆线路标识符合《电力电缆工程技术导则》**GB 50168**; **3. 电缆接头及接线方式和工艺符合要求;** **4. 各种电缆按规定敷设(吊挂、电缆沟道、直埋)**	未修改	

表 8.7-11(续)

项目	项目内容	2017 基本要求	标准分值	2017 评分方法	2020 基本要求	2020 评分方法	对照解读
八、供电管理(12分)	配电室	1. 配电室不渗、漏水，内、外墙皮完好，挡鼠板、防护网齐全并符合要求，非工作人员进入要登记； 2. 配电室外有“禁止攀登、高压危险”、“配电重地、闲人免进”等警示标示； 3. 周围无杂草、柴垛等易燃物； 4. 配电室内电缆沟使用合格盖板，出口封堵完好； 5. 按规定安装电容器并固定牢固	2	查现场。不符合要求1处扣0.5分	1. 配电室不渗、漏水，内、外墙皮完好，挡鼠板、防护网齐全并符合要求，**上锁**，非工作人员进入要登记； 2. 配电室外有“禁止攀登、高压危险”、“配电重地、闲人免进”等警示标示； 3. 周围无杂草、柴垛等易燃物； 4. 配电室内电缆沟使用合格盖板，出口封堵完好； 5. 按规定安装**无功补偿装置**~~电容器~~并固定牢固	未修改	

表 8.7-11(续)

项目	项目内容	2017 基本要求	标准分值	2017 评分方法	2020 基本要求	2020 评分方法	对照解读
八、供电管理(12分)	变压器	1. 柱上安装的变压器,底座距地面不小于 2.5 m; 2. 露天安装的变压器悬挂"禁止攀登、高压危险"的标示牌; 3. 横梁、电缆套管等使用镀锌件; 4. 线路杆号、名称、色标及柱上开关(包括电缆分线箱、环网柜名称和编号)正确清楚,电缆牌齐全并与实际相符; 5. 高、低压同杆架设,横担间最小垂直距离:直线杆 1.2 m,分支和转角杆 1.0 m;	2	查现场和资料。不符合要求 1 处扣 0.5 分	未修改	未修改	

表 8.7-11(续)

项目	项目内容	2017 基本要求	标准分值	2017 评分方法	2020 基本要求	2020 评分方法	对照解读
八、供电管理(12分)	变压器	6. 柱上开关、配电台架、10 kV 电缆线路(超过 50 m 的两端)安装避雷器,避雷器按要求定期试验; 7. 配电设备的接地线使用直径不小于 16 mm 的圆钢或截面积不小于 100 mm^2 的接地体,接地电阻符合要求; 8. 表计无损坏,安装规范、牢固、无歪斜,表尾用供电所专用钳封印; 9. 带风扇通风冷却的变压器能自动或手动投入运行	2	查现场和资料。不符合要求 1 处扣 0.5 分	未修改	未修改	

表 8.7-12　露天煤矿边坡标准化评分表

项目	项目内容	2017 基本要求	标准分值	2017 评分方法	2020 基本要求	2020 评分方法	对照解读
一、技术管理([20] **24**分)	[组织保障]	有部门负责边坡管理工作	[2]**0**	查资料。无部门负责不得分			删除组织保障内容,将此部分内容放入表 3-1 组织机构中
	管理制度	制定边坡管理制度,定期巡视边坡,有巡视记录	[5]**6**	查资料。无管理制度、不巡视或无巡视记录不得分,记录不完善 1 处扣 1 分	未修改	未修改	
	资料管理	1.有完善、准确、详细的工程地质、水文地质勘探资料	[2]**3**	查资料。资料缺项不得分	未修改	未修改	
		2. 有边坡设计	4	查资料。无设计不得分	未修改	未修改	
	气象预报	与当地气象部门建立天气预报及时通报机制	[2]**3**	查资料。未建立通报机制不得分	未修改	未修改	
	技术措施	制定边坡稳定专项技术措施	[3]**4**	查资料。无技术措施不得分	**按规定**制定边坡稳定专项技术措施	未修改	

注:“□”表示新标准删除内容;加粗表示新标准增加内容。

表 8.7-12(续)

项目	项目内容	2017 基本要求	标准分值	2017 评分方法	2020 基本要求	2020 评分方法	对照解读
一、技术管理(20 **24**分)	应急预案	制定滑坡应急预案并组织演练	2**4**	查资料。不符合要求不得分	未修改	查资料。不符合要求不得分,**演练后未总结扣 2 分,演练发现问题未整改扣 2 分**	
二、采场边坡(30 **28**分)	稳定性**验算**、分析与评价	每年做边坡稳定性分析与评价	7**12**	查资料。未进行分析与评价不得分	每年做边坡**稳定验算**、稳定性分析与评价	查资料。**不符合要求不得分,稳定验算不全面 1 处扣 2 分** 未进行分析与评价不得分	
	稳定验算	每年做边坡稳定验算	7**0**	查资料。未做边坡稳定验算不得分			删除该条,将其合并到"稳定性分析与评价"中

表 8.7-12(续)

项目	项目内容	2017 基本要求	标准分值	2017 评分方法	2020 基本要求	2020 评分方法	对照解读
二、采场边坡(30 **28**分)	最终边坡	最终边坡到界后,稳定性达不到要求时,修改设计,并采取治理措施	5	查资料。未修改设计或未采取治理措施不得分	未修改	未修改	
	到界平盘	1. 符合设计	6	查现场。不符合设计不得分	未修改	未修改	
		2. 临近到界的平盘采取控制爆破	5	查资料。未采取控制爆破不得分	未修改	未修改	
三、排土场边坡(30 **28**分)	稳定性**验算**、分析与评价	定期做边坡稳定性分析与评价	7 **12**	查资料。未进行分析与评价不得分	定期做边坡**稳定验算**、稳定性分析与评价	查资料。**不符合要求不得分,稳定验算不全面 1 处扣 2 分** 未进行分析与评价不得分	

表 8.7-12(续)

项目	项目内容	2017 基本要求	标准分值	2017 评分方法	2020 基本要求	2020 评分方法	对照解读
三、排土场边坡(30 28分)	稳定验算	定期做边坡稳定验算	70	查资料。未进行边坡稳定验算不得分			删除该条,将其合并到“稳定性验算分析与评价”中
	稳定性管理	1. 排土场到界前 100 m,采取措施	5	查现场。未采取措施不得分	未修改	未修改	
		2. 内排土场基底有不利于边坡稳定的松软土岩时,按照设计要求进行处理	6	查资料和现场。未按要求进行处理不得分	未修改	查现场和资料和现场。未按要求进行处理不得分	
		3. 排土场的排弃高度和边坡角,符合设计	5	查现场。不符合要求不得分	未修改	未修改	

表 8.7-12(续)

项目	项目内容	2017 基本要求	标准分值	2017 评分方法	2020 基本要求	2020 评分方法	对照解读
四、不稳定边坡(20分)	管理	对不稳定边坡实施重点监管,进行稳定性分析与评价	3	查资料。不符合要求不得分	未修改	未修改	
	监测	在不稳定边坡设监测网络,有监测记录	8	查资料和现场。未设监测网络或没有监测记录不得分,记录不符合要求 1 处扣 2 分	未修改	**查现场和资料** 和现场。未设监测网络或没有监测记录不得分,记录不符合要求 1 处扣 2 分	
	防范	加强巡视,有巡视记录,发现滑坡征兆,撤出作业人员,设警示标志	9	查资料和现场。有危险未撤人不得分,无巡视记录扣 3 分,未设警示标志扣 3 分	未修改	**查现场和**资料 和现场。有危险未撤人不得分, 无巡视记录扣 3 分, 未设警示标志扣 3 分,**无巡视记录扣 3 分**	

表 8.7-13　露天煤矿疏干排水标准化评分表

项目	项目内容	2017 基本要求	标准分值	2017 评分方法	2020 基本要求	2020 评分方法	对照解读
一、技术管理(35分)	组织保障	有负责疏干排水工作的部门	5**0**	查资料。不符合要求不得分			删除该条，此部分内容放入表 3-1 组织机构中
	管理制度	建立水文地质预测预报、疏干排水技术管理及疏干巷道雨季人员撤离制度	5	查资料。缺 1 项制度扣 2 分	建立**健全水害防治技术管理制度、水害预测预报制度、水害隐患排查治理制度、重大水患停产撤人制度以及应急处置制度等**水文地质预测预报、疏干排水技术管理及疏干巷道雨季人员撤离制度	未修改	根据《煤矿防治水细则》要求修改
	技术资料	1. 综合水文地质图； 2. 综合水文地质柱状图； 3. 疏干排水系统平面图； 4. 矿区地下水等水位线图； 5. 疏干巷道竣工资料； 6. 疏干巷道井上下对照图	12 **15**	查资料。每缺 1 种图纸扣 5 分；图纸信息不全 1 处扣 2 分	**有下列资料：** 1. 综合水文地质图； 2. 综合水文地质柱状图； 3. 疏干排水系统平面图； 4. 矿区地下水等水位线图； 5. 疏干巷道竣工资料； 6. 疏干巷道井上下对照图	查资料。**图纸、资料**每缺 1 种图纸扣 5 分；图纸、**资料**信息不全 1 处扣 2 分	

注：“□”表示新标准删除内容；加粗表示新标准增加内容。

表 8.7-13(续)

项目	项目内容	2017 基本要求	标准分值	2017 评分方法	2020 基本要求	2020 评分方法	对照解读
一、技术管理(35分)	规划及计划	有防治水中长期规划、年度疏干排水计划及措施,并组织实施	5	查资料和现场。无规划、计划及措施、未组织实施不得分	有防治水中长期规划、年度疏干排水计划及措施,并组织实施	查资料和现场**和资料**。无规划、计划及措施、**或**未组织实施不得分	
	水文地质	查明地下水来水方向、渗透系数等;受地下水影响较大和已经进行疏干排水工程的边坡,进行地下水位、水压及涌水量观测并有记录,分析地下水对边坡稳定的影响程度及疏干效果,制定地下水治理措施	5	查资料。未查明、无记录、无措施不得分,记录不全1处扣2分	未修改	未修改	
	疏干水再利用	疏干水、矿坑水,可直接利用的或经处理后可利用的要回收利用	3**5**	查现场。应利用未利用的不得分	未修改	未修改	

表 8.7-13(续)

项目	项目内容	2017 基本要求	标准分值	2017 评分方法	2020 基本要求	2020 评分方法	对照解读
二、疏干排水系统(55分)	设备设施	1. 地面排水沟渠、储水池、防洪泵、防洪管路等设施完备,排水能力满足要求; 2. 地下水疏干水泵、管道和运行控制等设备完好,满足疏干设计; 3. 疏干巷道排水设备满足巷道涌水量要求	10	查现场和资料。不符合要求1处扣5分	未修改	未修改	
	地面排水	1. 用露天采场深部做储水池排水时,有安全措施,备用水泵的能力不小于工作水泵能力的50%; 2. 采场内的主排水泵站设置备用电源,当供电线路发生故障时,备用电源能担负最大排水负荷;	10	查现场和资料。第1和第2项不符合要求不得分,其他不符合要求1处扣2分	1. 用露天采场深部做储水池排水时,有安全措施,备用水泵的能力不小于工作水泵能力的50%; 2. 采场内的主排水泵站设置备用电源,当供电线路发生故障时,备用电源能担负最大排水负荷;	查现场和资料。第1 和 **或**第2项不符合要求不得分,其他不符合要求1处扣2分	

表 8.7-13(续)

项目	项目内容	2017 基本要求	标准分值	2017 评分方法	2020 基本要求	2020 评分方法	对照解读
二、疏干排水系统(55分)	地面排水	3. 排水泵电源控制柜设置在储水池上部台阶,加高基础,远离低洼处,避免洪水淹没和冲刷; 4. 储水池周围设置挡墙或护栏,检修平台符合 GB 4053.4,上下梯子符合 GB 4053.1～4053.2; 5. 矿区外地表水对采场有影响时,有阻隔治理措施	10	查现场和资料。第 1 和第 2 项不符合要求不得分,其他不符合要求 1 处扣 2 分	3. 排水泵电源控制柜设置在储水池上部台阶,加高基础,远离低洼处,避免洪水淹没和冲刷; 4. 储水池周围设置挡墙或护栏,检修平台符合 GB 4053.4 **3**,上下梯子符合 GB 4053.1～4053.2; 5. 矿区外地表水对采场有影响时,有阻隔治理措施	查现场和资料。第 1 和 **或**第 2 项不符合要求不得分,其他不符合要求 1 处扣 2 分	
	地下水疏干	1. 疏干工程应超前采矿工程,疏干降深满足采矿要求; 2. 有涌水点的采剥台阶,设置相应的疏干排水设施;	10	查现场和资料。不符合要求 1 处扣 2 分	1. 疏干**或帷幕注浆截流**工程应超前采矿工程,疏干降深满足采矿要求; 2. 有涌水点的采剥台阶,设置相应的疏干排水设施;	未修改	根据《煤矿防治水细则》增加了帷幕注浆截流工程内容

表 8.7-13(续)

项目	项目内容	2017 基本要求	标准分值	2017 评分方法	2020 基本要求	2020 评分方法	对照解读
二、疏干排水系统(55分)	地下水疏干	3. 因地下水位升高,可能造成排土场或采场滑坡的,应进行地下水疏干或采取有效措施进行治理; 4. 疏干管路应根据需要配置控制阀、逆止阀、泄水阀、放气阀等装置,管路及阀门无漏水现象; 5. 疏干井地下(半地下)泵房应设通风装置; 6. 免维护疏干巷道有防火措施、排水通畅; 7. 严寒地区疏干排水系统有防冻措施	10	查现场和资料。不符合要求 1 处扣 2 分	3. 因地下水位升高,可能造成排土场或采场滑坡的,应进行地下水疏干或采取有效措施进行治理; 4. 疏干管路应根据需要配置控制阀、逆止阀、泄水阀、放气阀等装置,管路及阀门无漏水现象; 5. 疏干井地下(半地下)泵房应设通风装置; 6. 免维护疏干巷道有防火措施、排水通畅; 7. 严寒地区疏干排水系统有防冻措施	未修改	根据《煤矿防治水细则》增加了帷幕注浆截流工程内容

表 8.7-13(续)

项目	项目内容	2017 基本要求	标准分值	2017 评分方法	2020 基本要求	2020 评分方法	对照解读
二、疏干排水系统(55分)	现场管理	1. 在矿床疏干漏斗范围内,地面出现裂缝、塌陷,圈定范围加以防护,设置警示标识,制定安全措施 2. 进入疏干井地下(半地下)泵房前进行通风,检测气体合格后方可进入; 3. 现场备用排水泵处于完好状态; 4. 现场有配电系统图、水泵操作流程图; 5. 检查疏干排水系统,有记录; 6. 地埋管路堤坝应进行整形处理,疏干井、明排水泵周围设检修平台,外围疏干现场设检修通道;	20	查现场和资料。不符合要求 1 处扣 5 分	1. 在矿床疏干漏斗范围内,地面出现裂缝、塌陷,圈定范围加以防护,设置警示标识,制定安全措施; 2. **(半)地下疏干泵房应当设通风装置**,进入疏干井地下(半地下)泵房前进行通风,检测气体合格后方可进入; 3. 现场备用排水泵处于完好状态,**有定期性能检测记录;** 4. 现场有配电系统图、水泵操作流程图; 5. 检查疏干排水系统,有记录; 6. 地埋管路堤坝应进行整形处理,疏干井、明排水泵周围设检修平台,外围疏干现场设检修通道;	未修改	

表 8.7-13(续)

项目	项目内容	2017 基本要求	标准分值	2017 评分方法	2020 基本要求	2020 评分方法	对照解读
二、疏干排水系统(55分)	现场管理	7. 疏干巷道运行设施完好,运行记录完整; 8. 维护疏干巷道时,有防火、通风措施; 9. 疏干巷道符合《矿井地质规程》	20	查现场和资料。不符合要求1处扣5分	7. 疏干巷道运行设施完好,有运行记录[完整]; 8. 维护疏干巷道时,有防火、通风措施; 9. 疏干巷道符合《矿井地质规程》	未修改	
	疏干集中控制系统	1. 主机运行状态良好; 2. 分站通讯状况良好; 3. 主站采集的电流、电压、温度等数据准确,采集系统无异常或缺陷; 4. 远程启动、停止、复位指令可靠; 5. 停泵、通讯异常报警正常; 6. 有完好的集控备用系统和备用电源	5	查现场和资料。不符合要求1处扣2分	未修改	未修改	

表 8.7-13(续)

项目	项目内容	2017 基本要求	标准分值	2017 评分方法	2020 基本要求	2020 评分方法	对照解读
三、**职工素质及**岗位规范(5 分)	专业技能及规范作业	1. 建立并执行本岗位安全生产责任制; 2. 掌握本岗位操作规程、作业规程; 3. 按操作规程作业,无"三违"行为; 4. 作业前进行安全确认	5	查资料和现场。岗位安全生产责任制不全,每缺 1 个岗位扣 3 分,发现 1 人"三违"不得分,其他 1 处 不符合要求扣 1 分	1. 建立并 **严格**执行本岗位安全生产责任制; 2. 掌握本岗位操作规程、作业规程; 3. 按操作规程作业,无"三违"行为; 4. 作业前进行**岗位安全风险辨识及**安全确认	查**现场和**资料 和现场。岗位安全生产责任制 **操作规程**不全,每 缺 1 个岗位扣 3 分,**无作业规程不得分**;发现 1 人"三违"不得分 ,;**对照岗位安全生产责任制、操作规程和作业规程随机抽考 2 名作业人员各 1 个问题,1 人回答错误扣 0.5 分;随机抽查 3 名作业人员现场实操,不符合要求 1 人扣 1 分**;其他 1 处 不符合要求**1 处**扣 1 分	明确提高职工整体素质是开展标准化工作的基础。评分方法更加明确考核方法和扣分细则,便于考核评分

表 8.7-13(续)

项目	项目内容	2017 基本要求	标准分值	2017 评分方法	2020 基本要求	2020 评分方法	对照解读
四、文明生产(5分)	作业环境	1. 环境干净整洁,各设施保持完好; 2. 各类物资摆放规整; 3. 各种记录规范,页面整洁	5	查现场和资料。1 项不符合要求扣 1 分	1. 环境**疏干泵房及周围**干净整洁**无杂物**,各设施保持完好**物品摆放规整;** 2. 各类物资摆放规**种标识牌齐全完整;** 3. 各种记录规范,页面整洁	查现场和资料。1 项不符合要求 **1 项**扣 1 分	修改表述方法,使之更加准确、通顺

8.8　调度和应急管理

表 8.8-0　调度和应急管理旧、新标准工作要求对照解读

2017 煤矿安全生产标准化	2020 煤矿安全生产标准化管理体系	对照解读
一、工作要求（风险管控） 1. 调度基础工作 （1）设置负责调度工作的专门机构，岗位职责明确，人员配备满足工作需求； （2）按规定建立健全调度工作管理制度； （3）调度工作各项技术支撑完备； （4）岗位人员具备相关技能并规范作业	一、工作要求（风险管控） 1. 调度基础工作 （1）设置负责调度工作的专门机构，岗位职责明确，人员配备满足工作需求； （2）按规定建立健全调度工作管理制度； （3）**（2）**调度工作各项技术支撑完备； （4）**（3）**岗位人员具备相关技能并规范作业	条文（1）内容修订到新标准第 3 部分组织机构、第 4 部分安全生产责任制及安全管理制度，考核更系统、更合理
2. 调度管理 （1）掌握生产动态，协调落实生产计划，及时协调解决安全生产中的问题； （2）出现险情或发生事故时，调度员有停止作业、撤出人员授权，按程序及时启动事故应急预案，跟踪现场处置情况并做好记录； （3）汇报及时准确，内容、范围符合程序要求； （4）调度台账齐全，记录及时、准确、全面、规范	未修改	

注：“□”表示新标准删除内容；加粗表示新标准增加内容。

表 8.8-0(续)

2017 煤矿安全生产标准化	2020 煤矿安全生产标准化管理体系	对照解读
3. 调度信息化 (1) 装备有线调度通信系统; (2) 装备安全监控系统、人员位置监测系统,可实时调取相关数据; (3) 引导建立安全生产信息管理系统、安装图像监视系统	3. 调度信息化 (1) 装备有线**或无线(露天煤矿)**调度通信系统; (2) 装备安全监控系统、**井下**人员位置监测系统、**露天煤矿车辆定位系统**,可实时调取相关数据; (3) 引导建立安全生产信息管理系统、,安装图像监视系统	本专业评级办法中对露天矿通信方式有要求。 明确规定露天煤矿应装备车辆定位系统
4. 地面设施 (1) 地面办公场所满足工作需要,办公设施及用品齐全,通道畅通,环境整洁; (2) 职工"两堂一舍"(食堂、澡堂、宿舍)设计合理、设施完备、满足需求,食堂工作人员持健康证上岗,澡堂管理规范,保障职工安全洗浴,宿舍人均面积满足需求; (3) 工业广场及道路符合设计规范,环境清洁; (4) 地面设备材料库符合设计规范,设备及材料验收、保管、发放管理规范		删除"地面设施"工作要求,移至 8.9 部分

表 8.8-0(续)

2017 煤矿安全生产标准化	2020 煤矿安全生产标准化管理体系	对照解读
5. 岗位规范 (1) 建立并执行本岗位安全生产责任制; (2) 具备煤矿安全生产相关专业知识、掌握岗位相关知识; (3) 现场作业人员操作规范,无违章指挥、违章作业和违反劳动纪律(以下简称"三违")行为	5**4. 职工素质及**岗位规范 (1) 建立并执行本岗位安全生产责任制; (2) 具备煤矿安全生产相关专业知识、掌握岗位相关知识; (3) 现场作业人员操作规范,无违章指挥、违章作业和违反劳动纪律(以下简称"三违")行为。 **(1) 调度人员熟悉煤矿井下各大生产系统等主要情况,掌握生产作业计划、生产过程中的动态变化,协调组织生产,具备应急处置能力,持证上岗;** **(2) 严格执行岗位安全生产责任制,无"三违"行为**	明确调度人员具体工作要求。 强调严格执行岗位责任制的重要性。 "三违"用词更精练,简明扼要
6. 文明生产 (1) 工作场所面积、设备、设施满足工作要求; (2) 办公环境整洁,置物有序		
3. 应急管理 (1) 落实煤矿应急管理主体责任,主要负责人是应急管理和事故应急救援的第一责任人;明确安全生产应急管理的分管负责人和主管部门;	3**5.** 应急管理 (1) 落实煤矿应急管理主体责任,主要负责人是应急管理和事故应急救援的第一责任人;明确应急管理的分管负责人和主管部门;	"应急管理"工作要求合并至此部分,明确"应急管理"工作主体责任、机构职责,与第 1 部分(总则)的基本条件中第 5 条"安全生产组织机构完备"要求相对应,提升了标准化考核的刚性要求

表 8.8-0(续)

2017 煤矿安全生产标准化	2020 煤矿安全生产标准化管理体系	对照解读
(2) 建立健全安全生产应急管理和应急救援制度,明确岗位职责; (3) 应急管理和应急救援资源有保障; (4) 组建应急救援队伍或有应急救援队伍为其服务; (5) 编制生产安全事故应急预案及年度灾害预防和处理计划,按照规划和计划组织应急预案演练,组织实施灾害预防和处理计划	(2) 建立健全应急管理和应急救援制度,明确岗位职责; (3) 应急管理和应急救援资源有保障; (4) 组建应急救援队伍或有应急救援队伍为其服务; (5) 编制生产安全事故应急**救援**预案及年度灾害预防和处理计划,按照规划和计划组织应急**救援**预案演练,组织实施灾害预防和处理计划	

表 8.8-1　煤矿调度和地面设施应急管理标准化评分表对照解读

项目	项目内容	2017 基本要求	标准分值	2017 评分方法	2020 基本要求	2020 评分方法	对照解读
一、调度基础工作(12**11**分)	组织机构	1. 有调度指挥部门,岗位职责明确	2**0**	查资料。无调度指挥部门不得分,岗位职责不明确1处扣0.5分			删除该条要求,此部分修订到新标准第3部分组织机构、第4部分安全生产责任制及安全管理制度

注:"□"表示新标准删除内容;加粗表示新标准增加内容。

表 8.8-1(续)

项目	项目内容	2017 基本要求	标准分值	2017 评分方法	2020 基本要求	2020 评分方法	对照解读
一、调度基础工作(12 **11** 分)	组织机构	2. 每天 24 h 专人值守,每班工作人员满足调度工作要求	2 **4**	查现场。人员配备不足或无值守人员不得分	2. **调度室**每天 24 h 专人值守,每班工作人员满足调度工作要求	未修改	
	管理制度	制定并严格执行岗位安全生产责任制、调度值班制度、交接班制度、汇报制度、信息汇总分析制度、调度人员入井(坑)制度、业务学习制度、事故和突发事件信息报告与处理制度、文档管理制度等	3	查资料与现场。每缺 1 项制度扣 1 分;制度内容不全或未执行,每处扣 0.5 分	制定并严格执行岗位安全生产责任制、调度值班制度、**调度会议制度**、交接班制度、汇报制度、信息汇总分析制度、调度人员入井(坑)制度、业务学习制度、事故和突发事件信息报告与处理制度、文档管理制度等	**查现场和资料**与现场。每缺 1 项制度扣 1 分;制度内容不全或未执行,每处扣 0.5 分	调度会议制度是很重要的制度

表 8.8-1(续)

项目	项目内容	2017 基本要求	标准分值	2017 评分方法	2020 基本要求	2020 评分方法	对照解读
一、调度基础工作(12 **11** 分)	技术支撑	备有《煤矿安全规程》规定的图纸、事故报告程序图(表)、矿领导值班、带班安排与统计表、生产计划表、重点工程进度图(表)、矿井灾害预防和处理计划、事故应急救援预案等,图(表)保持最新版本	5 **4**	查资料。无矿井灾害预防和处理计划、事故应急救援预案不得分;每缺1种图(表)扣1分,图(表)未及时更新1处扣0.5分	备有《煤矿安全规程》规定的图纸、事故报告程序图(表)、矿领导值班、带班安排与统计表、生产计划表、重点工程进度图(表)、矿井灾害预防和处理计划、事故应急救援预案等,图(表)保持最新版本,**矿井灾害预防和处理计划按照年度编制并保持最新,应急救援预案按照国家应急救援预案管理的相关法规、标准实施及时修订**	未修改	按照《煤矿安全规程》第十二条、第六百七十八条的规定和最新版本《矿井灾害预防和处理计划》修改。 按照《生产安全事故应急条例》(国务院令第708号)和《煤矿安全规程》第六百七十四条的规定,保持最新有效版本应急救援预案;保存的应急救援预案版本,符合国家应急管理法规和标准的要求
二、调度管理(25 **26** 分)	**计划与实施**		**3**		**组织召开日调度会,对年度、月度生产计划进行跟踪、协调、落实、考核**	**查资料。日调度会缺1次扣1分,其他不符合要求1处扣0.5分**	原标准忽视了生产经营计划、采掘衔接计划、月度生产计划、日调度工作计划与实施的重要性

表 8.8-1(续)

项目	项目内容	2017 基本要求	标准分值	2017 评分方法	2020 基本要求	2020 评分方法	对照解读
二、调度管理(25 **26**分)	组织协调	1. 掌握生产动态,协调落实生产作业计划,按规定处置生产中出现的各种问题,并准确记录 2. 按规定及时上报安全生产信息,下达安全生产指令并跟踪落实、做好记录	3	查资料。不符合要求 1 处扣 0.5分	未修改	未修改	未修改
	应急处置	出现险情或发生事故时,及时下达撤人指令、报告事故信息,按程序启动事故应急预案,跟踪现场处置情况并做好记录	2	查资料。未授权调度员遇险情下达撤人调度指令、发现 1 次没有在出现险情下达撤人指令或未按程序启动事故应急预案或未及时跟踪现场处置情况不得分,记录不规范 1 处扣 0.5 分	出现险情或发生事故时,**调度人员**及时下达撤人指令、**按规定**报告事故信息,按程序启动事故应急**救援**预案,跟踪现场处置情况并做好记录	查资料。未授权调度员遇险情下达撤人调度指令、发现 1 次没有在出现险情下达撤人指令或未按程序启动事故应急预案或未及时跟踪现场处置情况**或未按规定处置**不得分,记录不规范 1 处扣 0.5 分	必须强调指出,应急救援预案是否需要启动,其决策人是总指挥(煤矿安全生产主要负责人)而不是调度人员。这既是应急管理法规的规定,也是煤矿应急救援预案中的基本规定。调度人员应执行总指挥预案启动的命令,按照调度人员岗位职责,做好预案启动后的处置工作

表 8.8-1(续)

项目	项目内容	2017 基本要求	标准分值	2017 评分方法	2020 基本要求	2020 评分方法	对照解读
二、调度管理(25 **26**分)	深入现场	按规定深入现场,了解安全生产情况	2	查资料。每缺1人次深入现场扣1分	未修改	查资料。每缺1人次深入现场扣1分	
	调度记录	1. 值班记录整洁、清晰,完整、无涂改	4**3**	查现场。不符合要求1处扣0.5分	1. 值班记录整洁、清晰,完整、无涂改 **1. 有日调度会会议记录,记录真实、完整,保存时限符合规定**	查现场。不符合要求1处扣0.5分 **查资料。无记录或记录造假不得分;记录不全,缺1项扣0.5分**	对记录内容的完整性、真实性、准确性和管理的规范性均提出了新要求。进一步细化评分方法,便于检查考核
		2. 有调度值班、交接班及安全生产情况统计等台账(记录)	2**3**	查资料。无台账(记录)的不得分;台账(记录)内容不完整、数据不准确1处扣0.5分	2. 有调度值班、交接班及**产、运、销、存的统计台账(运、销、存企业集中管理的除外)和**安全生产情况信息统计等台账(记录),**内容齐全、真实、规范。内容应包括:班、日的采掘进尺和煤炭产量、运量、销量、存量,重点工程、安全状况、值班、矿领导带班下井等信息**	查资料。无台账(记录)**或造假**的不得分;台账(记录)内容不完整、数据不准确1处扣0.5分	煤矿在执行新标准的实践中应注意:这些调度记录如何规范管控,需要通过相关制度的完善来实现。即这些调度记录一定要与对应的管控制度逻辑对接,即"记录"对应制度有效执行的证据,不应该把这些记录作为无源之水。例如:"安全信息统计台账""重点工程台账或记

表 8.8-1(续)

项目	项目内容	2017 基本要求	标准分值	2017 评分方法	2020 基本要求	2020 评分方法	对照解读
二、调度管理(25 **26** 分)	调度记录	3. 有产、运、销、存的统计台账(运、销、存企业集中管理的除外),内容齐全,记录规范	2 **0**	查资料。无台账(记录)的不得分;台账(记录)内容不完整、数据不准确 1 处扣0.5分			录""矿领导带班下井信息"等。这些台账或记录到底应该记载什么,应该由谁来进行填写,哪些属于重点工程等,均应该在本煤矿的相关制度中予以明确和清晰界定,确保其可操作性,具有正误的可判断性
	调度汇报	1. 每班调度汇总有关安全生产信息	2	查资料。抽查 1 个月相关记录。缺少或内容不全,每 1 处扣 0.5 分	未修改	未修改	煤矿在达标实践中,对安全信息的汇报应有章可循、程序清晰。即制定具体的、操作性强的制度。清晰反映安全信息、突发事件、"值班带班情况"的内涵。明确信息上报的主体、客体及责任,时限、内容及相关要求,记载要求等
		2. 按规定上报调度安全生产信息日报表、旬(周)、月调度安全生产信息统计表、矿领导值班带班情况统计表	6 **3**	查资料。不符合要求 1 处扣 1 分	2. 按规定**时间和内容要求准确及时**上报调度安全生产信息日报表、旬(周)、月调度安全生产信息统计表、**和**矿领导值班带班情况统计表	查资料。不符合要求 1 处扣 1 分 **无日、旬(周)、月服的不得分;缺 1 种报表和值班带班统计数据的扣 1 分;内容不完整,缺 1 项扣 0.5 分**	

表 8.8-1(续)

项目	项目内容	2017 基本要求	标准分值	2017 评分方法	2020 基本要求	2020 评分方法	对照解读
二、调度管理(25 **26**分)	调度汇报		**3**		**3. 发生影响生产安全的突发事件,应在规定时间内向矿负责人和有关部门报告**	**查资料。未按规定报告,1次扣1分**	
	雨季「三防」	组织落实雨季"三防"相关工作,并做好记录	2	查资料和现场。1处不符合要求不得分	未修改	查现场和资料和现场。1处不符合要求不得分	
三、调度信息化(27 **18**分)	通信装备	1. 装备调度通信系统,与主要硐室、生产场所(露天矿为无线通信系统)、应急救援单位、医院(井口保健站、急救站)、应急物资仓库及上级部门实现有线直拨	4 **3**	查现场和资料。不符合要求1处扣0.5分	未修改	未修改	

表 8.8-1(续)

项目	项目内容	2017 基本要求	标准分值	2017 评分方法	2020 基本要求	2020 评分方法	对照解读
三、调度信息化(27 **18**分)	通信装备	2. 有线调度通信系统有选呼、急呼、全呼、强插、强拆、录音等功能。调度工作台电话录音保存时间不少于 3 个月	4**3**	查现场和资料。不符合要求 1 处扣 0.5 分	2. 有线调度通信系统有选呼、急呼、全呼、强插、强拆、**监听**、录音等功能。调度工作台电话录音保存时间不少于 3 个月	未修改	按照《煤矿安全规程》第五百零七条规定,通信系统应具有监听功能
		3. 按《煤矿安全规程》规定装备与重要工作场所直通的有线调度电话	4**2**	查现场和资料。不符合要求 1 处扣 0.5 分	未修改	未修改	
	监控系统	1. 跟踪安全监控系统有关参数变化情况,掌握矿井安全生产状态	2	查现场和资料。不符合要求 1 处扣 0.5 分	未修改	未修改	
		2. 及时核实、处置系统预(报)警情况并做好记录	4**2**	查现场和资料。有 1 项预(报)警未处置扣 0.5 分	未修改	未修改	

表 8.8-1(续)

项目	项目内容	2017 基本要求	标准分值	2017 评分方法	2020 基本要求	2020 评分方法	对照解读
三、调度信息化(18 **27** 分)	人员(**车辆**)位置监测	装备井下人员位置监测系统,准确显示井下总人数、人员时空分布情况,具有数据存储查询功能。矿调度室值班员监视人员位置等信息,填写运行日志	4 **2**	查现场和资料。无系统或运行不正常、无数据存储查询功能不得分,数据不准确1处扣0 .5分,未正常填写运行日志1次扣0.5分	装备井下人员位置监测系统,准确显示井下总人数、人员时空分布情况,**装备露天煤矿车辆定位系统。系统**具有数据存储查询功能。矿调度室值班员监视人员**或车辆**位置等信息,填写运行日志	未修改	在小标题内增加了“车辆”两个字。明确露天煤矿应装备车辆定位系统,确保监测系统具备该项监控功能。并且通过制度的建立完善,掌握车辆位置等信息并进行风险管控
	图像监视	矿调度室设置图像监视系统的终端显示装置,并实现信息的存储和查询	2	查现场和资料。调度室无显示装置扣1分,显示装置运行不正常、存储或查询功能不全1处扣0.5分	未修改	未修改	
	信息管理系统	采用信息化手段对调度报表、生产安全事故统计表等数据进行处理,实现对煤矿安全生产信息跟踪、管理、预警、存储和传输功能	3 **2**	查现场和资料。无管理信息系统或系统功能不全、运行不正常不得分;其他1处不符合要求扣0.5分	未修改	查现场和资料。无管理信息系统或系统功能不全、运行不正常不得分;其他 1处 不符合要求 **1处**扣0.5分	

表 8.8-1(续)

项目	项目内容	2017 基本要求	标准分值	2017 评分方法	2020 基本要求	2020 评分方法	对照解读
四、职工素质及岗位规范(4 **5** 分)	专业技能	1. 具备煤矿安全生产相关专业知识、掌握岗位相关知识; 2. 人员经培训合格	2 **3**	查资料和现场。不符合要求 1 处扣 0.5 分	1. 具备煤矿安全生产相关专业知识、掌握岗位相关知识; **1. 调度人员要熟悉煤矿井下各大生产系统、采掘工艺和头面数量、重点工程情况、矿井灾害情况;掌握生产作业计划、生产过程中的动态变化,协调组织生产;具备应急处置能力;** 2. 人员经培训合格,**持证上岗**	查现场和资料 和现场。不符合要求 1 处扣 0.5 分 **现场抽考 2 名调度人员,不掌握井下各系统基本情况和应急处置方法 1 人扣 0.5 分;1 人未持证上岗扣 1 分**	进一步明确了调度人员的工作要求范围。进一步细化了评分方法,便于检查考核
	规范作业	1. 严格执行岗位安全生产责任制; 2. 无"三违"行为	2	查现场。发现"三违"不得分,不执行岗位责任制 1 人次扣 0.5 分	未修改	未修改	

表 8.8-1(续)

项目	项目内容	2017 基本要求	标准分值	2017 评分方法	2020 基本要求	2020 评分方法	对照解读
五、应急管理(共40分)	机构和职责指挥场所	1. 建立应急救援工作日常管理领导机构、工作机构和应急救援指挥机构,人员配备满足工作需要,职责明确; 2. 有固定的应急救援指挥场所	2	查资料和现场。不符合要求1处扣0.2分	1. 建立应急救援工作日常管理领导机构、工作机构和应急救援指挥机构,人员配备满足工作需要,职责明确; 2. 有固定的应急救援指挥场所	查**现场**和资料和现场。不符合要求1处扣0.2分**不得分**	明确“应急管理”工作主体责任、机构职责,与第1部分(总则)的基本条件,第5条“安全生产组织机构完备”要求相对应,强化了标准化考核的刚性要求
	制度建设	建立健全以下制度: 1. 事故监测与预警制度; 2. 应急值守制度; 3. 应急信息报告和传递制度; 4. 应急投入及资源保障制度;	2	查资料。每缺1项制度扣1分,制度内容不完善1处扣0.2分	建立健全**并严格执行**以下制度: 1. 事故监测与预警制度; 2. 应急值守制度; 3. 应急信息报告和传递制度; 4. 应急投入及资源保障制度;	查资料。每缺1项制度扣1分,制度内容不完善**或未执行**1处扣0.2分	

表 8.8-1(续)

项目	项目内容	2017 基本要求	标准分值	2017 评分方法	2020 基本要求	2020 评分方法	对照解读
五、应急管理（共 40 分）	制度建设	5. 应急预案管理制度； 6. 应急演练制度； 7. 应急救援队伍管理制度； 8. 应急物资装备管理制度； 9. 安全避险设施管理和使用制度； 10. 应急资料档案管理制度	2	查资料。每缺 1 项制度扣 1 分，制度内容不完善 1 处扣 0.2 分	5. 应急**救援**预案管理制度； 6. 应急演练制度； 7. 应急救援队伍管理制度； 8. 应急物资装备管理制度； 9. 安全避险设施管理和使用制度； 10. 应急资料档案管理制度	查资料。[每]缺 1 项制度扣 1 分，制度内容不完善**或未执行** 1 处扣 0.2 分	
	应急保障	1. 配备应急救援物资、装备或设施，建立台账，按规定储存、维护、保养、更新、定期检查等；	4	查资料和现场。不符合要求 1 处扣 0.5 分	1. 配备应急救援物资、装备或设施，建立台账，按规定储存、维护、保养、更新、定期检查等；	查**现场和**资料[和现场]。不符合要求 1 处扣 0.5 分	

表 8.8-1(续)

项目	项目内容	2017 基本要求	标准分值	2017 评分方法	2020 基本要求	2020 评分方法	对照解读
五、应急管理(共40分)	应急保障	2. 有可靠的信息通讯和传递系统，保持最新的内部和外部应急响应通讯录； 3. 配置必需的急救器材和药品；与就近的医疗机构签订急救协议； 4. 建立覆盖本煤矿所有专项应急预案相关专业的技术专家库	4	查资料和现场。不符合要求1处扣0.5分	2. 有可靠的信息通[讯]**信**和传递系统，保持最新的内部和外部应急响应通讯录； 3. 配置必需的急救器材和药品；与就近的医疗机构签订急救协议； 4. 建立覆盖本煤矿所有专项应急**救援**预案相关专业的技术专家库	**查现场和**资料[和现场]。不符合要求1处扣0.5分	
	安全避险系统	按规定建立完善井下安全避险设施。每年由总工程师组织开展安全避险系统有效性评估	2	查资料和现场。不符合要求1处扣0.2分	按规定建立完善井下安全避险设施，**设置井下避灾路线指示标识。**每年由总工程师组织开展安全避险系统有效性评估	**查现场和**资料[和现场]。**未评估扣1分；标识未设置扣1分；其他**不符合要求1处扣0.2分	考核“设置井下避灾路线指标标识”既是《煤矿安全规程》规定，也是指示井下工作人员安全避险的实际需要

表 8.8-1(续)

项目	项目内容	2017 基本要求	标准分值	2017 评分方法	2020 基本要求	2020 评分方法	对照解读
五、应急管理(共 40 分)	应急广播系统	井下设置应急广播系统，井下人员能够清晰听到应急指令	1	查现场。未建立系统不得分。1 处生产作业地点不能够听到应急指令扣 0.5 分	未修改	查现场。未建立系统不得分。1 处生产作业地点不能够听到应急指令扣 0.5 **0.2**分	
	个体防护装备	按规定配置足量的自救器，入井人员随身携带；矿井避灾路线上按需求设置自救器补给站	1	查资料和现场。自救器的备用量不足 10% 扣 0.5 分；其他 1 人(处)不符合要求扣 0.2分	按规定配置足量的自救器，入井人员随身携带，**并能熟练使用**；矿井避灾路线上按需求设置自救器补给站	查**现场和**资料和现场。自救器的备用量不足 10% 扣 0.5 分；其他 1 人(处)不符合要求扣 0.2 分 **入井人员未携带自救器或不会使用 1 人次扣 0.2 分；未设置自救器补给站 1 处扣 0.2 分**	修改后便于考核评分
	紧急处置权限	明确授予带班人员、班组长、瓦斯检查工、调度人员遇险处置权和紧急避险权	1	查资料。权力未明确不得分	明确授予带**(跟)**班人员、班组长、**安检员**、瓦斯检查工、调度人员**的**遇险处置权和**现场作业人员的**紧急避险权	查**两项权力的授权**资料。权力未明确不得分	"遇险处置权"和"紧急避险权"由《安全生产法》及《煤矿安全规程》等法规规定，是现场人员、调试人员先期应急处置和保证作业人员生命安全的重要措施，其主权的主体不一样

表 8.8-1(续)

项目	项目内容	2017 基本要求	标准分值	2017 评分方法	2020 基本要求	2020 评分方法	对照解读
五、应急管理(共40分)	技术资料	1. 井工煤矿应急指挥中心备有最新的采掘工程平面图、矿井通风系统图、井上下对照图、井下避灾路线图、灾害预防与处理计划、应急预案； 2. 露天煤矿应急指挥中心备有最新的采剥、排土工程平面图和运输系统图、防排水系统图及排水设备布置图、井工老空区与露天矿平面对照图、应急救援预案	3	查现场和资料。每缺1项扣1分	1. 井工煤矿应急指挥中心备有最新的采掘工程平面图、矿井通风系统图、井上下对照图、井下避灾路线图、灾害预防与处理计划、应急**救援**预案； 2. 露天煤矿应急指挥中心备有最新的采剥、排土工程平面图和运输系统图、防排水系统图及排水设备布置图、井工老空区与露天矿平面对照图、应急救援预案	查现场和资料。每缺1项扣1分	
	队伍建设	1. 煤矿有矿山救护队为其服务	4	查资料。不符合要求不得分	1. 煤矿有**符合要求的**矿山救护队为其服务	未修改	

表 8.8-1(续)

项目	项目内容	2017 基本要求	标准分值	2017 评分方法	2020 基本要求	2020 评分方法	对照解读
五、应急管理(共 40 分)	队伍建设	2. 井工煤矿不具备设立矿山救护队条件的应组建兼职救护队,并与就近的救护队签订救护协议。 兼职救护队按照《矿山救护规程》的相关规定配备器材和装备,实施军事化管理,器材和装备完好,定期接受专职矿山救护队的业务培训和技术指导,按照计划实施应急施救训练和演练	3	查资料和现场。没有矿山救护队为本矿服务的或未签订救护协议不得分,其他 1 处不符合要求扣 0.5分	2. 井工煤矿**上级公司未设立矿山救护队或行车时间超过 30 min 的,煤矿应**不具备设立矿山救护队条件的应组建兼职救护队,并与就近的**行车时间 30 min 以内到达的矿山**救护队签订救护协议。; **3.** 兼职救护队按照《矿山救护规程》的相关规定配备器材和装备,实施军事化管理,器材和装备完好,定期接受专职矿山救护队的业务培训和技术指导,按照计划实施应急施救训练和演练	**查现场和资料**和现场。没有矿山救护队为本矿服务的或未签订救护协议**应设未设兼职救护队**不得分,其他 1 处不符合要求 **1 处**扣 0.5 分	

表 8.8-1(续)

项目	项目内容	2017 基本要求	标准分值	2017 评分方法	2020 基本要求	2020 评分方法	对照解读
五、应急管理(共 40 分)	应急预案	1. 预案编制与修订 (1) 按照《生产安全事故应急预案管理办法》编制应急预案,并按规定及时修订; (2) 按规定组织应急预案的评审,形成书面评审结果。评审通过的应急预案由煤矿主要负责人签署公布,及时发放; (3) 应急预案与煤矿所在地政府的生产安全事故应急预案相衔接	3	查资料。未编制应急预案的"应急预案"项不得分;应急预案修订不及时不得分;应急预案有欠缺 1 处扣 0.5 分,应急预案未组织评审不得分,评审证据资料、签署和发放管理环节 1 处不符合要求扣 0.5 分,应急预案发放不及时扣 1 分,应急预案未与政府预案相衔接扣 0.5分	1. 预案编制与修订: (1) 按照《生产安全事故应急预案管理办法》**和年度安全风险辨识评估报告**编制应急预案,并按**《生产安全事故应急条例》**规定及时修订; (2) 按规定组织应急预案的评审,形成书面评审结果。评审通过的应急预案由煤矿主要负责人签署公布,及时发放; (3) 应急**救援**预案与煤矿所在地政府的生产安全事故应急**救援**预案相衔接	查资料。未编制 [应急] 预案的"应急预案"项不得分;[应急] 预案修订不及时不得分;[应急] 预案有欠缺 1 处扣 0.5 分,[应急] 预案未组织评审不得分,评审证据资料、签署和发放管理环节 1 处不符合要求扣 0.5 分,[应急] 预案发放不及时扣 1 分,[应急] 预案未与政府预案相衔接扣 0.5 分	按照《生产安全事故应急条例》《生产安全事故应急预案管理办法》等规定修改

表 8.8-1(续)

项目	项目内容	2017 基本要求	标准分值	2017 评分方法	2020 基本要求	2020 评分方法	对照解读
五、应急管理(共 40 分)	应急预案	2. 按照应急预案和灾害预防与处理计划的相关内容,针对重点工作场所、重点岗位的风险特点制定应急处置卡	1	查资料和现场。不符合要求 1 处扣 0.2 分	2. 按照应急预案和灾害预防与处理计划的相关内容,针对重点工作场所、重点岗位的风险特点制定应急处置卡,**现场作业人员随身携带**	**查现场和**资料~~和现场~~。不符合要求 1 处扣 0.2 分,**现场抽查,1 人未随身携带扣0.2分**	应急处置卡是岗位应急处置要领和简明应急处置程序,重点岗位的现场作业人员应随身携带。评分方法修改后便于考核评分,有利于指导现场作业人员规范工作
		3. 按照分级属地管理的原则,按规定时限、程序完成应急预案上报并进行告知性备案	1	查资料。未按照规定上报、备案不得分	3. 按照分级属地管理的原则,按规定时限、程序完成应急**救援**预案上报并进行备案,**并依法向社会公布**	查资料。未按照规定上报、备案不得分;**未及时公布,扣 0.5 分**	按照《生产安全事故应急条例》第七条规定修改
		4. 煤矿发生事故在第一时间启动应急预案,实施应急响应、组织应急救援;并按照规定的时限、程序上报事故信息	1	查资料。不符合要求 1 处扣 0.5分	4. 煤矿发生事故~~在第一时间~~**按规定**启动应急预案,实施应急响应、组织应急救援;并按照规定的时限、程序上报事故信息	查资料。~~不符合要求 1 处扣 0.5 分~~**不按规定程序启动预案,不上报事故信息,上报不符合要求不得分**	体现了煤矿企业应急预案与地方政府应急预案的衔接性,突出生产安全事故应急救援的属地管理责任

表 8.8-1(续)

项目	项目内容	2017 基本要求	标准分值	2017 评分方法	2020 基本要求	2020 评分方法	对照解读
		1. 有应急演练规划、年度计划和演练工作方案,内容符合相关规定	2	查资料。不符合要求 1 处扣 0.2分	未修改	未修改	
五、应急管理(共 40 分)	应急演练	2. 按规定 3 年内完成所有综合应急预案和专项应急预案演练	1	查资料。不符合要求不得分	2. 按规定 3 年内完成所有综合应急救援预案和专项应急救援预案演练,**至少每半年组织 1 次生产安全事故应急救援预案演练**	未修改	体现了《生产安全事故应急条例》的要求
		3. 应急预案及演练、灾害预防和处理计划的实施由矿长组织;记录翔实完整,并进行评估、总结	4**3**	查资料。演练和计划的实施组织主体不符合要求不得分;其他 1 处不符合要求扣 0.5 分	3. 应急**救援**预案及演练、灾害预防和处理计划的实施由矿长组织;记录翔实完整,并进行评估、总结,**并将演练情况报送县级以上地方政府负有安全生产监督管理职责的部门**	查资料。演练和计划的实施组织主体不符合要求不得分;**演练情况未及时报送扣 1 分**;其他 1 处不符合要求扣 0.5 分	按照《生产安全事故应急条例》第八条规定,演练情况应当及时报送地方政府相关部门

表 8.8-1(续)

项目	项目内容	2017 基本要求	标准分值	2017 评分方法	2020 基本要求	2020 评分方法	对照解读
五、应急管理(共 40 分)	资料档案	1. 应急资料归档保存,连续完整,保存期限不少于 2 年	2 **3**	查资料。不符合要求 1 处扣 0.5分	应急资料归档保存,连续完整,保存期限不少于 2 **3** 年	未修改	煤炭行业是高危行业,应急预案编制、修订、评审周期为 3 年,与 3 年内必须完成所有综合应急预案和专项应急预案演练相对应,因此应急资料保存期应不少于 3 年。应急资料归档保存、连续完整,也有利于煤矿总结、持续改进应急管理工作
		2. 应急管理档案内容完整真实(应包括组织机构、工作制度、应急预案、上报备案、应急演练、应急救援、协议文书等)管理规范	2	查资料和现场。不符合要求 1 处扣 0.2 分	2. 应急管理档案内容完整真实(应包括组织机构、工作制度、应急预案、上报备案、应急演练、应急救援、协议文书等),管理规范	查**现场和**资料和现场。不符合要求 1 处扣 0.2 分	

8.9 职业病危害防治和地面设施

表 8.9-0 职业病危害防治和地面设施工作要求旧、新旧标准对照解读

2017 煤矿安全生产标准化	2020 煤矿安全生产标准化管理体系	对照解读
一、工作要求(风险管控) 1. 职业卫生管理 (1) 建立健全职业病危害防治管理机构,配备专业技术人员; (2) 建立相关管理制度,完善职业病防治责任制; (3) 定期开展职业病危害因素检测、职业病危害现状评价工作	一、工作要求(风险管控) **(一) 职业病危害防治** 1. 职业 卫生 **病危害防治** 管理 (1) 建立健全职业病危害防治管理机构,配备专业技术人员; (2)**(1)** 建立**健全**相关管理制度,完善职业病危害防治责任制; (3)**(2)** 定期开展职业病危害因素检测、职业病危害现状评价工作	由于国家煤矿安全监察局的职业安全健康监督管理职责已划入国家卫生健康委员会。国家煤矿安全监察局只负责职责范围内的职业病防治有关监督管理工作。所以将职业卫生管理修改为职业病危害防治管理。 体系中新增了组织机构专业,有负责职业病危害防治工作的职责部门及部门和人员的岗位职责。所以,此部分不再保留组织保障相关内容。 建立健全相关制度,不但要求有管理制度,还要求这些管理制度完善、完备、无欠缺,对管理制度的要求更加严格
2. 职业病危害因素监测 (1) 为劳动者创造符合国家职业卫生标准和卫生要求的工作环境和条件; (2) 实施由专门人员负责的职业病危害因素日常监测,并确保监测系统处于正常运行状态; (3) 职业病危害因素监测地点、监测周期、监测方法符合规定要求	2. 职业病危害因素监测 (1) 为劳动者创造符合国家职业卫生标准和卫生要求的工作环境和条件; (2) 实施由专门人员负责的职业病危害因素日常监测,并确保监测**监控**系统处于正常运行状态; (3) 职业病危害因素监测地点、监测周期、监测方法符合规定要求	

注:"□"表示新标准删除内容;加粗表示新标准增加内容。

表 8.9-0(续)

2017 煤矿安全生产标准化	2020 煤矿安全生产标准化管理体系	对照解读
3. 职业健康监护 (1) 做好接触职业病危害因素人员职业健康检查和岗位调整工作； (2) 建立职业健康监护档案并妥善保存	3. 职业健康监护 (1) 做好接触职业病危害因素人员职业健康检查和岗位调整工作。 (2) 建立职业健康监护档案并妥善保存	《职业病防治法》《煤矿安全规程》《煤矿作业场所职业病危害防治规定》对建立职业健康监护档案并妥善保存都有明确规定。因此，第(2)条不再作为工作要求(风险管控)部分，只作为评分表内容
4. 职业病诊断鉴定 (1) 及时安排疑似职业病病人进行诊断； (2) 保障职业病病人依法享受国家规定的职业病待遇； (3) 如实提供职业病诊断、伤残等级鉴定所需资料	4. 职业病诊断鉴定**病人保护** (1) 及时安排**重点岗位上提出职业病诊断申请的劳动者**、疑似职业病病人进行诊断，**并做好职业病病人治疗、定期检查、康复工作**； (2) 保障职业病病人依法享受国家规定的职业病待遇； (3) 如实提供职业病诊断、伤残等级鉴定所需资料	将职业病诊断鉴定改为职业病病人保护，与其条文内容相对应，表述上更加合理。 接触职业病危害作业的劳动者职业健康检查周期为 1～2 年，两个检查周期之间有患职业病的可能。及时安排重点岗位上提出职业病诊断申请的劳动者进行诊断，可以做到早发现、早治疗。把做好职业病病人治疗、定期检查、康复工作，调整到工作要求(风险管控)部分，体现了对职业病病人保护工作的重视，对职业病病人的关心爱护
5. 工会监督 工会组织依法对职业病防治工作进行监督，维护劳动者的职业卫生合法权益		删除该条。依法对职业病防治工作进行监督，维护劳动者的职业卫生合法权益，是《劳动法》、《工会法》等法律法规赋予工会组织的基本权利，是工会组织的主要职责。职业病危害防治管理、职业病危害因素监测、职业健康监护和职业病病人保护中已包含工会监督的相关内容。因此，不再作为单独一项保留

表 8.9-0(续)

2017 煤矿安全生产标准化	2020 煤矿安全生产标准化管理体系	对照解读
4. 地面设施 (1) 地面办公场所满足工作需要,办公设施及用品齐全,通道畅通,环境整洁; (2) 职工"两堂一舍"(食堂、澡堂、宿舍) 设计合理、设施完备、满足需求,食堂工作人员持健康证上岗,澡堂管理规范,保障职工安全洗浴,宿舍人均面积满足需求; (3) 工业广场及道路符合设计规范,环境清洁; (4) 地面设备材料库符合设计规范,设备及材料验收、保管、发放管理规范。	4. **(二)**地面设施 (1) **1.** 地面办公场所满足工作需要,办公设施及用品齐全,通道畅通,环境整洁; (2) **2.** 职工"两堂一舍"(食堂、澡堂、宿舍)设计合理、设施完备、满足需求,食堂工作人员持健康证**明**上岗,澡堂管理规范,保障职工安全洗浴,宿舍人均面积满足需求; (3) **3.** 工业广场及道路符合设计规范,环境清洁; (4) **4.** 地面设备材料库符合设计规范,设备及材料验收、保管、发放管理规范; **5. 保障职工生活服务,提高职工获得感、幸福感、安全感**	"地面设施"合并至本章节。 食堂工作人员持健康证上岗,修改为持健康证明上岗。有些健康证持证人在检查后感染了疾病,而在下次检查前其持有的依然是合格的健康证;许多疾病具有潜伏期,带菌者本身没有感到症状,造成了持有健康证的患者或带菌者继续工作。还有个别持证人健康证丢失又未及时补办。因此,把健康证改为健康证明更贴近实际。 新增职工生活服务一项内容,包括班中餐、业余活动、网络服务等内容。可以更好地满足职工快乐工作、快乐生活、快乐学习的需要,进一步提高职工的获得感、幸福感、安全感
5. 岗位规范 (1) 建立并执行本岗位安全生产责任制; (2) 具备煤矿安全生产相关专业知识、掌握岗位相关知识; (3) 现场作业人员操作规范,无违章指挥、违章作业和违反劳动纪律(以下简称"三违")行为。 6. 文明生产 (1) 工作场所面积、设备、设施满足工作要求; (2) 办公环境整洁,置物有序		删除岗位规范和文明生产部分的内容。放在第 4 部分安全生产责任制及安全管理制度中要求

表 8.9-1　煤矿职业卫生病危害防治和地面设施标准化评分表对照解读

项目	项目内容	2017 基本要求	标准分值	2017 评分方法	2020 基本要求	2020 评分方法	对照解读
一、职业卫生病危害防治管理（24 **15**分）	组织保障	建有职业病危害防治领导机构；有负责职业病危害防治管理的机构，配备专职职业卫生管理人员	2**0**	查资料。无领导机构、管理机构不得分；无专职人员扣 1 分			删除组织保障和责任落实内容，放在第 3 部分和第 4 部分介绍。体系中新增了组织机构专业，有负责职业病危害防治工作的职责部门及部门和人员的岗位职责。所以，不再保留组织保障、责任落实相关内容
	责任落实	明确煤矿主要负责人为煤矿职业危害防治工作的第一责任人。明确职业病危害防治领导机构、负责职业病危害防治管理的机构和人员的职责	2**0**	查资料。未明确第一责任人或未明确领导机构、管理机构及人员职责不得分。机构没有正常开展工作扣 1 分			

注："□"表示新标准删除内容；加粗表示新标准增加内容。

表 8.9-1(续)

项目	项目内容	2017 基本要求	标准分值	2017 评分方法	2020 基本要求	2020 评分方法	对照解读
一、职业卫生病危害防治管理(24 15分)	制度完善	按规定建立完善职业病危害防治相关制度,主要包括: 职业病危害防治责任制度、职业病危害警示与告知制度、职业病危害项目申报制度、职业病防护设施管理制度、职业病个体防护用品管理制度、职业病危害日常监测及检测、评价管理制度、建设项目职业卫生"三同时"制度、劳动者职业健康监护及其档案管理制度、职业病诊断、鉴定及报告	23	查资料。未建立制度不得分;制度不全,每缺1项扣1分;制度内容不符合要求或未能及时修订1项扣0.5分	按规定建立完善职业病危害防治相关制度,主要包括: 职业病危害防治责任制度、,职业病危害警示与告知制度、,职业病危害项目申报制度、,职业病防护设施管理制度、,职业病个体防护用品管理制度、,职业病危害日常监测及检测、评价管理制度、,建设项目职业卫生"三同时"制度、,劳动者职业健康监护及其档案管理制度、,职业病诊断、鉴定及报告制度、,职业病危害防治经费保障及使用管理制度、,职业卫生病危害防治	查资料。未建立制度不得分;制度不全,每缺1项扣1分;制度内容不符合要求或未能及时修订1项扣0.5分	基本要求顿号改为逗号,评分方法去掉"每"字,表述上更加严谨。 职业卫生档案管理制度改为职业病危害防治档案管理制度与本专业名称相一致

表 8.9-1(续)

项目	项目内容	2017 基本要求	标准分值	2017 评分方法	2020 基本要求	2020 评分方法	对照解读
一、职业卫生**病危害防治**管理(24 **15**分)	制度完善	制度、职业病危害防治经费保障及使用管理制度、职业卫生档案管理制度、职业病危害事故应急管理制度及法律、法规、规章规定的其他职业病危害防治制度	2**3**	查资料。未建立制度不得分；制度不全，每缺 1 项扣 1 分；制度内容不符合要求或未能及时修订 1 项扣 0.5 分	档案管理制度、**，**职业病危害事故应急管理制度及法律、法规、规章规定的其他职业病危害防治制度	查资料。未建立制度不得分；制度不全，每缺 1 项扣 1 分；制度内容不符合要求或未能及时修订 1 项扣 0.5 分	基本要求顿号改为逗号，评分方法去掉“每”字，表述上更加严谨。 职业卫生档案管理制度改为职业病危害防治档案管理制度与本专业名称相一致
	经费保障	职业病危害防治专项经费满足工作需要	1**2**	查资料。未提取经费或经费不能满足需要不得分	未修改	未修改	

表 8.9-1(续)

项目	项目内容	2017 基本要求	标准分值	2017 评分方法	2020 基本要求	2020 评分方法	对照解读
一、职业卫生病危害防治管理(24 15分)	工作计划	有职业病危害防治规划、年度计划和实施方案;年度计划应包括目标、指标、进度安排、保障措施、考核评价方法等内容。实施方案应包括时间、进度、实施步骤、技术要求、考核内容、验收方法等内容	2	查资料。无规划不得分,无年度计划、实施方案扣1分;相关要素不全的,每缺1项扣0.5分	有职业病危害防治规划、年度计划和实施方案,。年度计划应包括目标、指标、进度安排、保障措施、考核评价方法等内容。实施方案应包括时间、进度、实施步骤、技术要求、考核内容、验收方法等内容	查资料。无规划不得分,无年度计划、实施方案扣1分;相关要素不全的,每缺1项扣0.5分	因年度计划和实施方案要素相互重叠、内容重复、容易混淆,所以删除了实施方案相关内容
	档案管理	分年度建立职业卫生档案,内容包括作业场所职业病危害因素种类清单、岗位分布以及作业人员接触情况等资料,职业病防护设施基本信息及其配置、使用、维护、检修	3 0	查资料。未建立档案不得分;档案缺项,每缺1项扣1分			档案管理的内容已贯穿于职业病危害防治工作的全过程,不再保留该条,使管理人员有更多的时间和精力到职业病危害防治的现场抓好管理工作

表 8.9-1(续)

项目	项目内容	2017 基本要求	标准分值	2017 评分方法	2020 基本要求	2020 评分方法	对照解读
一、职业卫生管理(15分)	档案管理	与更换等记录,作业场所职业病危害因素检测、评价报告与记录,职业病个体防护用品配备、发放、维护与更换等记录,煤矿主要负责人、职业卫生管理人员和劳动者的职业卫生培训资料,职业病危害事故报告与应急处置记录,劳动者职业健康检查结果汇总资料,存在职业禁忌证、职业健康损害或者职业病的劳动者处理和安置情况记录,职业病危害项目申报情况记录,其他有关职业卫生管理的资料或者文件	30	查资料。未建立档案不得分;档案缺项,每缺 1 项扣 1 分			档案管理的内容已贯穿于职业病危害防治工作的全过程,不再保留该条,使管理人员投入更多的时间和精力到职业病危害防治的现场抓好管理工作

表 8.9-1(续)

项目	项目内容	2017 基本要求	标准分值	2017 评分方法	2020 基本要求	2020 评分方法	对照解读
一、职业卫生病危害防治管理(24 15分)	危害告知	与劳动者订立或者变更劳动合同时,应将作业过程中可能产生的职业病危害及其后果、防护措施和相关待遇等如实告知劳动者,并在劳动合同中载明	1**2**	查资料,抽查10份劳动合同。未全部进行告知不得分	未修改	查资料,抽查10份劳动合同。未全部进行告知不得分,**有1份合同未载明告知内容不得分,告知内容不全缺1项扣0.5分**	从全国范围看,各个煤矿的劳动合同都有危害告知,但是告知内容或多或少存在问题。修改后的评分方法更具有可操作性,可以促使煤矿更好地完善危害告知
	工伤保险	为存在劳动关系的劳动者(含劳务派遣工)足额缴纳工伤保险	1**2**	查资料。未全部参加工伤保险不得分	为存在劳动关系的劳动者(含劳务派遣工)足额缴纳工伤保险	未修改	《煤矿整体托管安全管理办法(试行)》第十一条规定:井下不得使用劳务派遣工。所以不再保留劳务派遣工的内容
	检测评价	每年进行一次作业场所职业病危害因素检测,每3年进行一次职业病危害现状评价;根据检测、评价结果,制定整改措施;检测、评价结果向煤矿安全监察机构报告	3**1**	查资料。未按周期检测评价不得分;其他1处不符合要求扣1分	每年进行一次作业场所职业病危害因素检测,每3年进行1次职业病危害现状评价;根据检测、评价结果,制定整改措施;检测、评价结果向煤矿安全监察机构报告	查资料。未按周期检测评价不得分;其他1处不符合要求**1处**扣1**0.2**分	国家煤矿安全监察局职业安全健康监督管理职责已划入国家卫生健康委员会。国家煤矿安全监察局负责职责范围内的职业病防治有关监督管理工作。所以不再保留检测、评价结果向煤矿安全监察机构报告的内容

表 8.9-1(续)

项目	项目内容	2017 基本要求	标准分值	2017 评分方法	2020 基本要求	2020 评分方法	对照解读
一、职业卫生病危害防治管理(24 15分)	个体防护	按照《煤矿职业卫生个体防护用品配备标准》(AQ 1051)为劳动者(含劳务派遣工)发放符合要求的个体防护用品,做好记录,并指导和督促劳动者正确使用,严格执行劳动防护用品过期销毁制度	4 **3**	查现场和资料。现场抽查 4 个岗位,每个岗位抽查 1 人,未按照 AQ 1051 发放个体防护用品的,每缺 1 项扣 1 分,1 人 1 项用品不符合要求扣 0.5 分,每发现 1 人未使用个体防护用品扣 0.5 分;无个体防护用品发放登记记录扣 2 分,记录不完整、不清楚的,扣 0.5 分	按照《煤矿职业卫生个体防护用品配备标准》(AQ 1051)为劳动者(含劳务派遣工)发放符合要求的个体防护用品,做好记录,并指导和督促劳动者正确使用,严格执行劳动防护用品过期销毁制度	查现场和资料。现场抽查 4 个岗位,每个岗位抽查 1 人,未按照 AQ 1051 **要求**发放个体防护用品的,每缺 1 项扣 1 分,1 人 1 项用品不符合要求扣0.5 分,每发现 1 人未使用个体防护用品扣 0.5 分;无个体防护用品发放登记记录扣 2 分,记录不完整、不清楚的,扣 0.5 分	《煤矿整体托管安全管理办法(试行)》第十一条规定井下不得使用劳务派遣工。所以不再保留劳务派遣工的内容。 AQ 1051 为行业标准,2009 年 1 月 1 日实施,个别条款已不适用,评分方法改为“未按照要求”更符合实际

表 8.9-1(续)

项目	项目内容	2017 基本要求	标准分值	2017 评分方法	2020 基本要求	2020 评分方法	对照解读
一、职业卫生**病危害防治**管理(24 **15**分)	公告警示	在醒目位置设置公告栏,公布工作场所职业病危害因素检测结果。对产生严重职业病危害的作业岗位,应在其醒目位置设置警示标识和警示说明,载明产生职业病危害的种类、后果、预防以及应急救援措施等内容	3**0**	查现场。未按规定公布检测结果不得分,公告栏公布不全,每缺1项扣1分,警示标识和警示说明缺失、内容不全1处扣0.5分			公告警示已成为煤矿的一种自觉行为,因此不再作为标准内容进行要求
二、职业病危害(42 **24**分)	监测人员	配备职业病危害因素监测人员;监测人员经培训合格后上岗作业	2**0**	查资料和现场。未配备人员或未经培训合格不得分			从业人员素质专业对各类人员的培训有具体要求,因此,不再保留该内容

表 8.9-1(续)

项目	项目内容	2017 基本要求	标准分值	2017 评分方法	2020 基本要求	2020 评分方法	对照解读
二、职业病危害(42 **24**分)	粉尘	1. 按规定配备2台(含)以上粉尘采样器或直读式粉尘浓度测定仪等粉尘浓度测定设备	2**0**	查资料和现场。无设备不得分;配备监测仪器不足扣1分			粉尘浓度测定设备是煤矿测尘的必备设备,各矿都有,不再作为标准内容
		2. 采煤工作面回风巷、掘进工作面回风流设置有粉尘浓度传感器,并接入安全监控系统	2	查资料和现场。粉尘浓度传感器设置不符合要求1处扣1分,未接入安全监控系统扣1分	2**1. 采煤工作面回风巷距煤壁**、掘进工作面**距迎头30 m内**回风流设置有粉尘浓度传感器,并接入安全监控系统	**查现场和**资料和现场。粉尘浓度传感器设置不符合要求1处扣1分,未接入安全监控系统扣1分	进一步明确了粉尘浓度传感器的安装位置,有利于统一管理
		3. 粉尘监测地点布置符合规定	5**2**	查资料。监测地点不符合要求1处扣1分	3**2. 粉尘监测地点布置符合《煤矿安全规程》规定**	查资料。监测地点不符合要求1处扣1分	明确了粉尘监测地点布置必须符合《煤矿安全规程》规定。 修改后的评分方法,扣分内容不再局限于监测地点是否符合要求一个方面

表 8.9-1(续)

项目	项目内容	2017 基本要求	标准分值	2017 评分方法	2020 基本要求	2020 评分方法	对照解读
二、职业病危害(42 **24** 分)	粉尘	4. 粉尘监测周期符合规定,总粉尘浓度井工煤矿每月测定2次、露天煤矿每月测定1次或采用实时在线监测;粉尘分散度每6个月测定1次或采用实时在线监测;呼吸性粉尘浓度每月测定1次;粉尘中游离二氧化硅含量每6个月测定1次,在变更工作面时也须测定1次;开采深度大于200 m的露天煤矿,在气压较低的季节应当适当增加测定次数	3	查资料。总粉尘、呼吸性粉尘浓度监测周期不符合要求且未采用实时在线监测不得分;其他监测周期不符合要求1处扣1分	4**3**. 粉尘监测周期符合规定,总粉尘浓度井工煤矿每月测定2次、露天煤矿每月测定1次或采用实时在线监测;粉尘分散度每6个月测定1次或采用实时在线监测;呼吸性粉尘浓度每月测定1次;粉尘中游离二氧化硅含量每6个月测定1次,在变更工作面时也须测定1次;开采深度大于200 m的露天煤矿,在气压较低的季节应当适当增加测定次数	未修改	

表 8.9-1(续)

项目	项目内容	2017 基本要求	标准分值	2017 评分方法	2020 基本要求	2020 评分方法	对照解读
二、职业病危害(~~42~~**24**分)	粉尘	5. 采用定点监测、个体监测方法对粉尘进行监测	~~1~~**2**	查资料和现场。不符合要求不得分	~~5~~**4**. 采用定点监测、个体监测方法对粉尘进行监测	**查现场和资料**~~和现场~~。不符合要求不得分	突出粉尘浓度监测现场管理工作的重要性
		6. 粉尘浓度不超过规定:粉尘短时间定点监测结果不超过时间加权平均容许浓度的 2 倍;粉尘定点长时间监测、个体工班监测结果不超过时间加权平均容许浓度	~~10~~**2**	查资料和现场。无监测数据,不得分;浓度每超标 1 项扣 1 分	~~6~~**5**. 粉尘浓度不超过规定:粉尘短时间定点监测结果不超过时间加权平均容许浓度的 2 倍;粉尘定点长时间监测、个体工班监测结果不超过时间加权平均容许浓度	**查现场和资料**~~和现场~~。无监测数据不得分;浓度每超标 1 项**未采取有效措施**扣 1 分	突出粉尘浓度现场监测管理工作的重要性。 粉尘浓度超标时常发生。评分方法改为浓度每超标 1 项未采取有效措施扣 1 分;更加符合现场实际,既可以减少粉尘监测过程中的造假现象,也有利于调动管理人员积极性
	噪声	1. 按规定配备有 2 台(含)以上噪声测定仪器,作业场所噪声至少每 6 个月监测 1 次	2	查资料和现场。测定仪器每缺 1 台扣 1 分;监测周期不符合要求扣 1 分	未修改	**查现场和资料**~~和现场~~。测定仪器每缺 1 台扣 1 分;监测周期不符合要求扣~~1~~**0.5** 分	噪声测定仪数量、完好及噪声监测周期,以现场检查为主

表 8.9-1(续)

项目	项目内容	2017 基本要求	标准分值	2017 评分方法	2020 基本要求	2020 评分方法	对照解读
二、职业病危害([42] **24** 分)	噪声	2. 噪声监测地点布置符合规定	[4]**1**	查资料。不符合要求1处扣0.5分	未修改	未修改	
		3. 劳动者接触噪声 8 h 或 40 h 等效声级不超过 85 dB(A)	[4]**3**	查资料和现场。无监测数据不得分,声级超过规定发现1处扣1分	未修改	**查现场和**资料[和现场]。无监测数据不得分,声级超过规定发现1处扣1分	突出噪声监测现场管理工作的重要性
	高温**化学毒物**	采掘工作面回风流和机电设备硐室设置温度传感器;采掘工作面空气温度超过26 ℃、机电设备硐室超过30 ℃时,缩短超温地点工作人员的工作时间,并给予高温保健待遇;采掘工作面的空气温度超过30 ℃、机电设备硐室超过34 ℃时停止作业;有热害的井工煤矿应当采取通风等非机械制冷降温措施,无法达到环境温度要求时,采用机械制冷降温措施	[3]**4**	查资料和现场。1处不符合要求不得分	未修改	**查现场和**资料[和现场]。1处不符合要求不得分	突出高温现场监测工作的重要性

表 8.9-1(续)

项目	项目内容	2017 基本要求	标准分值	2017 评分方法	2020 基本要求	2020 评分方法	对照解读
二、职业病危害(42 **24** 分)	**高温化学毒物**	对作业环境中氧化氮、一氧化碳、二氧化硫浓度每 3 个月至少监测 1 次，对硫化氢浓度每月至少监测 1 次；化学毒物等职业病危害因素浓度/强度符合规定	4 **3**	查资料和现场。未进行监测或危害因素浓度/强度超过规定不得分；监测项目不全，每缺 1 项扣 1 分；监测周期不符合要求 1 项扣 1 分	未修改	查**现场和**资料和现场。未进行监测或危害因素浓度/强度超过规定不得分；监测项目不全，每缺 1 项扣 1 **0.5** 分；监测周期不符合要求 1 项扣 1 **0.5** 分	突出化学毒物现场监测工作的重要性
三、职业健康防**监**护(18 **15** 分)	上岗前检查、**在岗期间检查**	组织新录用人员和转岗人员进行上岗前职业健康检查，检查机构具备职业健康检查资质，形成职业健康检查评价报告；不安排未经上岗前职业健康检查和有职业禁忌证的劳动者从事接触职业病危害的作业	3	查资料。未安排检查或者检查机构无资质、无职业健康检查评价报告、检查项目不符合规定不得分；其他 1 人不符合要求扣 1 分	未修改	未修改	

表 8.9-1(续)

项目	项目内容	2017 基本要求	标准分值	2017 评分方法	2020 基本要求	2020 评分方法	对照解读
三、职业健康防监护(18 **15**分)	上岗前检查、**在岗期间检查**	按规定周期组织在岗人员进行职业健康检查,检查机构具备职业健康检查资质,形成职业健康检查评价报告;发现与所从事的职业相关的健康损害的劳动者,调离原工作岗位并妥善安置	3	查资料。未安排检查、周期不符合规定或者检查机构无资质、无职业健康检查评价报告、检查项目不符合规定不得分;健康损害劳动者未调离、安置的,发现1人扣1分	未修改	未修改	
	离岗检查	准备调离或脱离作业及岗位人员组织进行离岗职业健康检查,检查机构具备职业健康检查资质,形成职业健康检查评价报告	3	查资料。未安排检查或者检查机构无资质的、无报告的、检查项目不符合规定的,不得分;离岗检查有遗漏的,发现1人扣1分	未修改	未修改	

表 8.9-1（续）

项目	项目内容	2017 基本要求	标准分值	2017 评分方法	2020 基本要求	2020 评分方法	对照解读
三、职业健康防监护（18 15分）	应急检查	对遭受或可能遭受急性职业病危害的劳动者进行健康检查和医学观察	2 0	查资料。未对劳动者进行健康检查和医学观察的不得分			煤矿很少出现需要应急检查的情况，作为标准内容没有实际意义
	结果告知	按规定将职业健康检查结果书面告知劳动者	3	查资料。未将职业健康检查结果书面告知劳动者不得分；每遗漏1人扣0.5分	未修改	查资料。未将职业健康检查结果书面告知劳动者不得分；每遗漏1人扣0.5分	可以采用多种形式的告知，不再局限于书面告知一种形式
	监护档案	建立劳动者个人职业健康监护档案，并按照有关规定的期限妥善保存。 档案包括劳动者个人基本情况、劳动者职业史和职业病危害接触史、历次职业健康	4 3	查资料。未建立档案或未按要求向劳动者提供复印件不得分；档案内容不全，每缺1项扣1分；未指定人员负责保管扣1分	建立劳动者个人职业健康监护档案，并按照有关规定的期限妥善保存。档案包括劳动者个人基本情况、劳动者职业史和职业病危害接触史、历次职业健康检查结果及处理情况、职业病诊疗等资料；劳动者离开时应如实、无偿为劳动者提供职业健康监护档案复印件并签章	查资料。未建立档案或未按要求向劳动者提供复印件不得分；档案内容不全，每缺1项扣1分；未指定人员负责保管扣1分	《职业病防治法》第三十六条规定：用人单位应当为劳动者建立职业健康监护档案，并按照规定的期限妥善保存。去掉“有关”二字与《职业病防治法》的表述相一致

表 8.9-1(续)

项目	项目内容	2017 基本要求	标准分值	2017 评分方法	2020 基本要求	2020 评分方法	对照解读
三、职业健康防监护(18 15 分)	监护档案	检查结果及处理情况、职业病诊疗等资料;劳动者离开时应如实、无偿为劳动者提供职业健康监护档案复印件并签章	4 3	查资料。未建立档案或未按要求向劳动者提供复印件不得分;档案内容不全,每缺1项扣1分;未指定人员负责保管扣1分	档案包括劳动者个人基本情况、劳动者职业史和职业病危害接触史、历次职业健康检查结果及处理情况、职业病诊疗等资料;劳动者离开时应如实、无偿为劳动者提供职业健康监护档案复印件并签章	查资料。未建立档案或未按要求向劳动者提供复印件不得分;档案内容不全,每缺1项扣1分;未指定人员负责保管扣1分	按要求向劳动者提供复印件,按照什么要求非常模糊,评分时很难操作,所以删除
四、职业病诊断鉴定职业病病人待遇(12 6 分)	职业病诊断	安排劳动者、疑似职业病病人进行职业病诊断	3 0	查资料和现场。走访询问不少于10名职业病危害严重的重点岗位的劳动者,有1人提出职业病诊断申请而被无理由拒绝或未安排疑似职业病病人进行职业病诊断不得分			删除该条。用人单位应当及时安排对疑似职业病病人进行诊断,《职业病防治法》有明确规定。因此,职业病诊断一项不再作为标准内容

表 8.9-1（续）

项目	项目内容	2017 基本要求	标准分值	2017 评分方法	2020 基本要求	2020 评分方法	对照解读
四、职业病诊断鉴定**职业病病人待遇**（12 **6分**）	职业病病人待遇	保障职业病病人依法享受国家规定的职业病待遇	2	查资料和现场。走访询问不少于5名职业病患者，有1人未保证职业病待遇不得分	未修改	**查现场和**资料和现场。走访询问不少于5名职业病患者**病人**，有1人未保证**享受**职业病待遇不得分	突出现场询问的重要性，表述更加简练
	治疗、定期检查和康复	安排职业病病人进行治疗、定期检查、康复	2	查资料。对照职业病病人名单和诊断病例档案，检查职业病病人治疗、定期检查和康复记录，1项1人次未安排扣1分	未修改	未修改	
	职业病病人安置	将职业病病人调离接触职业病危害岗位并妥善安置	2	查资料和现场。1人未按规定安置不得分	未修改	**查现场和资料**和现场。1人未按规定安置不得分	

表 8.9-1(续)

项目	项目内容	2017 基本要求	标准分值	2017 评分方法	2020 基本要求	2020 评分方法	对照解读
四、职业病诊断鉴定(12分)	诊断、鉴定资料	提供职业病诊断、伤残等级鉴定所需要的职业史和职业病危害接触史、作业场所职业病危害因素检测结果等资料	3	查资料和现场。走访询问不少于5名当事人,煤矿不提供或不如实提供有关资料不得分			提供诊断、鉴定资料是煤矿的基本义务,不再作为标准内容
五、工会监督(4分)	工会监督与维权	设立劳动保护监督检查委员会	2	查资料。不符合要求不得分			职业病危害防治管理、职业病危害因素监测、职业健康监护和职业病病人保护中已包含工会监督的相关内容。因此,不再保留
		对职业病防治工作进行监督,维护劳动者的合法权益	2	查资料和现场。工会组织开展监督活动没有记录扣1分			

表 8.9-1(续)

项目	项目内容	2017 基本要求	标准分值	2017 评分方法	2020 基本要求	2020 评分方法	对照解读
五、地面办公场所(2分)	办公室	办公室配置满足工作需要,办公设施齐全、完好	1	查现场。不符合要求 1 处扣 0.5分	未修改	未修改	
	会议室	配置有会议室,设施齐全、完好	1	查现场。不符合要求 1 处扣 0.5分	未修改	未修改	
六、『两堂一舍』(20 **21** 分)	职工食堂	1. 基础设施齐全、完好,满足高峰和特殊时段职工就餐需要; 2. 符合卫生标准要求,工作人员按要求持健康证上岗	5 **6**	查资料和现场。基础设施不齐全扣 1 分,不符合卫生标准扣 3 分,未持证上岗的 1 人扣 1 分,不能满足就餐需求不得分	1. 基础设施齐全、完好,满足高峰和特殊时段职工就餐需要; 2. 符合卫生标准要求,工作人员按要求持健康证上岗	**查现场和资料**和现场。**不能满足就餐需求不得分**;基础设施不齐全扣 1 分,不符合卫生标准扣 3 分,未持证上岗的 1 人扣 1 分,不能满足就餐需求不得分	特殊时段概念模糊,不再保留

表 8.9-1（续）

项目	项目内容	2017 基本要求	标准分值	2017 评分方法	2020 基本要求	2020 评分方法	对照解读
六、『两堂一舍』（20 **21** 分）	职工澡堂	1. 职工澡堂设计合理，满足职工洗浴要求； 2. 设有更衣室、浴室、厕所和值班室，设施齐全完好，有防滑、防寒、防烫等安全防护设施	8	查记录和现场。不能满足职工洗浴要求或脏乱的不得分，基础设施不全每缺1处扣1分，安全防护设施每缺1处扣1分	1. 职工澡堂设计合理，满足**高峰期升井(坑)**职工洗浴要求； 2. 设有更衣室、浴室、厕所和值班室，**更衣室、浴室**有冬季取暖设施、有防滑、防寒、防烫安全设施。	查记录和现场。不能满足职工洗浴要求或脏乱的不得分，基础设施不全每缺1处扣1分，安全防护设施每缺1处扣1分	增加满足高峰期升井(坑)职工洗浴要求； 更衣室、浴室增加冬季取暖设施，体现了对井下工人的关心爱护；对澡堂是否有值班室不再作要求
	职工宿舍及洗衣房	1. 职工宿舍布局合理，人均面积不少于5 ㎡； 2. 室内整洁，设施齐全、完好，物品摆放有序； 3. 洗衣房设施齐全（洗、烘、熨），洗衣房、卫生间符合《工业企业设计卫生标准》的要求	7	查记录和现场。职工宿舍不能满足人均面积5 m^2及以上、室内脏乱的不得分，其他不符合要求1处扣1分	1. 职工宿舍布局合理，人均面积不少于5 m^2； 2. 室内整洁，设施齐全、完好，物品摆放有序； 3. 洗衣房设施齐全（洗、烘、熨），洗衣房、卫生间 **厕所设置**符合《工业企业设计卫生标准》的要求	查记录和现场。职工宿舍不能满足人均面积不满足要求5 m^2及以上、室内脏乱的不得分，其他不符合要求1处扣1分	洗衣房调整至职工生活服务部分

表 8.9-1(续)

项目	项目内容	2017 基本要求	标准分值	2017 评分方法	2020 基本要求	2020 评分方法	对照解读
七、职工生活服务(8分)	班中餐服务		3		为井下职工提供免费班中餐服务或补助	查现场。随机询问职工，未提供服务或补助不得分	井下职工劳动强度大，连续工作时间长，提供班中餐或补助使其在正常工作时间内保持旺盛的精力和体力
	洗衣		3		洗衣房设施齐全，为职工提供衣物清洗、烘干服务	查现场。无设施不得分，服务不满足要求扣 2 分	洗衣房为职工提供衣物清洗、烘干服务，能够提高职工的舒适度，增强职工的主人翁意识
	业余活动		1		有健身活动、图书阅览场所，配备相应设施器材、报刊书籍，保障职工日常活动需要	查现场。无场所或无设施器材、报刊书籍不得分，设施器材不完好 1 处扣 0.2 分	拥有健身活动、图书阅览场所，为职工群众开展体育健身、读书活动创造便利条件，能够丰富职工精神文化生活，使其以充沛的体力、高尚的情操投入到安全生产工作中

表 8.9-1(续)

项目	项目内容	2017 基本要求	标准分值	2017 评分方法	2020 基本要求	2020 评分方法	对照解读
七、职工生活服务(8分)	**网络服务**		**1**		**提供免费网络服务,覆盖职工宿舍等矿内生活区域**	**查现场。未提供不得分**	为职工提供免费网络服务,覆盖职工宿舍等矿内生活区域,可以丰富广大职工群众的业余文化生活,加快数字化、信息化、智能化矿山建设步伐,为广大职工提供便捷的工作生活环境
八、工业广场(6分)	工业广场	1. 工业广场设计符合规定要求,布局合理,工作区与生活区分区设置; 2. 物料分类码放整齐; 3. 煤仓及储煤场储煤能力满足煤矿生产能力要求; 4. 停车场规划合理、划线分区,车辆按规定停放整齐,照明符合要求	2	查资料和现场。不符合要求1处扣0.5分	未修改	查现场和资料~~和现场~~。不符合要求1处扣0.5分	

表 8.9-1(续)

项目	项目内容	2017 基本要求	标准分值	2017 评分方法	2020 基本要求	2020 评分方法	对照解读
八、工业广场(6分)	工业道路	工业道路应符合《厂矿道路设计规范》的要求，道路布局合理，实施硬化处理	2	查现场。不符合要求 1 处扣 0.5分	未修改	未修改	
	环境卫生	1. 依条件实施绿化； 2. 厕所规模和数量适当、位置合理，设施完好有效，符合相应的卫生标准； 3. 每天对储煤场、场内运煤道路进行整理、清洁，洒水降尘	2	查现场。不符合要求 1 处扣 0.5分	未修改	未修改	

表 8.9-1(续)

项目	项目内容	2017 基本要求	标准分值	2017 评分方法	2020 基本要求	2020 评分方法	对照解读
九、地面设备材料库(2 **3**分)	设备库房	1. 仓储配套设备设施齐全、完好; 2. 不同性能的材料分区或专库存放并采取相应的防护措施; 3. 货架布局合理,实行定置管理	2 **3**	查资料和现场。不符合要求1处扣0.5分	未修改	**查现场和资料**和现场。不符合要求1处扣0.5分	

第9部分 持续改进

一、工作要求

1. 工作机制

建立持续改进相关工作制度，涵盖对体系的考核评价、持续改进要求。

2. 检查评价

煤矿每季度至少组织1次标准化管理体系运行情况的全面自查自评。

煤矿应根据内部自查自评和外部(含煤矿安全生产标准化工作主管部门)检查考核结果，评估体系运行的有效性；定期归纳分析问题和隐患产生的根源，制定改进措施并落实。

3. 内部考核

根据安全生产目标完成情况、标准化管理体系内部自查自评和外部检查考核结果情况，对体系运行部门进行绩效考核，并兑现奖惩。

4. 持续改进

煤矿矿长每年根据考核评价报告，研究制定改进方案，修改完善相应的管理制度，调整运行机制，提高体系运行质量。

二、评分方法

按表 9-1 评分，总分为 100 分。按照所检查存在的问题进行扣分，各小项分数扣完为止。

表 9-1　煤矿持续改进标准化评分表新增理由

项目	项目内容	基本要求	标准分值	评分方法	新增理由
工作机制(20分)	**制度**	**建立相关工作制度，涵盖对体系的考核评价、持续改进的要求，对考核工作的责任分工、工作流程、整改落实、总结分析、绩效管理、改进完善等内容作出规定并落实**	**20**	**查资料。未建立制度不得分；制度缺 1 项内容扣 1 分；1 项未按制度执行扣 1 分**	持续改进是管理体系的重要组成部分。煤矿对这部分工作相对不太熟悉，为保证持续改进工作能够有效开展，必须先建立工作制度
考核评价(40分)	**检查评价**	**每季度对内部自查自评和外部检查考核的结果进行总结，归纳分析问题或隐患产生的根源，制定改进措施并落实**	**20**	**查资料。总结缺 1 次扣 4 分；未归纳分析或制定改进措施 1 次扣 2 分；措施 1 条未落实扣 1 分**	管理体系运行过程中可能因各种原因与预期存在一定的偏差，应不断总结分析运行情况，及时解决问题，才能保证管理体系的正常运行。因此本条要求对内部自查自评和外部检查考核发现的问题进行分析、解决
	内部考核	**每季度根据标准化管理体系内部自查自评和外部检查考核结果，分解落实责任，纳入有关部门、人员绩效考核**	**20**	**查资料。1 次未分解责任或纳入绩效管理扣 3 分**	为保证管理体系各相关方责任的落实和体系运行效果的不断提升，本条对管理体系运行结果考核提出了要求

注：加粗表示新标准增加内容。

表 9-1(续)

项目	项目内容	基本要求	标准分值	评分方法	新增理由
持续改进(40分)	**持续改进**	**1. 每年底由煤矿矿长组织对标准化管理体系的运行质量进行客观分析,衡量规章制度、规程措施的有效性,形成体系运行分析报告。分析工作的依据应包含但不限于以下方面:** **(1)安全生产目标考核结果;** **(2)安全承诺考核结果;** **(3)安全生产责任制考核结果;** **(4)标准化内部自查和外部检查考核情况;** **(5)国家政策、法规、标准变化调整情况;** **(6)年度风险辨识结果及全年重大风险管控情况;** **(7)职工诉求;** **(8)本矿生产安全事故情况**	**20**	**查资料。矿长未组织或未分析不得分;未形成报告扣 8 分;分析报告不符合实际扣 5 分;缺 1 项依据扣 2 分**	持续改进要对影响管理体系运行目标、效果和约束条件的各种因素进行分析。为了规范煤矿的分析工作,本条对分析工作应参考的材料予以明确要求。煤矿对本条所要求各项材料进行分析,能够基本保证覆盖影响管理体系运行的主要因素

表 9-1(续)

项目	项目内容	基本要求	标准分值	评分方法	新增理由
持续改进(40分)	持续改进	**2. 依据体系运行分析报告,按照实际需要调整理念目标和矿长安全承诺、组织机构、安全生产责任制及安全管理制度、风险分级管控、隐患排查治理、质量控制等内容,形成调整方案,明确责任人、完成时限,指导下一年度体系运行,明确保持、提升标准化等级的规划**	**20**	**查资料。未制定调整方案不得分;方案不符合要求或未按照方案进行调整,1项扣2分**	本条是在对存在问题的分析基础上,明确持续改进工作应调整、完善的内容。为确保调整方案能够有效落地,本条还对调整方案的部分要素予以规范。通过对管理体系各要素的完善,为下一年度煤矿安全生产标准化管理体系的绩效提升奠定了基础,使整个管理体系成为一个能够不断螺旋式上升的整体